安全行为心理学

戈明亮 编著

中国石化出版社

内 容 提 要

安全行为心理学是在心理学、安全科学及行为学等学科交叉基础上，形成的一门独立学科。本书共11章，分别是绪论，心理学及安全行为心理学，人的行为与安全，安全文化与安全行为管理，心理认知过程与安全行为，情绪情感、意志过程与安全行为，个性倾向性与安全行为，个性心理特征与安全行为，违章行为的心理分析及应对，身心健康与安全行为，事故创伤后应激障碍及治疗。

本书可作为高等院校安全工程、消防工程等相关专业的教材，也可作为各企事业单位管理人员及安全工程技术人员继续教育及培训的学习用书。

图书在版编目(CIP)数据

安全行为心理学／戈明亮编著．—北京：中国石化出版社，2021.8(2025.5重印)

ISBN 978-7-5114-6409-5

Ⅰ．①安… Ⅱ．①戈… Ⅲ．①安全行为②安全心理学 Ⅳ．①X912.9②X911

中国版本图书馆CIP数据核字(2021)第154181号

中国石化出版社出版发行

地址：北京市东城区安定门外大街58号

邮编：100011　电话：(010)57512500

发行部电话：(010)57512575

http://www.sinopec-press.com

E-mail:press@sinopec.com

北京富泰印刷有限责任公司印刷

全国各地新华书店经销

*

787毫米×1092毫米 16开本 16.25印张 406千字

2021年8月第1版　2025年5月第2次印刷

定价：55.00元

前言

PREFACE

安全行为心理学是典型的交叉学科，其应用性也很强。安全行为心理学的目的是规范员工的安全行为，预防安全事故的发生，提升企业的安全管理水平。安全行为心理学主要的研究内容包括：人的认知、能力、人格、经验、性别、年龄、反应模式等主体因素和工作环境条件等物理因素与不安全行为和事故发生的关系，人为差错的类型和原因分析，安全训练和教育等。

国内外对安全生产事故的研究与实践均已证明，人的不安全行为是事故发生的最主要原因。对各类事故的研究表明，由于人的不安全行为而直接造成生产安全事故占事故总数的80%以上；美国杜邦公司的统计结果也表明，在其公司所发生的事故中，有96%是由员工不安全行为造成的，因此控制人员的不安全行为就成为企业安全管理的首要任务。《安全行为心理学》的目的就是规范员工的安全行为，预防安全事故的发生，提升企业的安全管理水平。本书主要特色如下：

一是全书结构合理。本书首先介绍事故致因理论，通过事故发生的机理明白安全行为的重要性，阐述安全文化及安全管理对安全行为的影响；在此基础上，详细介绍心理过程及个性心理对安全行为的本质作用，重点突出感知觉、情绪情感、气质性格对个人安全行为的影响；然后再介绍员工违章行为的心理分析，最后介绍身心健康相关知识和事故创伤后应激障碍及治疗等。

二是多学科知识交叉融合。本书不仅与普通心理学和认知心理学紧密结合，同时还与生理心理学、创伤心理学、医学心理学、安全文化、安全行为管理等学科交叉融合。

三是突出理论与实践的结合。本书一方面将多学科的理论知识结合在一起；另一方面更加注重理论对实践的指导作用。在书中列举诸多的真实生产事故案例，用相关的理论知识有针对性地分析现实中发生的事故，突出实用性。

本书得到了广东省省级科技项目（2019B0208011）、广东省安全生产科技协同创新中心、教育部深改工程项目、华南理工大学教研教改项目（J2JW－Y9160510）的支持。

在撰写本书的过程中，借鉴和引用了前人的研究成果，在此，对原作者表示感谢！由于作者水平有限，书中疏漏或不足之处在所难免，恳请各位读者不吝指正。

目 录

CONTENTS

第一章 绪论

近年来，随着我国经济快速发展的同时，也发生了一些触目惊心的特别重大安全事故。例如，2015 年 8 月 12 日天津滨海新区发生爆炸事故，事故造成 165 人遇难，8 人失踪，798 人受伤住院治疗。2013 年 6 月 3 日，吉林省某禽业公司发生特大火灾事故，造成 121 人死亡，77 人受伤。2014 年 8 月 2 日，江苏省某金属制品公司发生了爆炸特大事故，造成 146 人死亡，95 人受伤，经济损失 3.51 亿元。2019 年 3 月 21 日，江苏省某生态化工园区一化工公司发生特别重大爆炸事故，造成 78 人死亡、76 人重伤，640 人住院治疗，直接经济损失 19.86 亿元。

国内外对安全生产事故的研究与实践均已证明，人的不安全行为是事故发生的最主要原因。我国对各类事故的研究表明，由于人的不安全行为而直接造成生产安全事故占事故总数的 80%以上；美国杜邦公司的统计结果也表明，在其公司所发生的事故有 96%是由员工不安全行为造成的，因此控制人员的不安全行为就成为企业安全管理的首要任务。

第一节　事故致因理论

事故发生有其自身发展规律的特点，只有掌握事故发生的规律，才能保证安全生产系统处于安全状态。前人站在不同的角度，对事故进行了研究，给出了很多事故致因理论，下面简要介绍几种。

一、事故频发倾向理论

1919 年，英国的格林伍德和伍兹把许多伤亡事故发生次数按照泊松分布、偏倚分布和非均等分布进行了统计分析发现，当发生事故的概率不存在个体差异时，一定时间内事故发生次数服从泊松分布。一些工人由于存在精神或心理方面的问题，如果在生产操作过程中发生过一次事故，当再继续操作时，就有重复发生第二次、第三次事故的倾向，符合这种统计分布的主要是少数有精神或心理缺陷的工人，服从偏倚分布。当工厂中存在许多特别容易发生事故的人时，发生不同次数事故的人数服从非均等分布。

在此研究基础上，1939 年，法默和查姆勃等人提出了事故频发倾向理论。事故频发倾向是指个别容易发生事故的稳定的个人内在倾向。事故频发倾向者的存在是工业事故发生的主要原因，即少数具有事故频发倾向的工人是事故频发倾向者，他们的存在是工业事故发生的原因。如果企业中减少了事故频发倾向者，就可以减少工业事故。

因此，预防事故的主要措施就是两个方面：

人员选择：即通过严格的生理、心理检验，从众多的求职人员中选择身体、智力、性格特征及动作特征等方面优秀的人才就业，并进行培训，让工人满足工作要求。

人事调整：把企业中的事故频发倾向者调整岗位或解雇。

二、海因里希因果连锁理论

1931 年，美国的海因里希在《工业事故预防》一书中，阐述了工业安全理论，该书的主要内容之一就是论述了事故发生的因果连锁理论，后人称其为海因里希因果连锁理论。

海因里希把工业伤害事故的发生发展过程描述为具有一定因果关系事件的连锁，即：人员伤亡的发生是事故的结果，事故的发生原因是人的不安全行为或物的不安全状态，人的不安全行为或物的不安全状态是由于人的缺点造成的，人的缺点是由于不良环境诱发或者是由先天遗传因素造成的。海因里希连锁理论示意如图 1–1 所示。

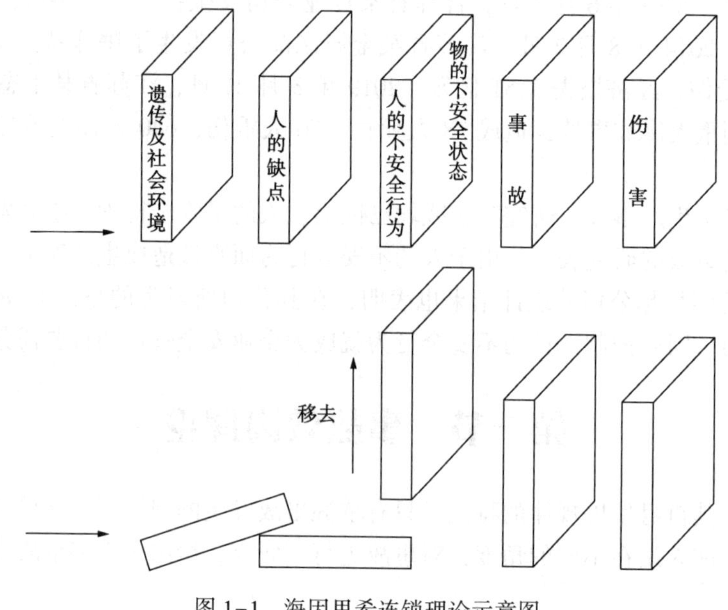

图 1–1　海因里希连锁理论示意图

海因里希将事故因果连锁过程概括为以下五个因素：遗传及社会环境、人的缺点、人的不安全行为或物的不安全状态、事故、伤害。海因里希用多米诺骨牌来形象地描述这种事故因果连锁关系。在多米诺骨牌系列中，一颗骨牌被碰倒了，则将发生连锁反应，其余的几颗骨牌相继被碰倒。如果移去中间的一颗骨牌，则连锁被破坏，事故过程被中止。海因里希揭示了事故发生的规律，事故发生的原因是人的不安全行为或(和)物的不安全状态。企业安全工作的中心就是防止人的不安全行为，消除物质的不安全状态，中断事故进程而避免事故的发生。

三、人与物轨迹交叉理论

随着科学的不断进步和人机工程学的发展，要求机械设计要考虑人的特性，使机械适合人的操作。因此出现了轨迹交叉理论，该理论认为，人的不安全行为和物的不安全状态相遇，就是发生事故的时间和空间(图 1-2)。

人的因素:遗传、环境、管理缺陷→不安全行为↘
事故→伤害
物的因素:设计、制造缺陷→不安全状态↗

图 1-2　人与物轨迹交叉理论示意图

人的因素运动轨迹：

遗传、社会环境或管理缺陷→心理、生理弱点，安全意识、知识、技能薄弱→不安全行为

物的因素运动轨迹：

设计、制造缺陷，使用、维修保养潜在故障或毛病→物的不安全状态

为了有效地防止事故发生，必须同时采取措施消除人的不安全行为和物的不安全状态。

从管理角度来看，对人不安全行为的控制方式可分为：预防性控制、更正性控制、过程控制以及事后控制。

四、能量意外释放理论

1961 年吉布森提出了事故是一种不正常的或不希望的能量释放，各种形式的能量是构成伤害的直接原因。因此，应该通过控制能量或控制作为能量达及人体媒介的能量载体来预防伤害事故。

在吉布森的研究基础上，1966 年哈登完善了能量意外释放理论，提出“人受伤害的原因只能是某种能量的转移”。并提出了能量逆流于人体造成伤害的分类方法，将伤害分为两类：第一类伤害是由于施加了局部或全身性损伤阈值的能量引起的；第二类伤害是由影响了局部或全身性能量交换引起的，主要指中毒窒息和冻伤。哈登认为，在一定条件下某种形式的能量能否产生伤害造成人员伤亡事故取决于能量大小、接触能量时间长短和频率以及力的集中程度。根据能量意外释放论，可以利用各种屏蔽来防止意外的能量转移，从而防止事故的发生。

五、系统安全理论

该理论是 20 世纪 50~60 年代在美国研制洲际导弹的过程中产生的。系统安全指在系统寿命周期内应用系统安全管理及系统安全工程原理，识别危险源(Hazard)，并使其危险性(Risk)减至最小，从而使系统在规定的性能、时间和成本范围内达到最佳的安全程度。

系统安全理论把人、机械、环境作为一个系统(整体)，研究人、机械和环境之间的相互作用、反馈和调整，从中发现事故的致因，揭示出预防事故的途径。

系统安全理论是接受了控制论中负反馈的概念发展起来的。机械和环境的信息不断通过人的感官反馈到人的大脑，人若能正确地认识、理解、做出判断和采取行动，就能化险为夷，避免事故和伤亡；反之，如果所面临的危险未能察觉、认识，未能及时地做出正确的响应时，就会发生事故和伤亡。

系统安全理论认为事故的发生是来自人的行为与机械特性间的失配或不协调，是多种因素互相作用的结果。

因此，系统安全理论并不关注事故的表面原因，而是注意对事故深层次原因的研究。

系统安全理论包括很多区别于传统安全理论的创新概念：

① 在事故致因理论方面，改变了人们只注重操作人员的不安全行为，而忽略硬件的故障在事故致因中作用的传统观念，开始考虑如何通过改善物的系统可靠性来提高复杂系统的安全性，从而避免事故。

② 没有任何一种事物是绝对安全的，任何事物中都潜伏着危险因素，通常所说的安全或危险只不过是一种主观的判断。

③ 不可能根除一切危险源，可以减少来自现有危险源的危险性，宁可减少总的危险性而不是只彻底去消除几种选定的风险。

④ 由于人的认识能力有限，有时不能完全认识危险源及其风险，即使认识了现有的危险源，随着生产技术的发展，新技术、新工艺、新材料和新能源的出现，又会产生新的危险源。安全工作的目标就是控制危险源，努力把事故发生概率减到最低，即使万一发生事故时，也把伤害和损失控制在较轻的程度上。

根据系统理论，预防事故的主要措施是：严格系统的生命周期；控制危险源，努力把后果严重的事故的发生概率减到最低；或者万一发生事故时，把伤害和损失控制在可接受的程度；从人、机、环境综合考虑事故预防措施。

对于机械，主张增进其性能的可靠性，减少其性能的不稳定性。为此，设备应有计划地进行维修和适当地更换。对操作者，应提高对危险的辨别和反应能力。为此，应该加强对操作者的安全培训。主张分配较多的时间用于异常情况时避免危险的技能训练。

第二节　安全行为概述

造成事故的直接原因，一是物的不安全状态，二是人的不安全行为。根据事故统计，人为因素导致的事故占80%以上，因此，要确保生产安全必须提高人行为的安全性。而要提高人行为的安全性，一要控制人的不安全行为；二要提高人员的安全素质。

人的不安全行为和物的不安全状态是导致事故的直接原因。因此，控制人的不安全行为，对确保生产安全具有重要的意义。人的行为是由心理控制的，行为是心理活动结果的外在表现，因此，要控制人的不安全行为应从心理、行为、管理等方面采取措施。

一、行为的心理学原理

行为学认为，人的行为过程是由于需要促使人内心紧张而引起动机，在动机的策动下而产生行为，行为总是驶向一定的目标。需要是指人们对某种目标的渴求或欲望，它是一种心理现象。人的行为总是直接或间接，自觉或不自觉地为了实现某种需要的满足，因此需要是产生行为的原动力，是个体积极性的源泉。人的行为过程见图1-3。

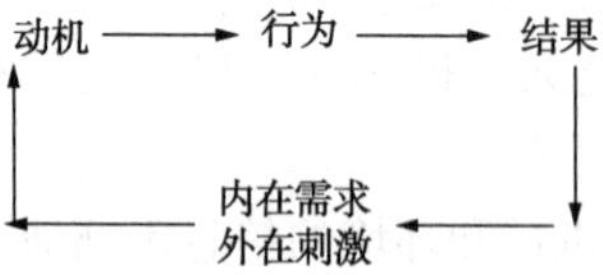

动机 → 行为 → 结果
内在需求
外在刺激

图1-3　人的行为过程示意图

二、安全行为的影响因素

影响人的行为的因素可以从内、外两个方面去寻找原因。

影响人的行为的个人主观内在因素包括：生理因素、心理因素、文化因素、经济因素。

影响人的行为的客观外在环境因素包括：组织的内部环境因素、组织的外部环境因素。

人的一切行动，都不会自发地产生，都是受人的心理活动控制，而人们的心理活动都是由周围存在的客观事物所引起的；没有外界事物，就不会有人的反应活动。对于刺激，人的反应分为简单反应和复杂反应两种。简单反应是对单一刺激物作出确定的反应，它不须过多地考虑和选择，就能根据人们日常的习惯或经验，立即作出反应，如操作人员看见显示器的危险信号，或听见蜂鸣器的警告信号，就立刻意识到有危险情况，从而命令身体某一部分的肌肉收缩，扳动制动器或切断电源。而复杂反应是在各种可能性中选择一种符合要求的反应，它需要进行一定的思维活动，神经中枢活动比较复杂，作出反应需要较长的时间。根据实验测定，一般正常人的简单反应时间都是相近的，而复杂反应时间，不同的人差异很大，一些人反应比较迅速，而另外一些人的反应则比较迟钝。

1. 影响安全行为的个性心理因素

（1）情绪

情绪处于兴奋状态时，人的思维动作较快，总体上有利于安全生产；

情绪处于抑制状态时，思维与动作显得迟缓，总体上不利于安全生产；

情绪处于强化阶段时，往往有反常的举动，这种情绪可能发现思维与行动不协调、动作之间不连贯。这是安全行为的忌讳。

（2）气质

气质是人的个性的重要组成部分，它是一个人所具有的典型的、稳定的心理特征。气质使个人的安全行为表现为独特的个人色彩。

例如，同样是积极工作，有的人表现为遵纪守法，动作及行为可靠安全，有的人则表现为蛮干急躁，安全行为较差。

一个人的气质是先天的，后天的环境及教育对其改变是微小和缓慢的。因此，分析职工的气质类型，合理安排和支配，对保证工作时的行为安全有积极作用。

（3）性格

性格是每个人所具有的、最主要的、最显著的心理特征，是对某一事物稳定的和习惯化的方式。如有的人胸怀坦白、有的人诡计多端；有的人克己奉公、有的人自私自利等。

性格表现在人的活动目的上，也表现在达到目的行为方式上。性格较稳定，不能用一时的或偶然的冲动来衡量人的性格特征。但人的性格不是天生的，是在长期发展过程中所形成的稳定的方式。人的性格表现出多种多样。

理智型：用理智来衡量一切，并支配行为，该类型人能够保持良好的安全行为。

情绪型：情绪体验深刻，安全行为受情绪影响大。

意志型：有明确目标，行动主动，安全责任心强。

2. 影响安全行为的社会心理因素

影响人的行为的社会心理因素可分为：社会知觉、价值观和角色。

（1）社会知觉对人的行为的影响

知觉是眼前客观刺激物的整体属性在人脑中的反映。客观刺激物既包括物，也包括人。人在对别人感知时，不只停留在被感知的面部表情、身体姿态和外部行为上，而且要根据这些外部特征来了解他的内部动机、目的、意图、观点、意见等。

人的社会知觉可分为：人的知觉、人际知觉和自我知觉。

人的知觉：主要是对他人外部行为表现的知觉，并通过对他人外部行为的知觉，认识他人的动机、感情、意图等内在心理活动。

人际知觉：人际知觉是对人与人关系的知觉。人际知觉的主要特点是有明显的感情因素参与其中。

自我知觉：自我知觉是指一个人对自我的心理状态和行为表现的概括认知。

人的社会知觉与客观事物的本来面貌常常是不一致的，这就会使人产生错误的知觉或者偏见，使客观事物的本来面目在自己的知觉中发生歪曲。产生偏差的原因有：第一印象作用；晕轮效应；优先效应与近因效应；定型作用。

(2) 价值观对安全行为的影响

价值观是人的行为的重要心理基础，它决定着个体对人和事的接近或回避、喜爱或厌恶、积极或消极。领导和职工对安全价值的认识不同，会从其对安全的态度及行为上表现出来。因此，要使人具有合理的安全行为，首先需要有正确的安全价值观念。

(3) 角色对人的行为的影响

在社会生活的大舞台，任何个人都在扮演着不同的角色。有人是领导者，有人是被领导者；有人当工人，有人当农民；有人是丈夫，有人是妻子，等等。

每一种角色都有一套行为规范，人们只有按照自己所扮演角色的行为规范行事，社会生活才能有条不紊地进行，否则就会发生混乱。角色实现的过程，就是个人适应环境的过程。在角色实现过程中，常常会发生角色行为的偏差和冲突，使个人行为与外部环境发生矛盾。在安全管理中，需要利用人的这种角色作用为其服务。

3. 影响行为的主要社会因素

影响行为的主要社会因素主要有两种：社会舆论、风俗与时尚。

(1) 社会舆论对安全行为的影响

社会舆论又称公众意见，它是社会上大多数人对共同关心的事，用富于情感色彩的语言所表达的态度、意见的集合。社会或企业人人都应重视安全，营造良好的安全舆论环境。一个企业、部门、行业或国家，要把安全工作搞好，也需要利用舆论手段。

(2) 风俗与时尚对安全行为的影响

风俗是指定地区内社会多数成员比较一致的行为趋向。风俗与时尚对安全行为的影响既有有利的方面，也会有不利的方面，通过安全文化的建设可以实现扬长避短。

4. 环境和物的状况对安全行为的影响

人的安全行为除了内因的作用和影响外，还有外因的影响，环境、物的状况对劳动生产过程中的人也有很大的影响。

环境变化会刺激人的心理，影响人的情绪，甚至打乱人的正常行动。物的运行失常及布置不当，会影响人的识别与操作，造成混乱和差错，打乱人的正常活动。

环境和物的状况对人的安全行为会产生的模式：

① 环境差→人的心理受不良刺激→扰乱人的行动→产生不安全行为；

② 物设置不当→影响人的操作→扰乱人的行动→产生不安全行为。

反之，环境好，能调节人的心理、激发人的有利情绪，有助于人的行为。

物设置恰当、运行正常，有助于人的控制和操作。环境差(如噪声大、尾气浓度高、气温高光亮不足等)造成人的不舒适、疲劳、注意力分散，人的正常能力受到影响，从而造成行为失误和差错。由于物的缺陷，影响人机信息交流，操作协调性差，从而引起人的不愉快刺激和烦躁知觉，产生急躁等不良情绪，引起误动作，导致不安全行为。

要保障人的安全行为，必须创造很好的环境，保证物的状况良好和合理。使人、物、环境更加协调，从而增强人的安全行为。

第三节　心理学概述

任何一门科学都有其特定的研究对象和探索领域，心理学是研究人的心理现象的科学。人的心理现象纷繁复杂，表现形式丰富多彩，它与人认识世界、改造世界的一切活动及成果分不开。具体来说是研究人的行为和心理活动规律的科学。

一、心理学研究的对象

人的心理活动和行为之间相互作用和相互依存，两者之间遵循一定的规律。心理学通过探讨人的心理活动及其行为的变化的规律，对人的心理和行为作出科学的解释，通过对行为的观察、分析、揭示、预测来调节与控制人的心理活动与行为，其学科性质兼有自然科学和社会科学，是一门认识客观世界和主观世界的科学，也是一门认识调控人的心理活动与行为产生的科学。

心理学是研究人的心理活动和行为规律性的科学，它以自己特有的研究对象而与其他学科区别开来。心理学的研究广泛，除研究人的心理与行为外，还研究动物的心理与行为，因为动物的行为在许多方面可以推及人类。但心理学以人的心理与行为为主要研究对象，研究动物心理与行为的目的，是为了解释、预测与调控人类的行为。

二、心理学的任务

心理学的任务是探索和揭露人的心理活动和行为产生的规律，通过描述、解释、预测和控制人的心理与行为，为人类的实践活动服务。

人类认识世界和改造世界的实践活动，都是在人的心理活动的参与下进行的，也都是在人的心理的调节指导下完成的。因此要把工作和学习任务推向前进，必须遵循人的心理活动的规律性，以提高人的实践活动的效率。

影响人的心理活动的因素很多，但概括起来主要有三类：①环境因素，即人所接触到的周围事物的变化；②生理因素，例如人的体温高低等；③心理因素，即自己的心理活动对心理的影响。心理学就是探索这三类因素的变化对人的行为和心理活动的影响。为此有以下三项基本任务。

第一项任务是揭示和描述人的心理现象。人的心理活动的本质和发展规律若不能被揭示，就不能被理解和控制，有时甚至会被看成是任意发生的、主观自决定的、不受因果规律支配的。为此心理学的大量工作是描述和揭示人的心理活动如何调节和支配人的行为的规律性。例如心理学通过大量研究揭示了人类遗忘的规律，这样就可以理解为什么有的人记得又快又牢，而有的人则记忆效果差的原因，并提出有助于记忆的方法，控制和避免有损于记忆的因素。

第二项任务是预测和控制人的心理活动。科学的重要作用在于预测和控制。人们掌握了心理活动的规律，就能根据客观现实的要求去预测和控制心理活动。另外了解影响人的心理活动的因素，就能够尽量消除不利因素，创设有利情景。改变和控制个体的行为，使活动效率提高。

第三项任务是理解和说明人的心理活动。理解和说明人的心理活动，实际上就是找出产生所观察到的某些心理现象的原因。这个过程既包括把已知事实组织起来以形成与事实相符的说明，也包括了就事件之间的关系提出需要证明的假设。

三、心理学研究的原则和方法

1. 心理学研究的基本原则

科学地研究人的心理现象，揭示心理的本质、规律、机制，需要遵循以下两个基本原则。

(1) 客观性原则

客观性原则是科学研究必须遵循的原则，是指研究者要尊重客观事实，按照事物的本来面貌来反映事物。对心理学研究来说，就是要从心理活动产生所依据的客观条件及其表现和作用来揭示心理活动发展的规律性。由于心理活动纷繁复杂，因此在心理学研究中很容易产生猜测、武断和片面的缺点，应注重遵循这一原则。任何结论都必须在所得到的全部事实材料和数据，甚至包括相互矛盾的事实中进行全面分析的基础上作出，而不能任凭研究者的主观臆测来肯定或否定某种结论。

(2) 发展性原则

客观事物总是处于不断运动和变化发展之中，作为人脑对客观事物反映的心理活动，不可能是固定、静止的。不仅如此，人脑这一心理活动的物质承担者，也是历史发展的产物。这些都要求研究者必须遵循发展性原则来研究心理活动的特点及行为发生发展的规律性。

发展性原则是指把人的心理活动看作动态变化发展过程的研究原则。例如研究个体在不同年龄阶段心理发展的规律，就要根据从初生到老年期每个阶段所具有的不同心理特点和形成条件，既要阐明已经形成的心理品质，也要阐明那些正在形成或刚表现出来的心理特点，并要预测可能会出现的心理现象，以创造有利条件让其顺利发展。

2. 心理学的研究方法

在当代心理学研究中，实证主义的方法因其科学性占据着主要地位。根据科学研究的水平不同主要分为三个阶段：描述性研究、预测性研究和控制性研究，见表 1-1。

描述性研究只对某种现象进行客观记录和描述，不改变其现状。研究方法主要是观察法，包括：标准化的自然观察、问卷调查、访谈、相关研究等。

预测性研究的目的是根据某一科学理论，通过逻辑推理，对研究对象以后的发展变化和在特定情境中的反应作出推断。研究方法主要是相关法，包括：回归分析、相关性研究、预测研究等。

控制性研究目的是操纵研究对象某一变量的决定条件或创设一定情境，使研究对象产生理论预期的改变或发展。研究方法主要是实验法。

表 1-1　心理学的研究方法

阶段	方法	重点	回答问题
描述性研究	观察法	描述	现象的本质是什么？
预测	相关法	预测	知道了 x，能预测 y 吗？
控制	实验法	因果	变量 x 是变量 y 的原因吗？

观察法：是研究者观察人们的行为，并对其测量值或行为印象加以记录的一种方式。观察法的优点是它能通过观察直接获得资料，不需其他中间环节。因此，观察的资料比较真

实；在自然状态下的观察，能获得生动的资料；观察具有及时性的优点，它能捕捉到正在发生的现象；观察能搜集到一些无法言表的材料。

相关法：系统地测量两个或多个变量，继而评估其关联性的方法。调查研究是相关法常用技术，选取一些人作为样本，询问其态度或者行为的研究方式。相关法优点是借此可以判断一些难以观察到的变量之间的关系；要点是从总体中选取样本的代表性能力；缺点是相关不等于因果。

实验法：将参与者随机分派到不同的情境中，并确保除自变量外其他条件一致，借此探讨自变量所产生效果的一种研究方法。一般有两种：自然实验法和实验室实验法。

① 自然实验法。自然实验法也称为现场实验法，是指在实际生活情境中，由实验者创设或改变某些条件，以引起被试某些心理活动进行研究的方法。在这种实验条件下，由于被试摆脱了实验可能产生的紧张心理而始终处于自然状态中，因此得到的资料比较切合实际。

② 实验室实验法。实验室实验法是指在实验条件严格控制下，借助于专门的实验仪器，引起和记录被试的心理现象进行研究的方法。心理学的许多课题都可以在实验室进行研究，通过实验室严格的人为条件的控制，可以获得较精确的研究结果。

但由于实验者严格控制实验条件，使实验情境带有很大的人为性质，被试处于这种情境中，意识到正在接受实验，就有可能干扰实验结果的客观性，并影响到将实验结果应用于日常生活，具有一定的局限性。

实验法的优点：控制严密；有效揭示因果关系；更加“可重复”等。

实验法的缺点：人为化，进而影响外部效度；无关变量多，控制困难等。

第二章

心理学及安全行为心理学

第一节　心理学的历史及发展

心理学一词源于希腊文，意指“灵魂的学说”，是一门既古老又年轻的科学。古老是因为人类探索心理现象已有两千多年的历史，它一直包括在哲学的母体中。在公元前 4 世纪亚里士多德的《灵魂论》中就论述了人类的各种心理现象。年轻是因为直到 1879 年，在德国莱比锡大学由德国哲学家、生理学家冯特建立了世界上第一个心理实验室，把自然科学中使用的方法应用于心理学的研究，心理学才开始脱离哲学而成为一门独立的科学，迄今为止只有百余年的历史。

一、中国心理学简史

中国心理学源远流长，在历史上产生了极其丰富的心理学思想，至清末由于西方心理学的传播，才发展为近现代中国心理科学。中国心理学史是由古代心理学思想的演变和近现代心理学的形成发展两大部分构成的。

中国古代心理学包括先秦时期孟子的性善说、荀子的性伪说、知虑心理思想、志意心理思想、性欲心理思想、智能心理思想和释梦心理思想等，以及应用心理学思想。汉唐时期心理学的基本理论观点主要有人性论、佛性论及人性论的变式——形神论。宋元明清时期心理学得到进一步的发展，对情欲心理学、释梦心理学、教育心理学等方面都有所建树。

中国近现代经历了一个启蒙时期后，由于西方心理学的传播开始进入发端期。20 世纪初至 40 年代是中国现代心理学创立时期。中国现代心理学创立的标志有：1917 年在北京大学创建了我国第一个心理学实验室，1920 年南京高等师范学校成立我国第一个心理学系，1921 年中华心理学会在南京成立，1922 年在上海创办我国第一种心理学杂志《心理》。这个时期主要是学习西方心理学。

中国现代心理学的发展时期，经历五个阶段，即学习苏联心理学的改造阶段(1950—1956 年)，初步繁荣阶段(1957—1965 年)，停滞不前阶段(1966—1976 年)，重新恢复阶段(1977—1980 年)，稳定发展阶段(1981—现在)。

二、外国心理学流派

西方心理学史可上溯到古代希腊、罗马时期的心理学思想，经过欧洲中世纪和文艺复兴时期的心理学思想，才出现近代英国和法国的经验心理学、德国的理性心理学，最后在19世纪西方生理心理学和心理物理学的基础上，产生了实验的科学心理学。德国的冯特1879年在德国莱比锡大学建立了世界上第一个心理实验室，被公认为是现代心理学诞生的标志。

在心理学发展过程中，形成了各种不同和各具特点的心理学理论派别。

联想主义心理学探讨联想的心理学规律，试图用联想来解释一切心理现象。英格兰和苏格兰的一些心理学家运用自然科学深化和发展联想心理学，对心理学从哲学心理学向实验心理学的转变起到促进作用。

冯特认为心理学的研究对象是直接经验，把意识分析为最基本的意识状态，即心理元素；心理学的任务是对经验或意识的元素进行分析和综合，被称为内容心理学。他的学生铁钦纳认为心理学是一门纯粹的科学，只能研究意识的元素构造，分析心理的结构，是构造心理学最主要的代表人物。

而意动心理学的代表德国的布伦塔诺主张心理学的研究对象是经验活动，而不是经验活动的内容，对经验活动的描述比实验方法更重要。

美国詹姆士的实用主义心理学是机能主义的前奏。机能主义将实验心理学的精神与美国社会经济发展的客观需要结合起来，强调应用是社会的需要，促进了教育心理、工业心理、医学心理等的发展。

英国的麦独孤在进化论和意动心理学的影响下，提出了策动心理学。认为行为是有目的的，受意识调节。他提出本能论，以解释低级生物性行为和高级的社会性行为。

苏俄巴甫洛夫的条件反射学说不仅对苏联心理学有深远的影响，而且对美国的行为主义心理学也产生重大影响。华生于1913年开创行为心理学，完全排斥意识，主张心理学只研究行为。他认为心理学研究行为就是要确定刺激和反应之间联结的规律，人格是个体一切动作的总和。

格式塔学派认为知觉的整体性比它的各个组成部分之和还要多，当感觉元素聚会在一起时，就会形成某种新的东西。它强调经验和行为的整体性，主张从整体动力出发说明心理现象。

精神分析心理学是奥地利精神病学家弗洛伊德于19世纪末20世纪初创立的。包括潜意识论、本能论、梦论、人格论、焦虑与防御机制理论、精神分析方法。

社会文学历史学派，也称为维列鲁学派，是苏俄心理学界人数最多、影响最大的学派。其基本思想是：意识是人类文化历史的产物，人的心理是以言语或词为中介的人类文化历史的产物；认为“中介”和“内化”是最高级心理机能产生和发展极重要机制。

认知心理学的理论观点主要有两种。一是结构主义的认知心理学，主要代表是皮亚杰的结构主义发生认识论，认为认识起源于主客体之间的相互作用，认识结构包括图式、同化、顺应和平衡四个基本要素。二是信息加工心理学，即现代认知心理学。它是用信息加工的观点和术语说明人的认知历程的科学，认为认知历程是指人接受、储存和加工运用信息的过程，包括知觉、注意、记忆、心象(意象、表象)、思维和语言等。20世纪70年代以后，认知心理学已成为当代心理学的主流。

20世纪50年代逐渐形成的人本主义心理学，强调以人为中心，以价值为中心，创始人是马斯洛和罗杰斯。超个人心理学是当代西方心理学的一个新流派，它不仅关注个人及其潜能的充分实现，更关注超越个人经验和精神生活。

人学理论也称列宁格勒学派，强调用系统理论来认识人的复杂心理现象。

后现代主义心理学是在科学主义心理学走向衰落和陷入困境情况下产生的。主张尽量从人文科学的角度真切地、全面地揭示人的心理实质。

第二节 心理学分支

心理现象的复杂性，导致心理学家纷争激烈，形成了许多派别，也引起心理学家从不同方面对其开展跨学科和多学科的探讨。心理学既与生物科学、技术科学相结合，又和社会科学、人文科学相结合，使心理学成为具有自然科学和社会科学两种属性的边缘科学、中间科学、模糊科学。而大多数心理学家往往从某一个侧面去深入研究，使心理学研究的范围广阔，分支众多。

一、普通心理学

普通心理学是心理学最基础的课程，是研究正常人心理发展变化一般规律的心理学基础学科。心理学把统一的人的心理现象划分为既相互联系又相互区别的两个部分：心理过程和个性心理，具体的框架如图 2-1 所示。

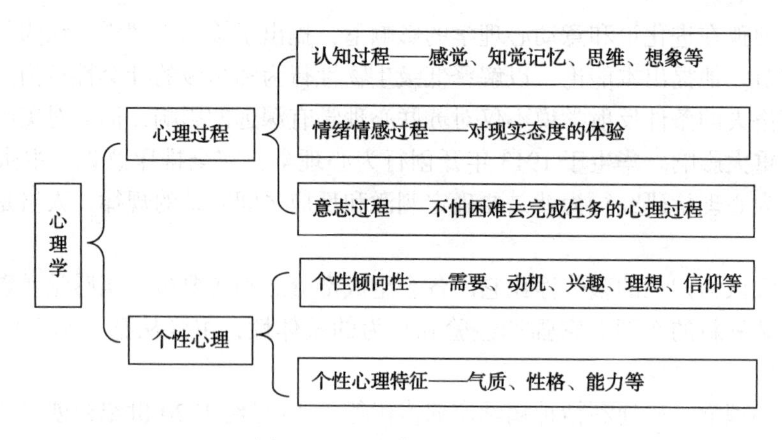

图 2-1 心理学的内容架构

1. 心理过程

人的心理过程就其能动反映客观事物及其关系，分为认识过程、情绪情感过程和意志过程。

（1）认识过程

认识过程指人认识客观事物的过程，或是对信息进行加工处理的过程，是人由表及里，由现象到本质地反映客观事物与联系最基本的心理活动。认识过程包括感觉、知觉、记忆、思维和想象等。注意是伴随在心理活动过程中的心理特性，以保证人的各项活动顺利进行。

（2）情绪情感过程

情绪情感过程指人对客观事物是否满足自身物质和精神上的需要而产生的主观体验，它反映的是客观事物同人的需要之间的关系，包括喜、怒、哀、乐、爱、憎、惧等，凡是符合并满足人的某种需要的客观事物，会使人产生积极肯定的情绪情感，反之则会产生消极否定的情绪和情感。

（3）意志过程

意志过程指人自觉地确定目标，克服内部和外部困难并力求实现目标的心理活动。意志过程是人的意识能动性的体现，即人不仅能认识客观世界，而且还能根据对客观世界及其规律的认识自觉地改造世界。

人的认识过程、情绪情感过程和意志过程统称为心理过程。它们在人的心理活动中并不是单独存在，而是相互联系、相互作用的、统一的心理活动的过程。人的认识过程是人的情绪情感和意志产生的基础，没有人的认识活动，人既不会产生喜怒哀乐的情绪情感，也不可能有自觉的、坚强的意志，人的认识活动就不可能发展和深入。可见人的认识过程和意志过程总是伴随一定的情绪情感活动，意志过程又总是以一定的认识活动为前提，而人的情绪情感和意志活动又促进了人的认识的发展。人的认识过程、情绪情感过程和意志过程都有其发生、发展及其变化的过程，研究人的心理活动发生发展的规律性是心理学研究的对象之一。

2. 个性

人的心理过程具有共同特点。例如，人们认识客观事物总是先由感觉、知觉进而到思维，即由对对象的感知到事物本质的揭露。情绪情感过程和意志的发生、发展存在着共同性的特点。但由于每一个人的先天素质和后天环境影响不同，心理过程在每一个身上产生和发展时总是带有个人的特征，从而形成了个人不同的个性。

个性是指一个人的整个心理面貌，它是个人心理活动稳定的心理倾向和心理特征的总和。个性心理结构主要包括个性倾向性和个性心理特征两个方面。

（1）个性倾向性

个性倾向性是指人所具有的意识倾向，它决定着人对现实世界的态度以及对认识活动对象的趋向与选择。

个性倾向性是指人从事活动的基本动力，主要包括需要、动机、兴趣、爱好、理想、价值观、人生观和世界观。这些心理倾向在整个个性倾向中的地位，随着个人的成熟与发展的阶段不同而有所不同。例如在儿童时期，兴趣是支配他们心理活动与行为的主要心理倾向；在青少年时期，理想上升到主导地位；在青年后期和成年期，人生观与世界观成为主导的心理倾向并支配着人的整个心理活动与行为表现。

人的个性倾向性是社会实践中形成、发展和变化的，它反映了人与客观现实世界的相互关系，也反映了一个人的生活经历。当人的个性倾向性成为稳定而概括的心理特点时，就构成了个性心理特征。

（2）个性心理特征

个性心理特征是指区别于他人、在不同环境中表现出一贯的、稳定的行为模式的心理特征。主要包括能力、气质和性格，是多种心理特征的独特组合，集中反映了人的心理面貌的差异。例如有的人有数学才能、有的人有写作才能、有的人有音乐才能，因此在各科成绩上就有高低之分，这是能力方面的差异。在行为方面，有的人活泼好动，有的人沉默寡言，有的人热情友善，有的人冷漠无情，这些都是气质和性格方面的差异。能力、气质和性格统称为个性心理特征。

在一定社会历史条件下，通过社会实践活动形成和发展起来的个性倾向性和个性心理特征，即人的个性的实质、个性结构及个性形成、发展和变化的规律是心理学研究对象中的另一个重要内容。

人的心理过程和个性彼此密切联系构成状态。没有心理过程，个性无法形成。如果没有对客观事物的认识，没有对客观事物与人的需要之间的态度体验而产生情绪情感，没有对客观事物的积极改造的意志过程，个性就会成为无本之源。

二、社会心理学

早在两千多年前，人类对于自身在社会生活中表现出来的社会心理和社会行为就抱有极大的兴趣。从著名的思想家到普通人，都时常在思考人们何以有爱、何以有恨、何以独处时的行为与有他人在场时表现不同，等等。而社会心理学为我们提供了解决这些问题的钥匙。

1. 社会心理学的基本概念

社会心理学是研究个人的思想、感觉与行为如何受到实际的、想象的或只存在于暗示之中的他人的行为与特点影响的科学。或者认为是研究社会相互作用背景下人的社会行为及其心理根据的科学。

社会心理学的研究对象主要从三个方面说明：

（1）个体社会心理与社会行为

这包括以下几个领域：

① 研究人的社会化和自我意识。

② 研究人的社会动机，包括社会动机的种类和理论说明，社会动机的外在表现特征、模式等内容。

③ 研究人的社会认知。包括对他人的认知，对自己认知及归因问题。

④ 研究社会态度和态度改变。

（2）社会交往心理和行为

包括人际关系、人际沟通、社会影响等方面。人际关系是探讨人际吸引、人际关系的测量和改善等。人际沟通揭示个体的类型、功能、程序以及如何提高沟通的效果。社会影响研究社会中人与人之间的社会行为是如何相互发生影响作用的。

（3）群体心理

社会心理学要研究群体成员行为的影响，领导人的地位、作用，以及领导行为方式等。还研究民族心理、性别差异心理等。

（4）应用心理学

社会心理学本身是应用性很强的学科，在许多领域都有着广泛的应用。

2. 社会心理学重要概念

（1）社会化

社会化是个体成长过程中，遵从社会规范，形成符合社会要求的行为、态度、动机和价值观等一定社会认可的心理-行为模式，成为合格社会成员的过程。

社会化是人类持续发展的需要，也因为人类个体能力有限，必须成为社会化动物。

（2）社会知觉

指对人的认知、了解，研究人们如何通过社会交往而对他人的动机、性格、意向、态度等特征做出判断的复杂过程，包括表情认知、表情表现、人际知觉、角色知觉。

社会知觉会有偏差，主要有第一印象、首因效应、近因效应、晕轮效应、错误联想、刻板印象、迷信心理、情绪状态等。

（3）社会态度

态度是对待人、观念或事物的一种心理倾向，包括认知、情感和行为。态度不是与生俱来的，是与他人的相互作用和接受环境影响中逐渐形成的。态度也是可以改变的。

(4) 社会关系

指人际关系，人与人之间通过动态相互作用形成起来的情感联系。分为以感情为基础的交往、以利害关系为基础的交往、陌路关系。

人际交往是因为感情的需要、控制的需要、包容的需要。首先表现为人际吸引：接近性吸引、相似性吸引、补偿性吸引、对等吸引、能力吸引、诱发性吸引。也可表现为友谊、爱情。

(5) 社会影响

由于社会压力而发生的个体行为与态度的变化称为社会影响。主要包括从众、服从、去个性化、群体极化效应等。

三、变态心理学

变态心理学研究的是异常心理现象和行为活动的发生、发展和变化的原因及其规律的科学，也是探索、理解和预测人类行为异常的一门科学。

1. 心理变态的标准和成因

标准主要有：经验的标准、社会适应性标准、统计学标准、心理成熟标准、医学标准等。

心理不同的原因主要有：生理因素、心理因素、文化因素、社会因素等。

2. 不同的心理学理论解释

① 医学模型。

② 心理动力学模型：以弗洛伊德精神分析理论为主要理论基础。

③ 行为模型：强调学习在人类行为中的作用，重要概念是强化、泛化、辨别、消退、模仿学习、行为矫正和塑造等。

(4) 人本主义理论模型：强调解除人们所受到的无能的假设和态度的约束，过充实的生活。

(5) 社会文化模型：强调社会文化在人类行为上所扮演的重要角色。

(6) 综合模型——生物、心理和社会因素：生物学因素是最基本的因素，是心理和社会文化因素的物质承受者；心理因素时刻给予生物因素深刻的影响和制约；社会文化因素是心理因素赖以形成和出现的根源，并间接制约生物因素。

3. 变态症状表现及种类

(1) 表现

精神症状及判定：纵向比较、横向比较、结合处境和心境比较。

(2) 种类

严重精神病患者的心理变态、神经症患者的心理变态、躯体疾病引起的心理变态、脑疾病或身体缺陷引起的心理变态、特殊情况下的心理变态等。

四、认知心理学

认知心理学是20世纪50年代在西方兴起的心理学思潮。

1. 认知心理学概述

“认知”有广义和狭义两个含义。广义的认知既包括动态的加工过程(认识)，也静态的内容结构(知识)。狭义的认知是个体内在心理活动的产物。

2. *研究方法*

认知心理学关心的是作为人类行为基础的心理机制，其核心是输入输出之间发生的内心心理过程。但心理活动不能直接观察，只能通过观察输入输出的东西来加以推测。

① 反应时研究法：包括相减因素法(也称减法)、相加因素法(也称加法法)、开窗法等。

② 出声思考。

③ 计算机模拟。

五、其他分支

1. *发展心理学*

发展心理学研究人类心理系统和个体心理发生发展的过程及其规律的学科。发展心理学主要涉及两个方面：心理发展的基本规律和心理发展的年龄特征。发展心理学分为广义和狭义两类。广义的发展心理学是探索人类心理发生发展的基本理论和心理发生、发展过程或阶段中的各种心理特点和规律；狭义的发展心理学是指儿童心理学，即探讨儿童各个发展阶段的心理特点和儿童心理发展的过程和规律性。

2. *实验心理学*

实验心理学是以科学的实验方法研究人的心理现象和行为规律的学科。实验心理学涉及心理学实验研究的原理、设计、方法、仪器、技术和资料的处理等问题。由于在心理学研究中采用了科学的实验方法，才有了对人的心理现象进行客观研究的手段，从对心理现象的一般推论进入到具体心理过程及其物质基础的分析研究，从而深入揭示出各种心理活动的规律性。

3. *生理心理学*

研究心理现象的生理机制，是心理学基础研究的重要组成部分。生理心理学在现代脑科学研究成果及现代技术方法的基础上，主要集中在神经系统的结构和功能、感知、学习和记忆、动机和情绪等心理活动的机制，以及内分泌系统对行为的调节作用的研究方面。

4. *人格心理学*

研究个体人格形成、发展表现及其变化的规律以及人格的结构、动力及人格发展与适应的规律。人格心理学以人的性格、气质、能力和个性倾向等个性心理作为研究对象，揭示人的心理活动的独特性。

5. *医学心理学*

一般认为：医学心理学是医学和心理学相结合的一门新的交叉学科，研究心理变量与健康或疾病变量之间的关系，研究解决医学领域中的有关健康和疾病的心理行为问题，以及心理因素作用的规律。

医学心理学研究的范围比较广，几乎涉及医学的所有领域，概括起来，主要有以下几个方面：

① 研究心理行为的生物学和社会学基础及其在健康和疾病中的意义。医学心理学探讨不同的遗传素质、个性和各种社会因素所导致的个体心理行为上的变化，以及这些因素在健康和疾病相互转化过程中的作用机制。

② 研究心身相互作用的规律和机制。探讨人的高级心理机能与生理功能相互之间的联

系和相互影响作用。

③ 研究心理行为因素在疾病的发生、发展、诊断、治疗康复以及健康保持过程中的作用规律。探讨心理行为因素与临床疾病之间的关系，直接为医学临床服务。

④ 研究各种疾病过程中的心理行为变化及干预方法。将医学心理学的理论及技术介入到临床疾病的治疗中，增加临床治疗的手段，提高临床疾病的治疗效果。

⑤ 研究如何将心理学的知识和技术应用于医学其他方面。这些方面包括心理病因学、心理诊疗学、心理治疗学和心理卫生等。尤其是如何将心理学的知识为增强人类的全面健康服务。

广义的医学心理学研究内容十分广泛，分支也很复杂。一般包括以下几个分支：临床心理学、病理心理学、神经心理学、缺陷心理学、心理诊疗学、心身医学等。

6. 教育心理学

教育心理学是研究学校教育情境中学与教的心理活动规律的学科。教育心理学主要是以教师与学生之间相互作用的行为为研究对象，涉及学生掌握知识和技能的心理特点及规律、影响教与学活动的心理因素、学生行为习惯和良好道德品质形成的规律以及教师心理活动等，目的是建立系统的教学理论来解决教学中的实际问题。

7. 工业心理学与管理心理学

工业心理学主要研究工作中人的行为规律及其心理学基础。研究的内容主要包括以下几个方面：

(1) 工作环境的研究

工作环境是否适合保证人的安全、健康和舒适，并保证生产的高效率，是工业心理学关注的中心问题之一。这方面的研究就是工作生活质量的内容，越来越受到人们的普遍关心。人们不仅要求工作环境能够适合生理上的需要，而且日益重视工作者心理上的需要。例如重视工作内容的丰富化和扩大化，减少简单、重复的劳动，提高工作本身对人的意义，增加工作者的满意度等。

(2) 组织关系

现代管理者应该善于为组织确定目标，协调组织内部的关系，改善组织外部的联系，并注重采用组织开发技术，使企业或机构具有组织自我完善的能力。社会化的咨询机构将越来越多的参与改进组织管理的工作，组织系统将从封闭走向开放。

(3) 生产过程自动化

随着生产技术的提高，人的作用变得更为突出，对人素质要求也更高。工业心理学在提高人的成就水平、改善培训方法、对人科学的评价和选拔任用、职业设计和人事安排等方面发挥更大的作用。

(4) 消费需求

工业心理学在满足人的兴趣爱好方面也起到作用。

(5) 人-机系统

在生产条件下，人与机器设备之间的信息传递和相互适应，是保证一个大系统可靠性和高效率的前提。工业心理学把认知心理学的成果及客观分析人的心理过程的方法应用于人-机系统。随着电子计算机的普及与应用，人与计算机的交互作用将是今后工业心理学研究的重点。

工业心理学包括管理心理学、工程心理学、劳动心理学、人事心理学等。

管理心理学以组织中的人作为特定的研究对象，重点在于对共同经营管理目标的人的系统的研究，以提高效率及人们的积极性。研究对象是管理过程中各层次人员的心理活动规律，以及由心理活动诱发出来的行为规律，内容极其广泛，至少涉及个体的心理、群体的心理、领导心理和组织心理等。

管理心理学中有关人性的假设主要有以下几种：

① X 理论与 Y 理论。X 理论是假设大部分人本质是享乐和懒散的，是“经济人”。Y 理论则认为大部分的人是积极的勤奋的，是“自我实现人”。

② 超 Y 理论。主张组织和工作的适应性，个人的胜任感和工作的效率要相辅相成，互为补充，也称“复杂人”理论。

③ Z 理论。A 型组织是在高度流动性、支持独立。自食其力和个人责任的文化中发展起来的；J 型组织的文化基础是个人流动性低，支持集体主义。如果二者结合就称为 Z 组织。

④ 双因素理论。称为“激励、保健因素”理论。保健因素是造成员工不满的因素，改善这些因素可减少员工的不满，但不能激发员工的积极性。也称为维持因素。激励因素是使员工感到满意的因素，改善这些因素可使员工感到满意。

⑤ 公平理论。主要观点是人们总是将自己所做的贡献和所得的报酬与一个和自己条件相等的人的贡献和报酬进行比较，比值相等，双方就都有公平感。

⑥ 成熟理论。其观点认为职工被动、无独立性、无责任心是工作士气低落的原因。加强责任心、独立性能激发动机和士气。

⑦ 期望理论。美国心理学家佛隆的期望公式为：$M=\sum V\times E$。其中 M 是激发力量，V 是目标价值，E 是期望值。

期望模式：个人努力——个人成绩——组织奖励——个人需要。

8. 咨询心理学与心理治疗学

咨询心理学研究心理咨询的过程、原则、技巧和方法的心理学分支。咨询心理学研究的对象主要是正常人，而不是患者。心理咨询协助人们认识自己、建立健康的自我形象、发挥个人潜能的过程。包括教育咨询、职业咨询、心理健康咨询及心理发展咨询。

心理咨询应遵循以下几个原则：

① 理解支持原则。

② 保密性原则。

③ 耐心倾听和细致询问原则。

④ 疏导抚慰和启发教育原则。

⑤ 促进成长的非指导性原则。

⑥ 咨询、治疗和预防相结合的原则。

心理治疗学也称精神治疗，是应用心理学的原则和方法，采用治疗者与被治疗者间的相互反应与关系，治疗病人的心理、情绪、认知与行为有关的问题。治疗的目的是在于解决本人所面对的心理可能，减少焦虑、忧郁、恐慌等精神症状，改善本人的非适应行为，包括对人对事的看法、人际关系，并促进人格成熟，能以较有效且适当的方法来处理心理问题及适应生活。

心理治疗的目标主要有四种：危机处理、行为矫正、情绪经验的调整、自知力改变。

心理治疗的理论模式有：分析性心理治疗、认知性心理治疗、人本主义的心理治疗、支持性心理治疗、行为性心理治疗、人际性心理治疗。

9. 消费与广告心理学

消费心理学是研究消费者购买、使用商品和劳务行为规律的商业心理学分支，涉及商品和消费两个方面。与前者有关的研究包括广告、商品特点、市场营销方法等；与后者有关的包括消费者的态度、情感、爱好以及决策过程等。

帕卡德发现消费者的行为常是非逻辑、非理性的，他提出了八种心理需要：安全感、价值感、自我满足感、情爱感、力量感、创造欲、根基感、不朽感等。

广告心理学的基本任务是分析、研究和掌握广告对象的心理特征，为广告宣传提供心理学的依据。研究内容主要是两部分。一是分析研究广告读者的心理活动特点和规律；二是研究形式不同、手段各异的广告宣传的心理效应和美术设计等技术过程中的心理问题。

10. 环境心理学

环境心理学从心理学角度探讨什么样的环境符合人们心愿的环境。研究的内容包括环境和行为之间的关系、环境的认知、环境和空间的利用以及人工环境下人的行为和感觉问题等。

11. 交通心理学

研究的是在交通过程中人的行为及其心理活动规律和个性心理特征。把人、车、路、环境等作为一个系统来看待。研究内容有两个主要方面：一是对驾驶员操纵交通工具时静的和动的特性进行研究；二是对于交通参与者的特性进行研究。交通心理学研究的环境是广义的，包括气候环境、车辆环境、意义性环境（交通安全设施、交通信号、交通标志等）、社会性环境（交通参与人、交通管理者及相互的关系）、家庭环境、工作单位环境、社区环境等。

12. 法制心理学

研究与法有关的各种人的心理活动规律，包括立法心理、普法教育心理、司法心理、劳动工作心理和民事诉讼心理等。与法制心理学相关的还有警察心理学、犯罪心理学等。

13. 运动心理学

运动心理学主要涉及三个领域：竞技运动、大众健身和体育教育。

运动心理学研究的重要领域包括运动员人格的研究，唤醒、焦虑与运动员成绩关系的研究，心理技能训练的研究，运动动机的研究等。

另外还有临床心理学、心理测量学、统计心理学等，在此就不再赘述。

第三节　安全行为心理学概述

近年来，随着我国经济快速发展的同时也发生了一些触目惊心的特别重大安全事故。2015 年 8 月 12 日天津滨海新区的爆炸事故，造成 165 人遇难，8 人失踪，798 人受伤住院治疗。国内外对安全生产事故的研究与实践均已证明，人的不安全行为是事故发生的最主要原因。Heinrich（1950 年）对 75000 例事故的分析发现，88%的事故都是个人不安全行为所致。据案例分析表明：约有 70%~90%直接或间接源于人为失误，管理及设备条件对事故的发生亦有一定的影响。在事故的发生中涉及管理和设备条件的各占 40%及 20%。杜邦公司对 10 年内可记录的事件进行统计，表明导致事故的原因分布规律见表 2-1。

表 2-1　事故原因分布规律

项　目	权重/%	项　目	权重/%
个人防护装备	12	程序和秩序	12
人员姿势	30	不安全行为造成的伤害总数	96
人机工程	14	其他因素造成的伤害总数	4
工具和装备	28	总计	100

另外，即使是由于设备、场所等物的不安全状态而造成的事故，大都与人的不安全行为或人的操作、管理失误有关。往往在物的不安全状态背后，隐含着人的不安全行为或人的失误。人的不安全行为，可以有广义和狭义之分。

狭义的不安全行为主要是指员工直接导致事故发生的人的行为，如员工的违规作业行为，操作的错误和失误。

广义的不安全行为主要是指可导致事故发生的人的行为，既包括员工可能直接导致事故发生的行为，也包括可能间接导致事故发生的行为(如管理者违章指挥；不尽职的行为等)。

根据行为主体(人)的心理状态，在行为时是否意识到自己行动的危险性，可将人的不安全行为分为两类，即：故意的不安全行为，与非故意的不安全行为两大类。

故意的人的不安全行为——行为主体(人)在行动之前已经认识到自己行动的危险性，但明知故犯，仍然采取该行动(是故意违章行为，如酒后上岗，酒后驾驶等)。

非故意的人的不安全行为——行为主体(人)在行动之前未认识到自己行动的危险性(也可称为非故意或无意识的违章行为)。

不安全行为产生的原因存在主观和客观两方面的原因。客观方面主要是管理的松懈和规章制度可操作性不强，给不安全行为的发生创造条件；而主观方面主要是心理的问题，例如存在侥幸心理，或急功近利，急于将工作任务完成，从而忽略了安全的重要性；从众心理，明知违章但认为自己可以依靠较高的个人能力避免风险等。

一、安全行为心理学的含义

广义的安全行为心理学的对象包括所有人，因为安全问题渗透在人的一切活动之中，包括日常生活、家庭、男人、女人、老人、孩子等，都有一个如何防止事故和人身伤害的问题。

狭义的安全行为心理学研究的对象是指在(工业)生产劳动过程中的人，即从事物质生产的劳动者。

安全行为心理学就是以生产劳动中的人为对象，从保证生产安全、防止事故、减少人身伤害的角度研究人的心理活动规律的一门科学。从心理学的角度研究事故原因，人在事故发生过程中和事故发生时的心理状态、群体特点及组织行为规律等，试图发现人的心理因素与事故发生的关系，进而从心理学的角度提出如何有效地进行安全教育，干预不安全行为，疏导不正常心理状态，矫正不良态度，实施安全心理素质选拔技术，进行灾后心理辅导，以及在劳动组织、劳动制度、操作规程、机器设备、作业环境等方面制定有效的预防措施和实施符合工效原则的设计，避免操作人员操作错误及行为不当，预防事故发生，保证人员的安全和生产的顺利进行。

安全行为心理学的目的：规范员工的安全行为，预防安全事故的发生，提升企业的安全管理水平。

安全行为心理学主要的研究内容：人的认知、能力、人格、经验、性别、年龄、反应模式等主体因素和工作环境条件等物理因素与不安全行为和事故发生的关系，人为差错的类型和原因分析，安全训练和教育等。具体包括：

① 研究员工在安全生产中的认知过程及对安全行为的影响。

② 分析情绪、情感、意志、注意等对员工安全行为的影响。

③ 研究员工的个性心理特征，分析有利于或不利于安全生产的个性心理因素，研究事故肇事者的特性研究，如智力、年龄、性别、工作经验、情绪状态、个性、身体条件等与事故发生率的关系的研究。

④ 研究员工在劳动中的生理状态对心理的影响及与不安全行为的关系。

⑤ 研究员工不安全心理状态和不安全行为消除和减少的心理学方法，以及培养安全观念和安全意识等。

⑥ 研究环境因素对人的行为影响背后的心理因素，其中包括人际环境、企业环境、社会环境(软)和物理环境(噪声、湿度、温度、光线、压力等)，防止意外事故的心理学对策，如从业人员的选拔(即职业适宜性检查)。

⑦ 研究实施安全教育和行为控制的心理学方法等。

二、安全行为心理学与其他学科的区别

1. 安全行为心理学与普通心理学

安全行为心理学研究的对象是处在特定情境中的参与安全生产的员工。它是从安全这一现象领域问题出发，从如何保证安全的角度去概括生产活动中的人所普遍存在的心理活动规律；普通心理学是研究正常的成年人心理活动规律性的科学，是整个心理学科的基础。另外二者的研究成果和结论所起作用的范围也有所不同。安全行为心理学只是普通心理学在特定活动领域中的一个特殊分支。

2. 安全行为心理学与劳动心理学

劳动心理学研究的首要和基本目的就是最大限度地提高劳动效率。为此，劳动心理学主要研究三大问题：一是人事心理学问题，其中包括对劳动成员的职前教育、就业指导、招募、选拔、安置、培训、提升等，通过研究人的个体差异和职务分析，为达到人适其职、职得其人、人尽其才、才尽其用提供指导；二是组织心理学问题，其中包括研究组织如何激励员工，使员工具有满意感，研究组织内部的沟通及领导行为等；三是劳动条件问题，即研究影响个体劳动绩效和生理、心理健康的劳动环境因素，其中既研究劳动的物理环境，同时也研究社会心理环境以及二者的综合影响。由于生产的安全与否也是影响劳动效率的一个重要因素，因此，劳动心理学一般都列专章论述安全与事故问题，但通常并非重点。

3. 安全行为心理学与安全科学

安全行为心理学不仅是心理科学的分支学科，也是安全科学的一门分支学科。

虽然人机工程学也涉及安全问题，但它的侧重点则是通过使设备的设计适合人的各方面因素，以便在操作上付出最小代价而求得高效率，正如这一名称所反映的实用性和目的性——提高工作效率。

安全行为心理学是以心理学为理论根据，研究员工的行为、环境(工作、组织等)，以消除员工的不安全心理与不安全行为，从而达到事故预防的目的。二者有不同的分工，安全心理学可以被看作是工效学的重要基础之一。

三、安全行为心理学的研究方法

安全行为心理学研究的基本方法有观察法、实验法、调查法和测验法等，它们都涉及对所要解决的问题进行研究设计，采用合适的搜集资料的方法，按照一定研究程序进行统计检验的基本过程。

1. 观察法

(1) 含义

观察法是研究者通过感官或借助于一定的科学仪器，在一定时间内有目的、有计划地考察和描述人的各种心理活动和行为表现并收集研究资料的一种方法。它是心理学研究中最基本、最普遍、历史最悠久的方法之一。

(2) 分类

根据不同的分类标准，观察法可分为直接观察与间接观察，自然观察和实验观察，参与观察与非参与观察，结构观察与无结构观察，叙述观察、取样观察与评价观察，科学观察与日常观察等。

(3) 特点

观察法是一种有目的有意识的搜集资料的活动。

优点：

- 从手段上，观察法是在客观条件下进行的，具有直接性，可以在自然环境中搜集资料。当然也可借助一定的观察工具，如人的感官、仪器和设备。
- 从时间上，可当时、当地观察到行为的发生，一方面可以搜集到完整的活动资料，另一方面也比其他方法更容易避免被试的心理反应，而得到自然、未经合理化或伪装的行为资料。另外还可以搜集纵向的资料。研究者不仅可以持续观察特定的行为的发展，也可以在一定间隔的不同时间追踪观察，建立纵向资料，以供分析。
- 从内容上，可以搜集“非语言行为”的资料。研究的实证资料应包括语言行为及非语言行为资料。现存的文件及档案资料均以文字为基础，而访问、问卷以及测量均需要被试以语言或文字自我陈述。唯独观察法可以不经语言媒介而直接看到被试的行为表现。
- 在研究对象上，可以包括不能或不愿意以语言自陈的被试。如婴儿、行为偏差的学生等。

缺点：

- 研究者对观察者情境及被观察者的行为缺少控制，较难掌握来自观察情境中以及被观察者本身的干扰因素，有时也观察不到预期出现的行为。
- 由于观察中的活动及行为均相当复杂，且变化过程迅速，故不易量化，也不易记录，因而影响观察结果的可靠性以及分析的精确性。
- 由于观察程序费时费力，观察的对象是小样本，因而影响观察结果的代表性以及类推解释的普遍性。
- 由于观察的内容是以特定个体或群体在自然情景中的行为与观察为主，故观察者不易获准进入行为及活动的现场，以致影响观察的可行性。
- 由于观察的过程可能侵犯别人的隐私，故涉及敏感论题的行为(如夫妻间的亲密行为)即无法观察，因而限制了观察的范围，影响观察法的广度。

在选择应用时要权衡利弊得失，以“研究目标”与“研究效能”为取舍标准。

2. 调查法

(1) 含义

调查法是通过调查方法搜集资料，经过统计整理与思维分析，了解问题发生的原因、经过和结果，从而寻找事物变化、发展的特点与规律的研究方法。它是心理学研究中常见的研究方法。

(2) 作用

用调查法研究问题，是一种直截了当、切实可行、容易见效的研究方法。这种方法最适用于对社会行为科学的研究。复杂的心理研究往往也采用调查研究的方法。通过这种研究方法，能了解人的思想、意识、理想、愿望、兴趣、爱好、个性倾向和态度等复杂的高级心理。但调查法不如实验法控制条件那么严密，所以用在心理研究方面，一般把调查法作为初步研究，得出初步结果，然后再用实验法进行验证。

(3) 分类

按照不同分类的标准，调查法可分为：普查与样本调查，直接调查与间接调查，社会调查与个案调查，问卷调查与访谈。

一般使用较多的是访谈法与问卷调查，分别以口头和书面的方式搜集资料。

① 访谈法。访谈法是按照研究的目的任务，通过与受访者谈话的方式，搜集资料，进行研究的一种调查法。它是人类学家研究人类的常用方法，也被引入心理学的研究，分为个别访谈与集体访谈，是一种直接的调查方法。

② 问卷法。问卷法是用书面提出问题，请被试用书面回答问题，进行搜集调查资料的一种研究方法，故又称书面调查。从问卷的结构看，一般有开放式问卷与封闭式问卷。问卷调查的方式一般有三种：集体问卷调查、个别问卷调查和通信问卷调查。

(4) 特点

优点：

- 调查法是研究问题搜集资料的最直接、最简单的方法。例如，教育心理中的老师家访，或老师对学生进行询问；医学心理中的医生了解病情时，对病人的询问，都属于访谈法。
- 访谈法具有较大的灵活性，当面交谈，谈得来就深入谈，谈不来就转入新问题，可灵活机动掌握当时情况。
- 可从被访者谈吐表情中检查和判定反应内容的真实性，提高调查的效度。

缺点：

- 调查法能方便地搜集到大量的资料，也能做数量化的处理，并能做重复验证，但这些资料往往是表面的，难以深入地了解到人的内心世界。
- 访谈法是主试访问被试，两人面对面谈话。由于初次见面陌生，可能引起被试思想顾虑，不能如实反映，影响调查效度。因此如果主试是新手，未经学习如何进行访谈的训练，或谈话时技术生硬，会引起对方不合作，影响调查的效果。

3. 测验法

(1) 含义

测验是用标准化的测验搜集资料，来研究个体的心理特征，即用相应的量具量度出事物具有某种特性的程度的方法。适当使用测验，可以很经济地获取研究者所需要的行为资料，进行相关研究。

（2）心理测量的种类

① 能力测量。能力测量用来测定人的各种心理能力。如智力测验、单项认识能力测验等。

② 性格测验。性格测验用来测定人的各种特性。如卡塔尔 16 项人格因素(16PF)测验、艾森克个性问卷、明尼苏达多项人格测验。

③ 教育测验。用以考查学生受教育程度和学习成绩的一种科学方法，因此有时又称为成绩测验或学业成绩测验。

教育测验的形式多种多样，有成就测验、预测测验、诊断测验、各有不同的测验目的。

（3）标准化心理测验的要求

一个标准化的心理测验，要求必须具备较高的效度、信度，要有自己的常模，还要有自己的鉴别力，四个条件必不可少。

测验效度是指测验能否测出所要测量的特性的程度，即能否测出所要测量的东西；测验信度是测验的可靠度、确实性或可信性，常模是一种比较的标准和解释测验结构的依据。一般常模是从取样中得出来的，求出标准化样本的平均数作为常模；鉴别力的大小主要决定于试题的区分度大小，而试题的区分度大小又决定于试题难度的大小。试题难度是由被试能正确回答该试题的人数的百分率来确定。

（4）正确认识心理测验的作用

心理测量是间接测量，它与物理测量中的直接测量不同。心理的能力和人的个性品质，蕴藏在人的头脑里，虽然它会用人的语言和行动表现出来，为人们所共知，但有时语言和行动并不完全表露出这个人的心理，甚至是虚伪的，是假象。而心理测量是根据人的语言和行动的表现而间接推断出主观人的心理，因此，心理测量这种间接方法测出的心理能力与个性品质的可靠性和准确性，不能像物理测验那样准确可靠。而且各家所编制的心理测量量表其效度并不一样，在使用心理量表时应特别注意这一点。

现在的心理测量还有局限性。人的心理非常复杂，到底是由哪些成分构成，还不十分清楚，各家有各家不同的看法，编制出的智力测验、能力测验或个性测验不一样，故不能只用一家的智力表所测出的智力高低，就给被试的智力下定论。在使用心理测验方法得到数据后，最好能同时使用多种心理研究的方法，如观察法、调查法和实验法等，分别取得资料，互相验证，这样才能对测验的结果做出较为可靠的科学说明。

4. 实验法

（1）含义

实验法是在控制无关变量的情况下，在被试身上操作自变量，由被试的反应观察因变量，以探求自变量和因变量之间的函数关系的研究方法。实验研究的目的在于探究自变量与因变量之间的因果关系。在科学研究的等级上，实验法是公认最严谨的方法。

（2）心理测量的种类

一般有两种：自然实验法和实验室实验法

① 自然实验法。自然实验法也称为现场实验法，是指在实际生活情境中，由实验者创设或改变某些条件，以引起被试某些心理活动进行研究的方法。在这种实验条件下，由于被试摆脱了实验可能产生的紧张心理而始终处于自然状态中，因此得到的资料比较切合实际。但自然实验中由于实验情境不易控制，在许多情况下还需要由实验室实验来加以验证和补充。

② 实验室实验法。实验室实验法是指在实验条件严格控制下，借助于专门的实验仪器，引起和记录被试的心理现象进行研究的方法。心理学的许多课题都可以在实验室进行研究，通过实验室严格的人为条件的控制，可以获得较精确的研究结果。另外由于实验条件的严格控制，运用这种方法有助于发现行为和心理活动的因果关系，并可以对实验的结果进行反复验证。但由于实验者严格控制实验条件，使实验情境带有很大的人为性质，被试处于这种情境中，意识到正在接受实验，就有可能干扰实验结果的客观性，并影响到将实验结果应用于日常生活，具有一定的局限性。

安全行为心理学的研究可以为工程部门的设计提供心理学依据和参照；为生产所处的自然环境的改善、改造提供指导；使安全管理部门订立的规章更科学；为职工的安全教育提供理论、方法、手段；为人们分析事故发生的原因提供深层次的解释。

第三章 人的行为与安全

事故的发生主要是由安全事故隐患导致的，事故的4M要素理论认为安全事故隐患主要有4个：人的不安全行为、物的不安全状态、不良的环境、较差的管理。研究表明，人的不安全行为因素导致的事故占80 %以上。即使是由于设备、场所等物的不安全状态而造成的事故，大都与人的不安全行为或人的操作、管理失误有关。往往在物的不安全状态背后，隐含着人的不安全行为或人的失误。

第一节　不安全行为及产生原因

一个企业出不出工伤事故，人的因素是起决定的作用；加强对人员的安全管理，对于企业预防事故发生，确保安全生产，具有重要的意义；人员的安全管理是安全生产管理的重点、难点。由此，这就需要研究人的安全行为和不安全行为因素。

解决的办法：一是采取和落实措施，防范和控制人的不安全行为；二是通过教育和激励机制，鼓励人们采取安全的行为。

一、不安全行为概念

人的不安全行为——即生产经营单位作业人员在进行生产作业时违反安全生产客观规律，有可能导致事故的行为。

国家标准《企业职工伤亡事故分类》(GB 6441—1986)中定义的不安全行为是指能造成事故的人为错误。人的不安全行为，可以有广义和狭义之分。

狭义的不安全行为——主要是指员工直接导致事故发生的人的行为，如员工的违规作业行为，操作的错误和失误。

广义的不安全行为——主要是指可导致事故发生的人的行为，既包括员工可能直接导致事故发生的行为，也包括可能间接导致事故发生的行为(如管理者违章指挥；不尽职的行为等)。

根据行为主体(人)的心理状态，在行为时是否意识到自己行动的危险性，可将人的不安全行为分为两类，即：故意的不安全行为与非故意的不安全行为。

故意的人的不安全行为——行为主体(人)在行动之前已经认识到自己行动的危险性，但明知故犯，仍然采取该行动(是故意违章行为，如酒后上岗，酒后驾驶等)。

非故意的人的不安全行为——行为主体(人)在行动之前未认识到自己行动的危险性(也可称为非故意或无意识的违章行为)。

二、不安全行为产生的原因

1. 有意的不安全行为产生的原因

虽然有意的不安全行为是一种明知故犯的行为，但仍然存在主观和客观两方面的原因。

主观：存在侥幸心理或急功近利，急于将工作任务完成，从而忽略了安全的重要性；从众心理，明知违章但认为自己可以依靠较高的个人能力避免风险。

客观：管理的松懈和规章制度可操作性不强，给不安全行为的发生创造条件。

2. 无意的不安全行为产生的原因分析

从人的自身分析，存在心理、生理、技术水平等原因。

心理原因：思想不集中、情绪不稳定等；

生理原因：疲劳、体力差、年龄等差异不适应所从事的工作等；

技术水平：不知道如何正确操作或技能低、不熟练等。

从外部条件分析，外部事物和情况变化可是诱发人的不安全行为的重要原因。如操作规程不健全；工作安排协调不当；安全教育不到位等。

第二节　员工不安全操作行为分析

在安全生产活动中，如果说人的心理活动是影响安全的深层次因素的话，那么人的行为对安全活动的影响要直接得多，因此，研究人的行为，尤其是操作行为对安全的影响具有更重要的实际意义。

一、操作行为概述

操作是人从事改造世界的活动，是进行生产劳动的基本行为活动方式。正确的操作是保证安全的基本条件，而不正确的操作往往是造成事故的直接原因。因此，分析研究员工的操作行为，对提升企业安全生产水平，降低事故发生率具有重要的意义。

1. 操作的含义

员工的操作一般是指人在同物打交道时，为了改变物的存在方式或运动状态而发生的行为方式。按照系统论的观点，当人和物打交道时，人和物就形成了一个系统。这里的“物”是一个广义的概念，它可以是一辆汽车、一台机床、一件工具、一个机器系统，或是一根原材料等。在生产劳动中，员工更多的是和机器直接打交道。因此，“人-物”系统通常也称为“人-机”系统。在“人-机”系统中，人既可以影响机器，例如通过调节、控制，而改变机器的运动状态，这种对机器进行调节、控制的行为就是操作；反过来，机器也可以影响人的行为，例如，对运转着的机器和对静止未运行的机器，人的行为是不同的，即人必须用不同的行为方式来对待它。正因为操作行为发生在“人-机”系统中，人和机器之间就有个相互匹配和相互影响问题，因而也就有安全问题存在。

2. 操作的分类

在工业生产中，人的操作行为可以依不同方法进行分类。

根据行业性质不同，操作可分为机械操作、化工操作、电力操作、驾驶操作等。

根据生产劳动的一般过程可分为生产准备操作，如原料的码放、分割等；生产加工操作，如机械行业中的车、铣、刨、磨、钻等；产品装配操作，如成品的包装、储存、运输等。

按照人在生产劳动中运用的主要器官及其职能来分，则有以运用人的视觉器官为主的监视操作(或监控作业)和以四肢运动为主的加工操作等。

按操作的复杂程度来分，有简单操作和复杂操作等。前者一般以单一工序上的重复性动作为特征；后者往往需要脑体并用且涉及多工序的综合。

操作也有手工操作和机器操作的差别。前者主要凭借工人的技能、技巧进行生产劳动，其内容较为丰富，并富有一定的刺激性；但往往付出的体力消耗较大，容易产生疲劳；另外，操作的准确性和精确度取决于操作者的经验和熟练程度。后者主要凭借机器来进行生产劳动，而机器的实质则是人类智力劳动的物化以及人类技能技巧的凝结体，因而使用机器需要操作者具有较高的知识素养，了解并熟悉其工作原理，并严格按照一定的操作规程行事；机器的采用大大地解放了人的体力(有的还解放了人的部分智力)，但它也把人在劳动中的地位降到了从属或附属地位，或者成为机器的一部分，或者人只是在其旁边执行监督、控制、调节的职能，因而工作内容相对贫乏、单调、缺乏刺激性和挑战性，容易使人精神疲劳。

不同的操作类型有不同的特点，对操作者素质、能力的要求以及心理影响也有所不同。认识、分析和掌握不同操作的特点，对于规范员工行为，提高生产效率，保证安全生产都是有益处的。

3. 人的操作行为发生的心理机制与安全

人的操作行为的发生来自操作者的需要；导致操作需要的直接原因是被操作对象(如机器、工具等)当前所处的状态与操作者心目中它应该处的状态不相符合，即二者之间存在偏差或矛盾；操作的目的就在于纠正这种偏差或解决它们的矛盾状态。而为了纠正这种偏差，首先操作者应该对被操作对象当前所处的状态进行感知，并在此基础上在头脑中建立起相应的“概念模型”；然后，将这种“概念模型”同操作者心目中被操作对象应该或可能的“期望模型”(或称“目的映象”)加以对照比较，如果发现偏差，大脑就要做出是否进行操作、应该如何操作的决定；一旦决定下来，大脑中枢神经就要“通知”相应的运动器官，使之产生相应的动作，这时，一个现实的操作行为就发生了(图 3-1)。

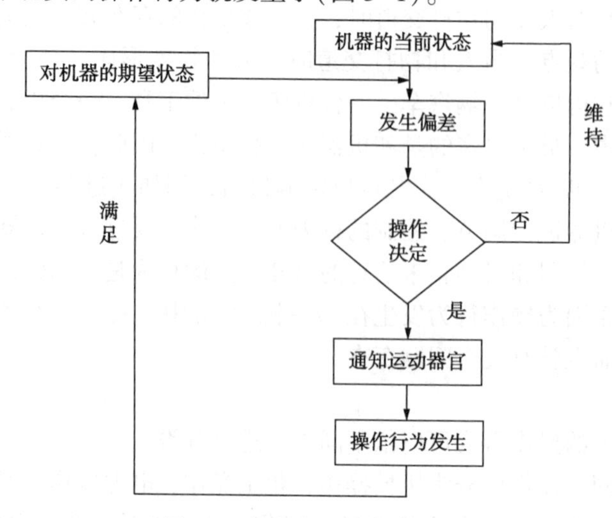

图 3-1　操作行为发生示意图

从客观上看，操作行为无非是一种“刺激一反应”过程，但实际上这是一个非常复杂的心理过程，它涉及许多心理因素，包括操作动机、认知过程、判断与决策过程、大脑向运动器官(或相应的肌肉)发出指令的信息传输过程等。而所有的这些过程，又都受周围环境和操作者本人的情绪、情感、意志、个性特征等的影响，其中任何一个因素出了毛病，或者从整体上不能协调，都会导致操作失误，即操作者不能恰当地响应刺激，轻者会增加不必要的操作动作，降低工作效率，重者危及人员和设备的安全，导致事故发生。

4. 操作反应的时间与安全

操作行为可作为对刺激的一种反应，其反应时间有长有短。人的动作反应可以分为简单反应和复杂反应两种。简单反应是指对单一刺激物做出确定的反应，它不需要过多地考虑和选择，而是根据人们日常的习惯或经验，立即做出反应。如操作人员看见显示器的危险情号，或听见蜂鸣器的警告信号，立即意识到有危险情况，从而命令身体的某一部分肌肉收缩，扳动制动器或切断电源。

简单反应时间的长短，受许多因素的影响，如刺激信号的强度、信号刺激作用的时间、接收刺激信号的感官种类、反应的运动器官种类的差别等等。例如，刺激信号作用的感觉器官不同，简单反应时间也不同(表 3-1)。

表 3-1　不同感觉器官的反应时间

分析器与信号的性质	反应时间(平均值)/ms
触觉(接触)	90~220
听觉(声音)	120~180
视觉(光)	150~220
嗅觉(气味)	310~390
温度觉(冷、热)	280~600

分析器与信号的性质		反应时间(平均值)/ms
味觉	咸	310
	甜	450
	酸	540
	苦	1080
前庭器官(旋转)		400
痛觉		130~890

又如，响应刺激的反应器官不同，其反应时也有差异。在其他条件不同的情况下，手比脚反应时间短；左手比右手反应快；右脚比左脚反应快。

复杂反应是在各种可能性中选择一种符合要求的反应。它需要进行一定的思维活动，神经中枢活动比较复杂，因而做出反应所需的时间也比简单反应为长。复杂反应时间的长短，除上述影响简单反应时的那些因素外，还受所需选择的信号的数目、信号之间的差异程度以及选择信号的难度等的影响。刺激数越多，其做出反应的时间也就越长。例如，当刺激数为 2 个，其感知反应时间为 316ms；增加到 5 个，反应时将增加为 487ms。

无论是简单反应．还是复杂反应，都受年龄、性别、动机、经验等个体因素影响。应该指出，响应刺激的反应时间虽受个体先天因素和生理条件的制约，仅后天的实践锻炼和培训具有决定意义。

因此，要提高操作技能，最重要的还是要多实践。

二、人工操作与机器操作(人-机系统)

1. 工程心理学

生产是“人-机”系统的作用过程。工具、设备和工作环境一定要与使用它们的工人协调相容，操作者和机器的匹配是工程心理学研究的领域，工程心理学就是为人类设计使用的机器和器械，以及确定对机器进行高效操作所需的适宜人类行为，因此也称为人因学、人类工程学或工效学。

工程心理学的先驱是时间-动作研究，由泰勒和吉尔布雷夫妇发起的，他们试图重新设计工具和设计计件工资激励系统，并且剔除工作中的浪费动作。时间-动作研究被应用于例行性的工作中，而二战过程中，武器的发展对人类的能力提出了更高的要求，因此工程心理学侧重于更高水平的工作，包括更复杂的系统。

2. 人-机系统

为了更好地解决复杂的系统，心理学家创造一个有效的人-机系统，考虑了工人的能力和局限以及设备的特点。所谓人-机系统是指人和机器共同工作来完成任务，缺少其中的一个，另一个就没有价值了。在所有的人机系统中，人类是操作者，通过显示屏获取机器状态的信息，基于这些信息，人类使用控制装置来操作设备，采取行动。自动化使工程心理学家的任务更加复杂。负责监控自动化设备的工人会发现这样的工作任务比实际去操作机器的工作更容易使人疲劳和厌倦。所以工程心理学家必须要设计能够使观察者保持警惕敏感的监控设备，这样，监控人员才能发现错误和故障，并做出快速、适当的反应。

设计人机系统的最初步骤是要确定操作者和机器之间的劳动分配，因此整个系统运行的每一个步骤和过程都必须仔细分析，以便确定系统的特征：速度、准确性、工作的频率、产生的压力等。许多工作机器可以比人做得更好，但机器不可能取代人的作用。机器的优缺点主要有：

优点：

- 机器能够察觉超过人类感觉能力的刺激，例如雷达波长和紫外线；
- 机器能够可靠地长时间执行监视，只要相关因素被预先输入机器程序；
- 机器可以进行大量快速、准确的运算；
- 机器可以高度准确地存储和提取大量的信息；
- 机器可以持续而迅速地施加高强度的物理作用力；
- 只要提供适当的维护，机器可以执行重复性活动而不会有绩效衰减。

缺点：

- 机器不具有灵活性，即使是最复杂精密的电脑也只能做程序设计好的事情，当系统要求有适应环境变化能力时，机器就处于劣势；
- 机器不能向错误学习，不能基于以前的经验来修正自己的行为，任何操作的改变都必须在人机系统中建立，由人类操作者发起；
- 机器不能即兴行事，不能推演和检验未经设定的替代方案。

因此在功能的分配上，会出现一种趋势，就是把太多的功能赋予机器，而人的工作显得不足。

工作环境的设计对工作效率及工作安全与健康的影响也很重要。所有的设计都必须符合人的生理和心理的特点。环境设计除了光线、颜色、空间的大小、位置、排列布局等因素外，还需要考虑工作时使用的工具及设备的设计。

其中比较重要的是显示器的设计。比如视觉的呈现，包括定量呈现、定性呈现和检查报告呈现。而听觉呈现会比视觉呈现更能引起人的注意，因为我们的耳朵总是打开的，但眼睛不是；另外听觉是全方位的，但眼睛不是，且眼睛易疲劳。当然听觉也存在不足，比如标准化差，听觉报警信号过多，并且没有为最紧急的情况提供任何提示。

在人-机系统中，一旦人类从呈现中获得信息并对信息进行心理加工，就会通过机器上的控制装置对机器采取一些控制行为。控制装置应该和人体相匹配，也要和任务相容。有时可以考虑把控制装置进行简化或组合，以提高控制效率。

随着计算机的普及和广泛的使用，并且科技的发展推动机器自动化程度的提高，人机系统的研究就显得越来越重要。

3. 工业机器人

在许多制造业工厂中，使用机器人来代替人的工作，这样的趋势越来越明显，因为机器人在执行例行性的、重复性的工作要好于人类。在质量控制方面机器人也优于人类，并且机器人可在极其恶劣的环境中工作，同时用机器人代替工人，会使生产成本和管理成本大大降低。另外工业机器人也正出现在服务业中，比如它们可以充当保安进行巡逻等。

工业机器人事实上也是人机系统，工程心理学家亟待解决的问题是工业机器人与人类操作者之间的劳动分配。

三、误操作的影响因素

一般来说，正确的操作是保证安全的必要条件(不是充分条件)；而错误的操作则是对安全的极大威胁，许多安全事故的发生是由误操作引起的。误操作只是导致事故的表面的直接原因，要消除或避免误操作，必须分析误操作发生的原因。误操的原因大致可以区分为两大类：

一是外在因素。外在因素对操作者来说是一种强制性因素，是操作者本身无力或无法加以直接改变的因素，包括环境因素、机械的设计与空间设置。在环境因素中又包括组织因素，如所在的班组、车间、工厂乃至公司、行业等所形成的心理气氛、价值观念、领导风格、指挥方式等；此外在环境因素中还包括自然环境，如操作行为发生时的光照、温度、噪声等。

另一类是内在因素。是指操作者本身能够有所作为加以改变的因素，如操作能力的提高、操作方法的选择、操作习惯的改变、操作态度的控制、操作紧张心理的消除等。

下面主要介绍机器设计、操作能力、操作习惯等因素。

1. 机器设计

机器的设计是否合理，如何使机器更适宜人的操作习惯、人的体能等对人的操作行为及安全性具有重要影响。工程技术设计人员如果仅仅从科学原理和技术性能上来考虑和衡量机器的优劣，没有把执行操作的人的因素考虑进去，操作起来的不便利就容易发生误操作，而导致事故的发生。

为了保证操作人员在执行操作动作时舒适、方便，减少或防止误操作，工效学特别重视研究人机界面问题。所谓人机界面，就是操作者和被操作对象之间发生直接作用的领域。一般说，人机联系的重要途径是显示器和控制器。从工效学的角度看，无论是显示器的设计，还是控制器的布置，都必须符合下列原则：使显示器、控制器和操作者能相互作用，并有利于发挥人的技巧和能力，且不超出人的能力限制。

一是显示器的安全设计。人是根据机器的显示装置所传递或表达的信息来决定是否操作及如何操作，因此对于显示装置的最基本要求就是尽可能无误地传递信息。如果显示装置失灵，或者不能准确反映机器的运行状态，就必定会造成操作的错误。为了避免误操作，一方面显示装置要具备较高可靠性；另一方面也要使各种指示仪表从度盘、指针、字符到彩色匹配的设计与选择都应适合于人的生理和心理特征。据研究，飞机驾驶员对仪表的错误反应，由于仪表故障引起的不到10%；而由于仪表设计不当，从而增加了误读概率，引起错误反应的则超过10%。因此，在进行显示器的设计时，必须从便于操作者观察出发，考虑显示器的大小与观察距离的比例是否适当、刻度的形状是否合理、刻度盘的刻度划分、数字或字母的形状、大小以及度盘的颜色对比是否便于使监护者迅速而准确地识读、重要装置是否布置在最佳视野范围内等。

二是控制器的安全设计。在操作活动中，如果说显示器的主要作用在于把机器的运行信息传达给人，即从“机-人”的话，那么，由“人-机”的作用则是通过控制器来完成的。监控者对机器和各种系统的指挥和控制，除了运用声音(如语言)之外，主要是四肢的活动。实践表明，在操作者和控制器这一人机界面上，也会出差错，其中不少是因为控制器设计不合理而造成误操作的。

为了减少因控制器的设计原因而导致误操作的概率，对于控制器的设计应遵循如下基本要求：

第一，控制器的设计要适应人体运动的特征，符合生物力学原理。例如，对要求速度快而准确的操作，应采用手动控制或指动控制(如按钮、扳动开关、转动开关等)；对用力较大的操作，应设计成手臂或下肢操作的控制器(如手柄、曲柄、转轮等)。并且所有设计都应按操作人员的中下限能力进行设计，以使之能适合大多数人的操作能力。

第二，控制器操纵方向应与预期的功能方向和机器设备的被控方向相一致。如要想使机器向上运动，控制其升降的扳手应向上扳动。

第三，控制器的外形、大小、颜色等除应有明显的标志外，还应力求与其功能有逻辑上的联系，以利于记忆和辨识。

第四，尽量利用控制器的结构特点或借助操作者的体位重力进行控制，例如用脚踏开关控制刹车。

第五，尽量采用多功能控制器，并把显示器同它联系起来，以便能及时显示控制器的状态和作用。如带指示灯的按钮等。

总之，机器(或系统)设计得是否合理，直接影响操作的正确与失误，从而也影响生产的安全。

2. 操作能力

操作行为从宏观上看是一种“刺激-反应”过程，这一过程进行得快慢直接影响操作的质量，制约反应速度的重要因素之一在于操作者的经验和技能的熟悉程度。

操作者的经验越丰富，操作能力越强，对刺激的响应越迅速，因此产生误操作的概率也就越低，反应就越高。这是因为：

第一，操作行为的发生，不仅取决于机器当前运动状态的刺激，而且取决于对机器未来状态的期待，对于一个不知什么是机器的正常运动状态的操作新手，头脑中很难建立起明晰的“期待模型”；而失去这一参照，势必影响对从机器当前运动状态中所获信息的价值判断，即看不出哪些信息有用、重要，从而造成信息选择时的犹豫不决，导致整个反应时间的延误。

第二，对复杂的操作，由于刺激的数目较多，信号之间的差异性相对较小，并且要求在短时间内完成若干动作，因此，对于缺乏类似经验的新手或操作能力不强的人，在做出操作决定时，对究竟优先采用哪些动作、采用什么方法，才能完成从“概念模型”向“目的映像”

的转化，就会用较多的思考时间。

第三，对操作经验不丰富、操作能力不强的人，各种动作之间的协调性相对较差。所有这些，都会给误操作带来机会。例如飞机降落时的几分钟内，飞行员既要不断监视每个仪表和飞机与地面的距离和相对位置，同时两手、两脚要完成上百个操作动作，没有熟练的操作技能很难圆满完成。

苏联学者波诺马连柯和扎瓦洛娃曾专门分析了自动驾驶系统发生故障时飞行员操作反应的类型：第一种，看到飞机偏斜的信号后，立即采取必要的操作，使飞机恢复平衡，从发现偏差到操作纠正，时间延迟3~5s；第二种，发现飞机偏斜信号后，研究一下仪表的指示情况，然后采取必要的操作，需要延迟20s；第三种，飞行员不仅要研究一下仪表指示，还要做一些试探性动作，如拉拉操纵杆，看是否能达到纠正偏差的目的，然后采取行动，这样需延迟50s；第四种，去寻求解决飞机偏斜的措施时，决策错误，因此弄得手忙脚乱，以致出现操作上的失误。可见，操作技术是否熟练，经验是否丰富，直接影响操作动作的反应时间和质量。

熟练的操作能力除表现为对刺激做出迅速反应外，还包括操作的准确性和精确性。在实践中，不仅会出现因反应延迟而导致的误操作或事故，而且由于操作方法不当(如在冲床上因送料过猛而造成卡模)引起的事故也时有发生。影响操作准确性的原因很多，例如操作中的姿势如果不正确，影响身体的平衡，进而就会影响操作的准确性。此外，如心理疲劳、情绪失调、心理幻觉等，都可能降低人的辨识能力，使判断不准确，从而影响到操作的准确性，使操作者产生虽然自己知道怎样操作，但却眼不够使，手不够用，力不从心，结果导致误操作发生。为了避免这种情况，最根本的措施还是从提高操作的熟练程度入手。一种操作方法，只要经过反复练习，就可以由生疏变熟悉，并且可以达到“自动化”程度，即自然而然形成运动时的条件反射。这也就是所说的“炉火纯青”的技术境界；同时在反复练习中还应该不断总结经验，形成窍门，即所谓熟能生巧。这样，就可以增强操作时的抗干扰性(即不易受外界的干扰)，保证操作的准确性，减少误操作的可能性。

3. 操作习惯

操作习惯是在实践中因长期坚持而固定化或程式化了的一种操作行为方式。操作习惯有好坏之分，好习惯是指有助于正确操作的习惯，如严格按照操作规程，经过长期反复练习而形成的自动化了的操作动作。坏习惯或不良习惯是指妨碍正确操作、或无谓地增加了多余动作、或有意无意地减少了必要操作动作的那些习惯，它是造成误操作，导致事故发生的隐患。例如，操作时吸烟的习惯，在操作时仍然烟不离口，这种习惯对某些职业来说，不仅是误操作的，而且是事故的根苗。有的人平时在操作中增加了一些不必要的动作，这在正常情况下也许不致引起误操作或事故，但在应付紧急情况，需要快速反应时，就会影响操作速度，引起严重后果。还有的人平时为图省事，有意漏掉某些工序或操作动作，并且这样做了也没有出事，以后逐渐形成了习惯。如果漏掉的是不必要的动作，这可称为一种改进或窍门；但如果漏掉的是必要的动作，形成习惯，对以后的影响就大了。

由于引起误操作或事故的原因很复杂，即使漏掉某些必要动作也不一定就出事故，这可能因其他因素做了补偿，但一旦条件有所变化，漏掉必要动作的恶习又一时难以改正，其后果就不堪设想了。因此，在工作中和训练中一定要做到一丝不苟。巧是重要的、可贵的，但投机取巧是划不来的，“偷鸡(投机)不成蚀把米”的现象，不仅在日常生活中有，而且在生产安全工作中的沉痛教训也不少见。

任何习惯，包括操作习惯，一个重要的特点就是不易改变。长期运用习惯性的操作或行为，已经通过“信息输入-判断-功能输出”的全过程渗透于脑，并经传达神经影响到肌肉和四肢。作业的来龙去脉，每一工序的难易程度都进行了编码处理。人在习惯化的操作过程中所消耗的能量要少与不习惯的操作动作，因此操作习惯的改变是比较困难。操作习惯不易克服，也会给新的操作学习带来消极影响。当操作人员面对的不是先前熟悉的机器、设备、操作程序、工艺路线时，先前的操作习惯会干扰刚刚新学会的操作，从而引起误操作。例如，将汽车的加速器和制动器的位置加以改变，使之与先前的位置相反时，一名从未开过汽车的人，掌握这种操作方式比较容易形成操作习惯，熟练驾驶过一般汽车的老司机反而可能困难。因此，即使是对有操作经验的人，当操作的对象发生了改变之后，也应该进行重新培训，使之顺利完成从旧的操作习惯向新的操作习惯的转换。当前，科学技术突飞猛进，新机器、新设备不断涌现，每一名操作人员都面临着改变甚至抛弃传统操作习惯的挑战，切不可自恃资格老、经验多而拒绝接受新东西。

总之，造成误操作的原因很多。重要的是要对此进行深入分析，而不要简单地就事论事。只有分析得深入，才能提出更根本、更带针对性的、有效的克服办法，从而消除事故的隐患。

第三节　常见的不安全操作行为的表现形式

一、常见的不安全操作行为

企业中常见的不安全行为有：

① 对运转着的设备、装置等清擦、加油、修理、调节。

② 人为使安全防护装置失效(拆除安全装置或使安全装置堵塞、失掉作用)。

③ 不按操作规程操作，忽视安全和忽视安全警告。

④ 使用保护用具、保护用品有缺陷。

⑤ 有不安全习惯行为和动作。

⑥ 不安全放置(物品堆放、运输)：

- 车辆、物料运输设备的不安全放置；
- 物料、工具堆放不安全；
- 通道和安全出口乱堆杂物；
- 危险物品未放在正确位置或分类堆放。

⑦ 接近危险场所：

- 接近或接触运转中的机械、装置；
- 接近或在吊装货物下面；
- 无安全措施，进入危险有害场所；
- 爬上或接触易倒塌物体；
- 攀、坐不安全场所。

⑧ 使用了不安全的设备和装置：

- 设备有缺陷仍使用；
- 未根据特殊场所按规定使用相关的设备或工具；

- 临时使用不牢固的设施；
- 使用无安全装置的设备。

⑨ 误动作。

⑩ 冒险进入危险场所。

⑪ 未按规定使用个人劳动防护用品。

⑫ 装束不安全(在有旋转零部件设备旁作业衣服过于肥大，或女同志头发长未戴工作帽等)。

⑬ 酒后作业行为。

⑭ 操作方法错误等。

二、常见的不安全操作行为示例

请看图 3-2，指出存在哪些不安全行为。

图 3-2　现场作业示意图

根据图 3-2，我们可以从 8 个方面发现员工的不安全行为。

(1) 劳动保护

① 安全帽佩戴不规范，未系好安全帽帽带；

② 喷涂料女工头发须盘入安全帽内，须戴口罩；

③ 衣物穿戴须符合标准；

④ 所有人员未佩戴入厂许可证。

(2) 气瓶使用

① 压缩气瓶无状态标签；

② 各种气瓶的色标符合标准；

③ 氧气、乙炔瓶距离过近，不得低于 5m；

④ 氧气瓶放到，随气瓶未配备防倾倒设施；

⑤ 气瓶未配置齐全防碰胶圈和可卸式瓶帽。

(3) 吊装作业

使用桥式起重机、门式起重机、塔式起重机、汽车吊、升降机等起吊设备进行的作业。

① 禁止在悬吊的货物下有人工作、通过或者站立；

② 没有安全插销和舌片的吊钩；

③ 吊装只有一根钢丝绳，吊装物易掉落；

④ 货物本体须固定绑牢；

⑤ 货物长度不一，货物的重心不稳定，建议该次吊装分货物长短进行分批吊装。

（4）通用安全

① 杂物阻塞消防通道；

② 杂物阻塞安全通道；

③ 推车阻塞施工通道；

④ 箱式消防栓不能落地，应距地 1.1m，便于操作；

⑤ 安全门应使用便于打开的门销装置；

⑥ 非紧急情况，不要跑步；

⑦ 堆放物品过高，不整齐，有倒塌风险；

⑧ 柜的顶部不应堆放材料和物品；

⑨ 物品应存放整齐有序，存放物品时应遵循“低重轻高”的原则，柜高应便于拿放物品；

⑩ 通道盖板未放平；

⑪ 应用合理的方式和姿势搬运重物；

⑫ 玻璃破损应及时修复；

⑬ 灭火器位置被电焊机占用。

（5）高处作业

高处作业是在坠落高度基准面 2m 以上（含 2m）位置进行的作业。

① 高处作业现场缺少监护人，缺少安全警示标识；

② 高处作业人员必须系好安全带，戴好安全帽，衣着要灵便，禁止穿带钉易滑的鞋，安全带的各种部件不得任意拆除；

③ 高处作业严禁上下投掷工具、材料和杂物等；

④ 安全平台没有护栏；

⑤ 安全平台未安装防护网；

⑥ 梯子使用的相关要求：

- 直梯和延伸梯应伸出搭接点 1m。
- 直梯或延伸梯的立梯坡度以 60°～70°为宜，梯脚应有防滑套，并放置牢固、水平，尤其是在地面较滑的情况下；
- 在梯子上工作且双手离梯、双脚距地面高度超过 2m 时，应系安全带；
- 在容易滑偏的构件上靠梯时，梯子上端应用绳绑在上方牢固构件上，如果梯子上部没有固定，下方必须有人护梯；
- 禁止踏在梯子顶端工作，用直梯时人脚距梯子顶端不得少于四步，用人字梯时不得少于两步，直梯的高度如超过 6m，应在中间设支撑加固；

⑦ 图中人员下梯应面向梯子，双手扶梯；

⑧ 直梯旁无人护梯。

（6）动火作业

① 无动火作业监护人（电焊、打磨）；

② 电焊机应放在动火隔离区域内；

③ 电焊操作左手须持专门的护目装备，配备专用焊工帽；

④ 电焊枪回路应夹在工件上；

⑤ 打磨操作应配备专门的护目装备；

⑥ 打磨操作应佩戴专用手套；

⑦ 动火作业须配备灭火器。

(7) 临时用电

① 移动工具、手持工具等用电设备应有各自的电源开关，必须实行“一机一闸”制，严禁用同一开关电器直接控制两台或两台以上用电设备(含插座)；

② 在必须横跨道路或有重物挤压危险的路段，需将相应线路穿硬管保护，硬管必须固定；当位于交通繁忙区域或重型设备经过的区域时，应用混凝土件对其进行保护，并设置安全警示标志；

③ 电缆走向会被打磨发出的火花损坏；

④ 电焊线交叉。

(8) 其他

① 未设置隔离区域，工作场所内如可能存在下列情况，就必须用围绳(安全专用隔离带)或围栏隔离出不同工作区域，如维修作业区域、承包商作业区域、临时物品存放区域、走道区域等危险区域，并挂上标签以明确隔离相关信息：

- 对行人或车辆交通安全存在危险(风险)的任何地点或作业区域，如坑、高处有东西会掉落、高温、腐蚀液飞溅和泄漏地方等；
- 维修工作具有危险性；
- 施工、高危作业等易发生事故的情况；

② 喷涂料、电焊、打磨交叉作业，须有效隔离开。

第四节　不安全行为的控制措施

各行业的生产经营活动，有其各自的特点和方式，由此，对人员的不安全行为控制与管理工作点多面广，具体情况较复杂，难以具体化和精确化。

因此，要根据本行业生产经营企业的实际和特点，明确人员不安全行为控制的指导思想，认识其主要的工作内容，分析了解其控制的基本途径，加强其日常的控制。

一、不安全行为控制与管理的指导思想

在生产经营活动过程中，任何一个环节出现不安全行为，都可能引发事故，因此，对不安全行为的控制与管理必须做到全面、系统和有效，对不安全行为控制其指导思想和原则可从以下几个方面进行：

源头设计原则：从生产系统(生产经营单元)的设计开始，就要充分考虑行为安全问题，使之尽量减少人的不安全行为发生。

系统管理原则：行为安全管理是一个系统管理过程，大多数人员的不安全行为发生与系统中其他因素有着重要的关系，因此，要从系统整体的角度分析人的不安全行为问题及其控制与管理措施。

多维化控制原则：对人的行为影响因素是多方面的(如行为习惯、安全教育、制度等)，因此，要通过多维因素的综合运用，力争实现对员工不安全行为的全面控制。

责权利统一原则：责权利是影响人的行为的最基本元素，要通过实现责权利的统一和对等，确保人的行为长期、稳定和健康发展。

二、人员不安全行为控制的基本途径

1. 人员的自我行为控制措施

这是最主要的途径，员工的操作行为，主要是由自己控制和支配。能否避免不安全行为，取决于员工对安全的认知、能力和行动。因此，最好的方法，是提高员工对安全的认识和重视，提高员工对安全行为的自觉性，使员工在工作中自觉避免不安全行为的发生和更多的做出安全行为。

针对员工的不安全行为分为有意选择和无意选择两大类，应采取相对应的管理措施：

（1）有意识的不安全行为的应对措施

一是通过安全教育，训练和承诺等手段，增强员工对选择安全行为自觉性。二是通过事故教育，增加员工对不安全行为危害的认识和意念，从而自觉选择安全行为。三是通过强化制度约束和奖惩措施，促使员工的采取安全行为。

（2）无意识的不安全行为的应对措施

① 管理者应从员工的安全管理职责和员工的认知及能力着手，使员工意识到自己采取了不安全的行为，再通过员工有意选择的不安全行为自我控制措施加以改变。管理者应通过有效途径，使员工清晰地认识到以下一些问题：

- 自己的工作任务、流程、职责和行为规范；
- 自己的工作过程和劳动设备、工具及其特点；
- 自己的工作环境及其特征；
- 具体的工作方法；
- 工作中可能发生的不安全因素（人、机、环境）；
- 工作中的相互协调机制。

② 对员工进行各种形式的培训是达到上述要求的重要途径，培训应结合企业自身的生产经营实际，做到理论联系实际。目的是提高员工对自身安全职责的认识和驾驭现场环境的知识的技能。包括：

- 安全管理职责认知；
- 各种危险源预知和处理能力；
- 工作方法和操作技能；
- 紧急状态处理知识和能力。

2. 工作流程控制措施

目的是通过工作流程（程序）设计和管理，以减少员工不安全行为的发生。如可采用前后次序工作流程行为控制设计措施。

根据各员工的工作内容和生产特点，在工作流程中设置一些检查和控制员工工作的步骤，利用一定的人员、设施、方法等控制员工的工作行为，预防和减少其不安全行为的发生。主要控制点包括：

① 进入现场前准备工作的控制；

② 接班工作的控制；

③ 工作中前后一道工序的约束或控制；

④ 工作中协作和共同劳动者的约束或控制；

⑤ 工作中利用检查工作实施的控制；

⑥ 交班工作控制。

3. 监督控制措施

(1) 安全检查

通过检查来减少员工不安全行为的发生。各级管理者的监督检查是控制员工行为的重要手段。通过监督检查，及时发现问题，采取一定的措施予以制止或改进，不断降低员工不安全行为的发生率。企业应该制定科学可行的监督检查制度，明确监督检查方法、具体实现步骤、检查结果的处理方法等。

(2) 安全制度

人的不安全行为管理离不开管理制度，企业必须建立和完善各级人员安全生产责任制、安全操作规程、安全检查制度、安全教育制度、事故隐患整改制度、安全奖惩和事故责任追究规定等各项安全生产规章制度，从而规范人的安全行为。奖惩制度要切实兑现，以确保制度的实施和严肃性。

(3) 安全文化

推行企业安全文化，塑造和提高员工的安全文化素质，珍惜生命，彼此关爱，互相尊重，关注安全，自律安全，文明生产，使员工能够处于一种相对宽松、安全舒适和以人为本的人文大环境之中，能够使每位员工都能够有一种稳定、积极和体面的情绪，都能够以一种平和、自尊、互敬的心态投入到工作中去，这样就可以有效地消除由于社会因素而诱发的人因事故。此部分将在第四章详谈。

第五节　人员的行为安全管理

当企业有了规范的制度、操作规程以及其他的安全管理措施，有些员工为什么不能按照上述规定去做？他们为什么还有不安全行为从而导致事故发生呢？因此，针对员工不安全的行为，不是责备和找错，而应该识别那些关键的不安全行为、监测和统计分析、制定控制措施并采取整改行动，最终降低不安全行为发生的频率。

不安全行为的类型和频率是安全管理现状的尺度，是事故频率的预警信号。降低伤害事故发生概率最有效的途径就是对员工工作习惯进行细心观察和分析，找到潜在的不安全(或冒险行为)的原因，然后进行恰当控制、避免和消除。人的心理状态，比如态度，可能很难客观地界定和直接改变。但有时候它却对由系统因素造成的目标行为有很大的影响。通常可通过改变导致行为的原因，包括管理体系、安全方针和工作条件，进而改善员工的行为和态度。事故调查证明，在工作场所发生一次伤害事故，其实已发生了数百次的不安全行为。大量的不安全行为增加了重大事故发生的概率。要避免发生重大伤亡事故，就必须减少导致伤害事故的不安全行为。

行为安全管理的关键是通过现状调研和评估，分析不良表现原因和对策，建立员工行为安全模型，掌握如何消除或减少作业现场的不安全行为，减少作业伤害及事故的发生，提高企业安全绩效。

我们可借鉴的行为管理方法有：ABC 行为分析法；杜邦的“STOP 管理法”；危险预知训练(KYT 法)；人人说“我要安全”；“安全 5 分钟”。

一、ABC 行为分析法

1. ABC 行为分析法含义

ABC 行为分析法关注的是动机性问题，即某人了解正确行为，能够表现出正确行为，但却不表现正确行为的各种情况。因此，使用此方法前，首先要判定问题属于动机性还是技能性。

ABC 行为分析法的具体含义是：

A——前因，即事情、现象的原因，背景事件。

B——行为，指当事人的行为表现。

C——后果，指事情所带来的后果，以及相关的强化或惩罚因素。

2. ABC 行为分析法的分析思路

传统分析法或思维模式往往是出现了问题再寻找原因。而 ABC 行为分析法的思路是：出现了问题，不寻找原因，而是反过来看后果，认为后果才是对行为的强化性因素。

从 ABC 模型可以了解，只是个人的经历、认识、判断，不能完全支持一个行为的产生，一定要有后果去支持，去激励他要不要做出这种不安全的行为。通过后果的管理，让他尝到甜头或者苦头，要用这种方式来管理班组的成员。

3. 如何通过“后果”强化员工行为

强化是指人的行为所发生的某种结果，会使以后的这种行为发生的可能性增大。也就是说，那些能产生积极或令人满意结果的行为，以后会经常得到重复，即得到强化；反之，那些产生消极或令人不快结果的行为，以后重新产生的可能性很小，即没有得到强化。

4. 强化员工行为的四种方式

简单地说，强化理论就是：一个人的行为实际上是被塑造出来的。

当员工做得好时，管理者需要做到三个方面：第一，予以正强化，促使好的行为重复出现；第二，不应该消退，对好的行为视而不见会使好的行为消失；第三，不应该惩罚，否则好的行为将不再发生，甚至变成截然相反的报复性行为。

当员工做得不好时，管理者需要做到两个方面：第一，不予以正强化，奖励不好的行为会强化不好的行为，从而重复出现；第二，予以惩罚，对坏的行为不惩罚就是纵容(奖励)，哪怕惩罚是最后的、补充性的，也一定要有惩罚，而且要坚决。

由此可以推论，可以通过以下四种方式对员工行为进行强化：正强化、负强化、消退、惩罚。不同强化手段对行为的影响见图 3-3。

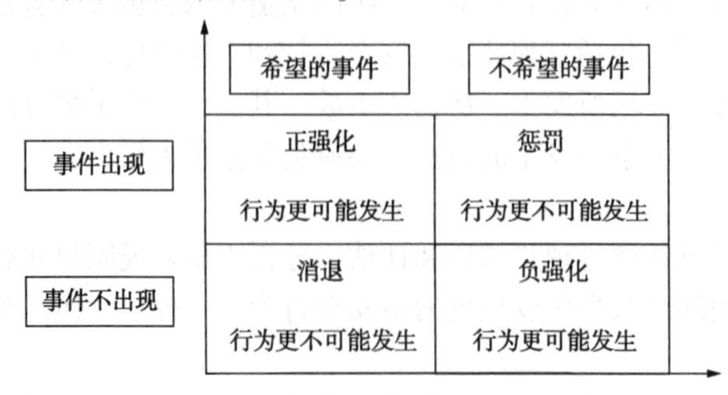

图 3-3　不同强化手段对行为的影响

（1）正强化

所谓正强化，是指用某种有吸引力的事件对某种行为进行奖励和肯定，使其重复出现和得到加强。

正强化的方式主要有：奖励、认可、赞美、提升。

正强化的要点有：第一，强化物要恰当，是其想要的；第二，强化要有明确的目的性和针对性，必须按企业所希望的行为出现而实施；第三，反应与强化的顺序，必须确保激发所希望的行为再度出现。

（2）负强化

所谓负强化，是指当某种不符合要求的行为有了改变时，减少或消除施加于其身的某种不愉快的刺激(如批评、惩罚等)，从而使改变后的行为再现和增加。

负强化的方式主要有批评和指责等。

负强化的要点有：第一，事先必须确有不利的刺激存在；第二，通过去除不利刺激来鼓励某一有利行为。需要注意的是，要待这一行为出现时再去除不利刺激，以便受强化者明确行为与后果的联结关系。

（3）消退

所谓消退，其实就是不予强化，不强化就会自然消退。

消退主要有以下两种情况：

情况一：对某种行为不予理睬，以表示对该行为的轻视或否定，使其自然消退。

情况二：对原来用正强化建立起来的，认为是好的行为，由于疏忽或情况改变，不再给予正强化，使其出现的可能性下降，最终完全消失。对此，管理者应注意，对员工积极行为不认可、不鼓励，本身就是不表态的表态，这就意味着积极行为将消退。

企业中往往也是这样，前几年创业热情高涨，随着时间的流逝，慢慢都懈怠了，优良传统也慢慢消失了，这就是所谓的组织衰退现象。

（4）惩罚

所谓惩罚，就是用强制、威胁性的结果创造一个令人不愉快的、痛苦的环境，或取消现有的令人满意的条件，以示对某一不符合要求的行为的否定，从而消除这种行为重复发生的可能性。

惩罚不仅仅是为了惩罚，关键是为了使所不期望的行为以后不再发生。

5. ABC 行为分析法在员工行为安全管理中的应用

用 ABC 的模型去设计管理方法，落实下来，就是一个安全行为的观察与反馈系统。将观察的结果反馈给行为者，让他及时见到后果，通过这种方式来达到改进安全行为的目的。

（1）互相观察

这种现场的安全观察与反馈的做法要求员工互相观察、互相监督，当然也不排除管理人员的观察。管理人员也应经常到生产线上去巡视，将发现的一些行为及时反馈给员工。

（2）使用检查表

观察者要依据相关的关键安全行为检查表进行检查，一般情况下是每个车间或者每条生产线、每一个区域里面都有特定的检查表，这是有固定格式的表格，见图 3-4。

要根据不同场所选择不同的关键的安全行为作为观察对象，例如在一些有危险物品的场所里面，就会把个人防护措施有没有做到位作为重点检查；但是在快速转动的生产线上，就可以把如何触摸设备作为一个检查点。

区域:	需要立即跟进: □是的 □不用		
日期:	观察者:		
分类确认表			
1、个体防护PPE	安全	处于危险	说明
A 头			
B 眼睛和面部			
C 听觉			
D 呼吸系统			
E 胳膊和手			
F 身体			
G 腿和脚			
2、身体的位置(伤害原因)			
A 撞到物体			
B 物体打击			
C 夹在物体中			
D 坠落			
E 烧伤			
F 触电			

图 3-4 关键安全行为检查表的示意图

(3) 及时反馈

观察者要及时向被观察者提供反馈，就是看到有不安全的行为，要及时反馈，因为ABC的模型中提到了一点，马上产生结果的行为才会去改正。另外，假如隔了一段时间再去反馈的话，此期间可能重复了 *N* 次这样的不安全行为，可能已经从不安全行为转换成了事故，所以要及时地反馈。

二、STOP 管理法

1. STOP 管理法含义

STOP(Safety Training Observation Program，即安全培训观察流程)是美国杜邦公司提出的一种以行为为基准的对不安全行为的管理方式。

它能够纠正造成伤害或事故的行为或行为症候，其重点是针对人的反应、劳保用品(PPE)、人员位置、设备和工具以及流程和现场整理五个方面进行现场审核和干预，加强个体的安全行为，避免不安全行为的再次出现，是一种有效而超前的事故预防方法，具有执行简单、见效较快的特点。

2. STOP 管理法步骤

STOP 管理法执行过程中安全观察(沟通)环节的六步法：

(1) 观察

在员工近处停下来观察，安全、善意地制止不安全行为，走近该员工，友好地打招呼并自我介绍，解释来此目的。

(2) 表扬

问其“辛苦”，评价员工刚才的安全行为，肯定员工做得好的地方，让员工感觉到关注和尊重。

(3) 讨论

指出员工违反操作规程的不安全行为，和员工讨论不安全行为的严重后果，标准的作业方式应该如何。

(4) 沟通

就如何安全地工作与员工达成一致意见，并取得员工对今后工作的安全承诺。尊重员工的情感需求，其核心是激发员工的正向情感，通过感情的双向交流和沟通实现有效的管理。

(5) 启发

引导员工讨论工作地点的其他安全问题及合理化建议，找出安全问题的管理原因。

(6) 感谢

对员工的配合及工作表示感谢，充分体现对员工的尊重。

3. 安全观察与沟通的六个强调

安全观察与沟通的六个强调见图 3-5。

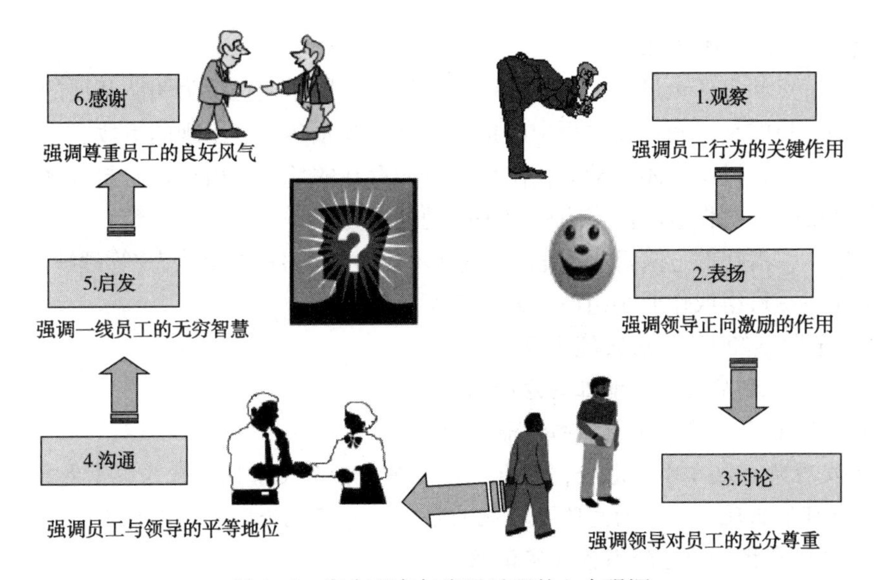

图 3-5 安全观察与沟通过程的六个强调

4. 安全观察与沟通的具体内容

安全观察与沟通的观察卡的具体内容见图 3-6。

A 类是员工的反应；

B 类是员工的位置；

C 类是个人防护装备；

D 类是工具和设备；

E 类是程序；

F 类是人体工效学；

G 类是工作环境秩序。

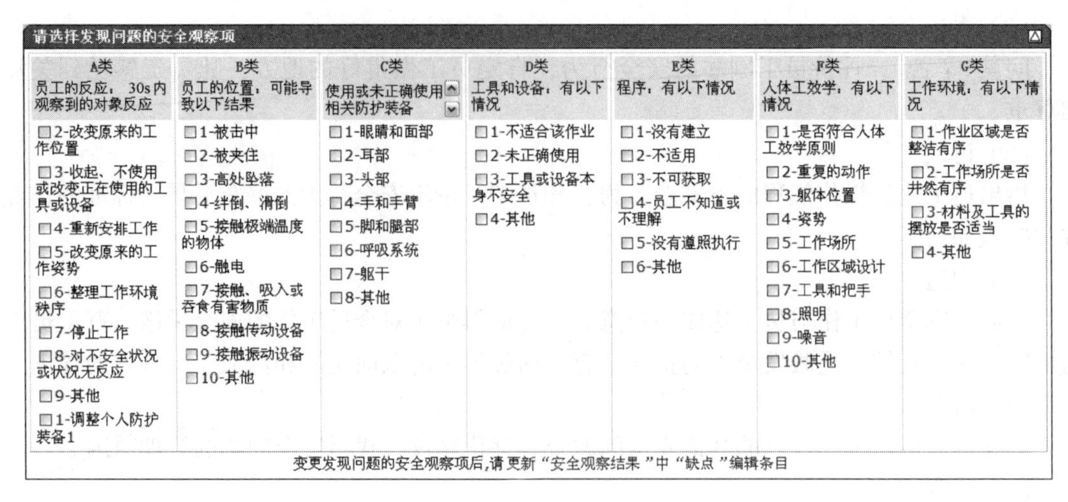
请选择发现问题的安全观察项

A类 员工的反应，30s内观察到的对象反应	B类 员工的位置，可能导致以下结果	C类 使用或未正确使用相关防护装备	D类 工具和设备，有以下情况	E类 程序，有以下情况	F类 人体工效学，有以下情况	G类 工作环境，有以下情况
□2-改变原来的工作位置	□1-被击中	□1-眼睛和面部	□1-不适合该作业	□1-没有建立	□1-是否符合人体工效学原则	□1-作业区域是否整洁有序
□3-收起、不使用或改变正在使用的工具或设备	□2-被夹住	□2-耳部	□2-未正确使用	□2-不适用	□2-重复的动作	□2-工作场所是否井然有序
□4-重新安排工作	□3-高处坠落	□3-头部	□3-工具或设备本身不安全	□3-不可获取	□3-躯体位置	□3-材料及工具的摆放是否适当
□5-改变原来的工作姿势	□4-绊倒、滑倒	□4-手和手臂	□4-其他	□4-员工不知道或不理解	□4-姿势	□4-其他
□6-整理工作环境秩序	□5-接触极端温度的物体	□5-脚和腿部		□5-没有遵照执行	□5-工作场所	
□7-停止工作	□6-触电	□6-呼吸系统		□6-其他	□6-工作区域设计	
□8-对不安全状况或状况无反应	□7-接触、吸入或吞食有害物质	□7-躯干			□7-工具和把手	
□9-其他	□8-接触传动设备	□8-其他			□8-照明	
□1-调整个人防护装备1	□9-接触振动设备				□9-噪音	
	□10-其他				□10-其他	

变更发现问题的安全观察项后,请更新“安全观察结果”中“缺点”编辑条目

图 3-6　安全观察与沟通的观察卡

三、KYT(危险预知训练)法

1. KYT(危险预知训练)法含义

针对作业特点和生产全过程，以危险因素为对象，以作业班组为团队开展的一项安全教育和训练活动，目的是控制作业过程中的危险，预测和预防可能出现的事故。

活动目的——通过小集团活动，找出作业场所存在的危险，由全员一起做确认，提高员工对危险的感受性、对作业的注意力及解决问题的能力。

活动对象——潜在的危险行为或危险因素(不安全行为/不安全状态/管理缺陷)。

活动单元——班组或作业小组(一般 5~7 人)。

2. KYT(危险预知训练)法实施步骤

1R 掌握现状：到底哪些是潜在的危险因素。

① 1 小组 5~6 人，确定组长、书记等人选；

② 认为发现哪个地方比较危险，会出现什么事故，请大家找出来并举手发言。

假定将来可能出现什么样的危险及可能的事故，并将危险因素逐条列出(5~7 个)。

③ 书记把所有找出的危险因素如实记录下来。

2R 找出重点：这才是主要危险的因素。

① 每人指出 1~2 条认为最危险的项目，在认为有问题的项目画一个“○”。

② 问题集中、重点化，最后形成大家公认的最危险的项目(合并为 1~2 个项目)；画“◎”的项目为主要的危险因素。

③ 列出集中化的 1~2 项。

表述为：“由于……原因导致发生……的危险”，全部写出，领导读两遍，然后带着成员跟着读两遍。

3R 研究对策：如果是你怎么做？

——想对策，怎么解决问题，把最先解决的每一个人指出一个措施。

根据最危险的因素，每人提出 1~2 条具体可实施的对策措施。

把对策措施 5~7 项合并为 1~2 项最可行的对策。

4R 设定目标：我们是这样做的！

——想出对策，每人设一目标，要是我怎么办，要是你怎么办。

① 合并为 1~2 项(按照带标记的项目是重点实施项目)；

② 设定团队行动目标；

③ 用手指着喊两遍

领导——喊一遍“……(干)好！……(干)好”；

全员——喊两遍。

危险预知训练实施步骤见图 3-7。

			KYT	实施要点
掌握现状	1R	把握事实(现状把握)	存在什么潜在危险	针对本班组的现场
找出重点	2R	找出本质(追究根本)	这是危险的关键点	不遗漏任何危险部位
研究对策	3R	树立对策	要是你的话怎么做	可实施的具体的对策
设定目标	4R	决定行动计划(目标设定)	我们应当这么做	把……这么……(唱和)
实践				责任者、日程
总结/评价				全体成员

图 3-7　危险预知训练实施步骤

四、人人说“我要安全”

1. 方法简介

该是用于班组活动、会议、班前喊话的一种“讲安全”的模式，通过回顾分享发生在自己身边的事故，分析安全对自己和家庭的意义。公开承诺“我要安全”的决心，并向领导和同事提出关心和提醒自己的事项，可以营造良好的安全氛围，提高员工的安全意识，帮助和督促员工形成良好的安全习惯。

2. 主要内容

通过四个话题的讨论，引导员工说出：“我要安全”。

这四个话题是：

“安全对我意味着……”；

“我对领导的期待是……”；

“最触动我的一件事是……”；

“希望同事提醒我……”。

3. 应用要点

① 不仅要说出来，还要写出来，并且以班组或车间为单位在展板上张贴出来。

② 组织者将员工话题内容汇总，反馈到相关部门，进行答复、跟踪和落实。

③ 参加的员工还应该包括承包商员工、协议单位员工等相关方人员。

④ 有新员工或相关方进入现场时，要组织相关活动。

五、安全5分钟

1. 方法简介

“安全5分钟”就是为规范作业前识别和确认作业中的危害而开发的行为安全管理活动，旨在培养员工的安全意识和行为习惯，确保员工作业前识别工作环境和作业中的危害和事故风险、落实安全措施，以实现“预防事故，避免伤害”的目的。

2. 实施步骤

“安全5分钟提示卡”分停下、观察、思考、执行4个步骤，提示员工在5分钟内确认自己是否已了解工作内容？能否针对识别出的危险有害因素，落实现场作业的防范措施等。

(1) 第一步：停下

现场作业进行操作前，先停下来问一下自己：

① 是否已了解工作内容？

② 作业许可是否已按规定办理？

(2) 第二步：观察

① 工作条件或场所与以前相比是否有所改变？

② 现场会不会发生意外？自己或别人会受到伤害吗？

③ 针对这些危险是否已经采取了安全措施？

④ 使用的工具或设备会伤到人吗？

(3) 第三步：思考

① 个体防护是否齐备？

② 人员的位置是否合理？

③ 使用的工具是否合乎要求？

④ 对可能发生的紧急情况如何应急？

(4) 第四步：执行

安全条件具备，可以开始作业，但应保持足够警惕。

第四章

安全文化与安全行为管理

杜邦公司对安全控制很有信心，“本公司是世界上最安全的地方”。该公司自成立以来就逐渐形成了一种独特的企业文化，安全是企业一切工作的首要条件。应该说，杜邦200多年历史，前100年的安全记录是不好的。1802年成立时以生产黑色炸药为主，发生了许多事故，最大的事故发生在1818年，当时杜邦100多名员工有40多名在事故中死亡或受到伤害，企业面临破产。在后100年形成了完整的安全体系，安全取得丰硕成果，并获得社会的认同。所有的成绩与杜邦建立的安全文化和安全理念有着密切的联系。

杜邦安全文化的本质就是通过行为人的行为体现对人的尊重，就是人性化管理，体现以人为本。文化主导行为，行为主导态度，态度决定结果，结果反映文明。让员工在科学文明的安全文化主导下，创造安全的环境，通过安全理念的渗透，改变员工的行为，使之成为自觉的规范的行动(图4-1)。

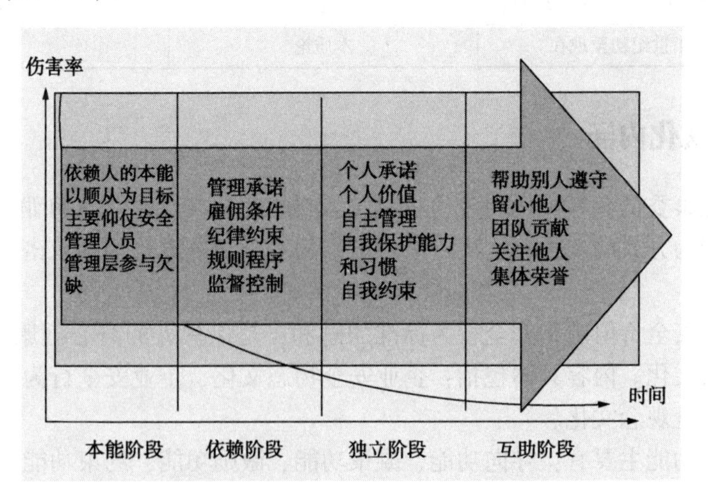

图4-1　杜邦安全文化发展变化模型

第一节　安全文化概述

有了人类生存就有了原始安全文化的萌发，从安全哲学的观点，从安全认识论的角度，从安全生产活动及科技进步方面，都可以描述和解释人类安全文化的发展过程(图4-2)及特征(表4-1)。

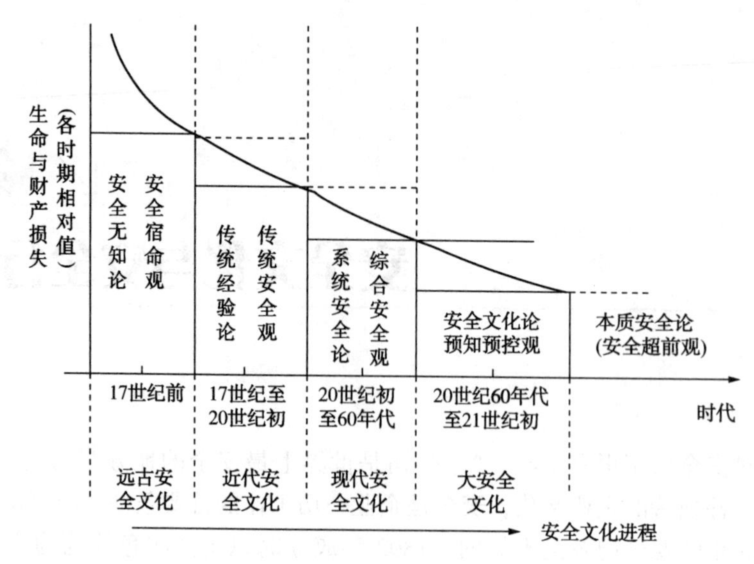

图 4–2　安全文化发展阶段

表 4–1　安全文化的四大发展阶段和特征

安全文化发展阶段	观念特征	行为特征
远古安全文化(17 世纪前)	宿命论	被动承受型
近代安全文化(17~20 世纪初)	经验论	事后型、亡羊补牢
现代安全文化(20 世纪初~60 年代)	系统论、控制论	综合型，人、机、环对策
大安全文化(20 世纪 60 年代~21 世纪初)	信息论	超前
本质安全文化(21 世纪初至现在)	本质论	预防型

一、安全文化内涵

英国安全健康委员会等机构将安全文化定义为“安全文化是个人和群体的价值、态度、观念、能力和行为方式的产物，它决定了对组织的安全和健康管理的承诺，以及该组织的风格和熟练度”。

一般定义是安全价值观和安全行为标准的总和；是保护人的身心健康、尊重人的生命、实现人的价值的文化。内容具体包括：企业安全物态文化、企业安全行为文化、企业安全制度文化、企业安全观念文化。

安全文化的功能主要有：导向功能、凝聚功能、激励功能、约束功能。

二、安全文化的意义

（1）保护员工的身体健康

“安全第一”“以人为本”“珍惜生命”“保护劳动者在生产过程中的安全与健康”是我国的一项基本国策，是各级政府的头等大事，是生产经营单位的主体责任和义不容辞的义务，是社会必须遵从的公德，是一切劳动者及最广大的人民依法享受的合法权益。

（2）尊重员工的生命价值

安全文化充分体现生命无价的理念，能够让员工有尊严的工作，更为重要的是让员工工作与生活富有积极的意义。

(3) 保障企业的安全生产

安全文化强调人的重要性。由“要我安全”，转变为“我要安全”。这种高层次的安全意识，是现代化大生产的客观要求，是企业自我完善、自我约束、自我发展的需要。

(4) 改善企业的安全管理

企业安全文化是安全管理的基础，企业安全文化渗透于管理的每一个要素中，润物无声、潜移默化地提升员工的安全行为及综合素质。安全文化的建设能够构建企业安全生产长效机制，预防和减少生产安全事故。以强化员工安全意识为核心，以落实安全生产主体责任为抓手，以培养员工安全行为为机制，以实现设备本质安全为根本，实现企业安全管理水平的提高和安全生产形势的明显好转。

(5) 树立企业的良好形象

杜邦公司十大信条之一：“安全运作产生经营效益”，安全会大大提升企业的竞争地位和社会地位。杜邦安全效益账：把资金投入到安全上，从长远考虑成本没有增加，因为预先把事故损失带来的赔偿投入到安全上，既挽救了生命，又给公司带来良好的声誉，消费者对公司更有信心，反而带来效益的大幅增长。

(6) 建立和谐社会的重要一环

改革开放以来，党和国家一直重视安全生产工作，特别是党的十六大提出“高度重视安全生产，保护国家财产和人民生命的安全”的基本目标和要求，国家安全理念发生巨大的变化，向“以人为本、关注安全、关爱生命”的理念转变。党的十八大以来，体现了“不要带血的 GDP”和“党政同责、一岗双责”的生命红线观。党的十九大报告中明确提出：“树立安全发展理念，弘扬生命至上，安全第一的思想，健全公共安全体系完善安全生产责任制，坚决遏制重特大安全事故，提升防灾减灾救灾能力”。这充分说明党和国家越来越重视安全生产工作，体现了“生产必须安全、安全才能生产”的以人为本的安全发展观。

第二节　安全文化的结构及要素

安全文化概念最初是在国际原子能机构的切尔诺核电站事故报告中被提出的，在过去 20 多年中日益受到研究者和实践者的重视。为了更好地理解和建立安全文化，研究者们提出了安全文化结构的多种模型以展示动态的整体安全文化特点。

一、安全文化的结构

大部分学者认为安全文化的结构主要包括四个方面：安全理念文化、安全制度文化、安全行为文化及安全物态文化，具体的内容如图 4-3 所示。

二、安全文化要素

2008 年 11 月 20 日，国家安监总局公布两个关于安全文化建设的要求，分别是“AQ/T 9004—2008《企业安全文化建设导则》”和“AQ/T 9005—2008《企业安全文化建设评价准则》”。二者均是 2009 年 1 月 1 日起正式实施。

《导则》介绍企业安全文化建设的重点内容，《准则》则是告诉企业如何对安全文化建设

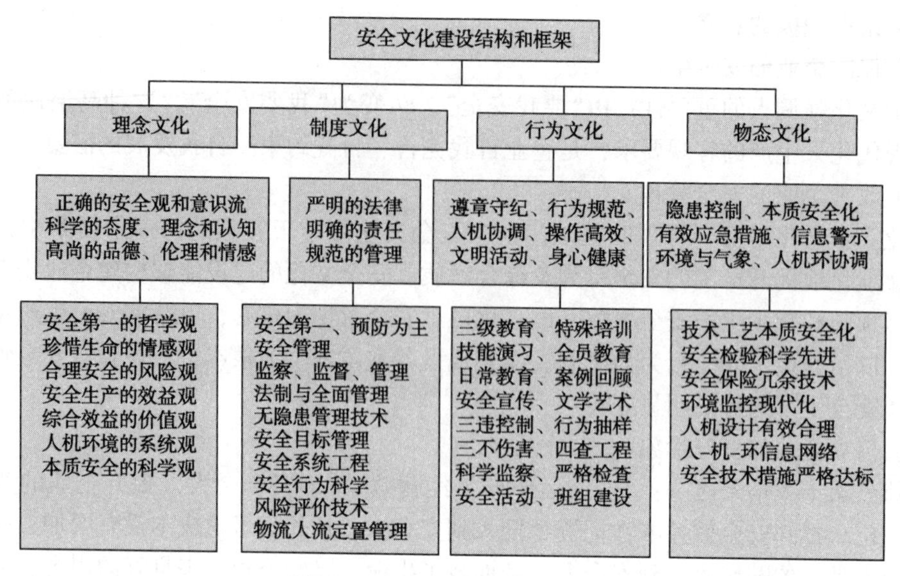

图 4-3　安全文化的结构与内容

的效果进行评估。两者之间的关系可以用一句话来概括——安全文化建设无定式，评估有标准。

（1）企业安全文化建设的总体要求

企业在安全文化建设过程中，应充分考虑自身内部的和外部的文化特征，引导全体员工的安全态度和安全行为，实现在法律和政府监管要求之上的安全自我约束，通过全员参与实现企业安全生产水平持续进步。

（2）企业安全文化建设基本要素

企业安全文化建设的基本要素有 7 个：安全承诺、行为规范及程序、安全行为激励、安全信息传播与沟通、自主学习与改进、安全事务参与、审核与评估，见图 4-4。

图 4-4　安全文化建设的基本要素

第三节　安全文化的建设

一、安全文化建设评价标准

结合广东省安全文化建设示范企业评价标准，主要从 9 个方面进行企业安全文化的体系建设，即：安全理念、安全制度、安全环境、安全行为、安全教育、激励制度、全员参与、职业健康、持续改进，具体因素见表 4-2。

表 4-2　广东省安全文化建设示范企业评价标准

序号	一级指标	二级指标	评价	备注
	基本条件	1. 企业申报前，连续 3 年未发生死亡或一次 3 人(含)以上重伤生产安全责任事故 2. 安全生产标准化达标(行业未要求开展安全生产标准化建设的除外)		基本条件不需打分
1	安全理念	1. 企业把安全文化建设纳入企业文化建设、安全生产重要内容定期研究落实，做到“三有”：有领导机构、有工作方案、有工作经费保障		
		2. 企业领导层特别是主要负责人高度重视安全文化建设，在长期管理实践中塑造了人人知晓、共同遵守的安全价值观		
		3. 企业在长期实践中归纳、提炼了体现行业特点、具有自身特色、内容完整清晰、具有推广价值的安全文化理念		
		4. 开展安全生产诚信承诺活动，逐级签订安全承诺书，引导从业人员树立“诚信安全”的自律意识		
		5. 企业对安全生产理念和安全价值观不断宣传、完善，使广大从业人员认知、认同，内化于心，外化于行		
2	安全制度	6. 企业建立有完善的安全生产责任制度，领导层、管理层、车间、班组和岗位逐级签订安全责任书		
		7. 企业制定有各岗位的安全操作规程，实现“所有岗位都有操作规程所有作业有作业工艺”		
		8. 企业建立健全安全生产会议、教育培训、隐患排查等各项安全生产管理制度		
		9. 企业建立有安全生产检查考评制度，完善激励约束机制，提高制度执行力		
		10. 企业建立规章制度和操作规程的定期审查机制，确保制度体系根据国家法规、标准规范的要求得到不断健全、完善		

续表

序号	一级指标	二级指标	评价	备注
3	安全环境	11. 生产环境、作业岗位符合国家规定的职业安全健康标准		
		12. 加大科技投入，生产装备符合国家规定和行业标准，有利于实现人性化管理和清洁生产，减轻从业人员的劳动强度		
		13. 危险源(点)监控和作业现场安全防护和员工个体防护符合国家法规、安全标准和安全操作规程要求		
		14. 车间墙壁、通道、班组活动场所等设置有安全警示、温情提示等标识		
		15. 充分利用内部广播、报刊、网络等传播手段，播放法律法规、安全常识、事故警示、先进事迹、实践经验等内容		
		16. 设立安全文化长廊、安全角、黑板报、宣传栏等安全文化阵地，定期更换内容		
		17. 有从业人员安全生产教育培训场所或安全生产学习室		
		18. 积极参加省、市、县(区)安全机构组织的安全生产交流或讨论会议		
4	安全行为	19. 企业负责人、安全生产管理人员按规定参加安全生产培训，特种作业人员持证上岗率100%		
		20. 企业至少每年度组织一次全员安全教育培训		
		21. 企业员工善于发现并及时报告事故隐患和不安全因素，提出合理化建议		
		22. 企业管理层自觉接受员工监督，持续改进企业的安全管理工作		
		23. 积极参加“安全生产月”“安康杯”等安全生产宣传教育活动		
		24. 开展岗位风险辨识活动，从业人员知晓不遵守安全行为规范所引发的潜在危害与后果		
		25. 从业人员配备符合国家或行业标准要求的劳动保护用品，并自觉、正确佩戴		
		26. 从业人员行为习惯良好，能按岗位安全操作规程作业，不伤害自己、不伤害他人、不被他人伤害		
		27. 企业通过工会、职代会或从业人员代表参加的安全会议，落实从业人员对安全生产的知情权、参与权、监督权		
		28. 企业组织开展经常性的隐患排查治理活动，对安全隐患做到整改措施、资金、期限、责任人、应急措施“五落实”		
		29. 企业应制定事故应急预案，并向主管部门备案，按相关规定定期组织演练		
		30. 企业能针对重大危险源建立有重大危险源档案，做到人防、物防、技防监控措施“三落实”		
		31. 企业按照法律法规要求，推进安全生产标准化建设，提高安全生产保障能力		
		32. 企业与各级主管部门和安全监管部门保持良好沟通与配合，严格执行相关安全生产工作的工作要求		

续表

序号	一级指标	二级指标	评价	备注
5	安全教育	33. 企业制定安全生产教育培训计划，建立培训考核机制		
		34. 从业人员具备与岗位相适应的安全知识与技能		
		35. 企业与外部有具备条件的培训机构和教师建立培训服务关系，选拔、训练和聘任内部培训教师		
		36. 从业人员有岗位安全常识手册(或类似读本)，并理解掌握其中的内容		
		37. 企业每季度不少于一次组织从业人员安全生产教育培训或群众性安全活动，有影响、有成效、有音像资料		
		38. 企业积极组织开展全国安全生产月各项活动，参加国家、省、市、县(区)举办的各类安全竞赛活动，有方案、有总结		
6	激励制度	39. 企业建立有完善的生产责任考核制度，实施安全生产奖惩制度		
		40. 企业对违章行为、无伤害和轻微伤害事故采取以改进缺陷、吸取经验、教育为主的处理方法		
		41. 企业表彰在安全生产方面有突出表现的人员、树立榜样，并给予奖励		
7	全员参与	42. 建立全员参与制度，从业人员积极参与安全文化建设		
		43. 从业人员对企业落实安全生产法律法规以及安全承诺、安全规划、安全目标、安全投入等进行监督		
		44. 企业应就安全事项建立良好的内部沟通平台，确保安全管理部门和企业各部门保持良好的沟通与协作		
		45. 企业建立安全观察和安全报告制度，对从业人员发现的安全隐患，能给予及时的处理和反馈		
8	职业健康	46. 建立职业卫生责任制。法定代表人负责制、职能机构及人员配备、层层落实责任等		
		47. 企业按相关规定定期对作业环境职业危害病因素进行检测，对从业人员进行健康检查，关注从业人员身心健康		
		48. 对高危作业，有毒害的环境，企业有明确的工作时间和限制加班制度		
9	持续改进	49. 企业建立信息收集和反馈机制，从与安全相关的任何事件中汲取经验从而改进工作		
		50. 企业建立安全文化建设考核机制，每年组织开展安全文化建设绩效评估，促进安全文化建设水平的提高		

续表

序号	一级指标	二级指标	评价	备注
10	奖励项	1. 企业参保安全生产责任险		0或6分
		2. 企业安全生产工作近3年获得过省级(含)以上表彰奖励		同上
		3. 企业达到安全生产一级标准化水平		同上
		4. 企业通过职业安全健康管理体系认证		
		5. 企业获得省级或以上安全生产创新成果奖		同上

说明：

一、《评价标准》共设9个一级评定指标，50个二级评定指标，满分为300分(不包括奖励项得分)，另加5个奖励项。

二、每个二级指标的评定分数为0~6分：

6分：该指标完成出色；

5分：该指标已完成落实并符合要求，实施情况好；

4分：该指标已完成落实并符合要求，实施情况较好；

3分：该指标已经完成落实并符合要求，但实施效果一般；

2分：该指标已经完成落实，但存在一定缺陷；

1分：该指标已经部分完成落实；

0分：该指标未完成或存在严重缺陷。

三、对安全文化建设示范企业的评价，按下列标准执行：

1. 未达到基本条件要求的单位，不能参加“广东省安全文化建设示范企业”考评。

2. 二级指标得分总和低于270分(含)，不能申报“广东省安全文化建设示范企业”。

3. 在50个二级评定指标中，出现2个(含)以上0分指标，不能申报“广东省安全文化建设示范企业”(由于行业的特殊性，没有相关项要求视同该项为6分，但要注明)。

二、安全文化建设实施内容

1. 安全理念

召开安全文化建设动员会，明确安全文化建设的重要意义。各部门把安全文化建设作为加强安全生产工作的一项重要工作来抓，列入工作日程。

建立安全承诺制度，单位主要领导是实施安全承诺签字的总负责人，安全科是组织实施和考核安全承诺的责任部门，应定期对承诺书的落实情况进行检查考核。与企业签订劳动合同的所有人员都应进行安全承诺。新入厂职工在完成“三级”教育后签订安全承诺书，转岗职工在完成新岗位的安全教育后重新签订安全承诺书，如未按规定进行安全教育，职工不应在承诺书上签字。承诺人必须熟悉安全承诺内容，并在安全承诺书上亲笔签字，不允许他人代签。安全承诺一式两份，一份由承诺人随身携带，另一份由安全科存档。安全承诺书每年1月份签订，有效期为1年。

充分调动员工的参与热情，集思广益，群策群力，举办安全文化有奖征集活动，征集的内容包括核心安全价值观、安全理念、安全文化品牌标识、安全宣传标语及口号。

2. 安全制度

(1) 安全责任制

安全生产责任制是企业各层次人员均有各自的安全职责，安全生产要做到人尽其职，各负其责。

安全生产责任制的具体要求：

① 向上到顶、向下到底、横向到边(即涉及生产经营单位主要负责人、生产经营单位其他负责人、生产经营单位安全管理机构负责人及其工作人员、班组工作人员);

② 分线负责，系统管理，分级管理，下管一级;

③ 安全生产“人人有事做”;

④ 确定安全生产职责的原则：一岗双责，谁主管谁负责，五同时(计划、布置、检查、总结、评比)，遵章守纪;

⑤ 要明确责任制落实的检查考核。

(2) 安全操作规程

企业应根据生产特点，编制生产设备技术操作规程、工种、岗位安全操作规程，并发放到相关岗位。制定安全操作规程的基本要求：

① 以具备安全生产法律法规规定的安全生产条件为前提制定规程;

② 针对“三全”即全员、全部操作、全过程制定规程;

③ 针对操作全过程的危险的预防措施制定规程;

④ 根据事故教训的防范措施制定规程;

⑤ 对操作步骤、方法、注意事项、禁忌事项、劳保用品使用、故障排除、应急措施的规定要具体、明确。

(3) 安全管理制度

安全制度的建立可参考《企业安全生产标准化基本规范》(GB/T 33000—2016)的相关规定。包括：

目标管理;
安全生产和职业卫生责任制;
安全生产承诺;
安全生产投入;
安全生产信息化;
四新(新技术、新材料、新工艺、新设备设施)管理;
文件、记录和档案管理
安全风险管理、隐患排查治理;
职业病危害防治;
教育培训;
班组安全活动;
特种作业人员管理;
建设项目安全设施、职业病防护设施“三同时”管理;
设备设施管理;
施工和检维修安全管理;
危险物品管理;
危险作业安全管理;
安全警示标志管理;
安全预测预警;
安全生产奖惩管理;
相关方安全管理;
变更管理;
个体防护用品管理;
应急管理;
事故管理;
安全生产报告;
绩效评定管理。

职业卫生管理制度也可参考国家安全生产监督总局第47号令《工业场所职业卫生监督管理规定》的相关规定。

(4) 安全检查制度

① 明确主要负责人、分管负责人、部门和岗位人员隐患排查治理工作要求、职责范围、防控责任。

② 根据国家、行业、地方有关事故隐患的标准、规范、规定，编制事故隐患排查清单，明确和细化事故隐患排查事项、具体内容和排查周期。

③ 明确隐患判定程序，按照规定对本单位存在的重大事故隐患作出判定。

④ 明确重大事故隐患、一般事故隐患的处理措施及流程。

⑤ 组织对重大事故隐患治理结果的评估。

⑥ 组织开展相应培训，提高从业人员隐患排查治理能力。

(5) 制度定期审查机制

企业建立规章制度和操作规程的定期审查机制，确保制度体系根据国家法规、标准规范的要求得到不断健全、完善。

3. 安全环境

(1) 生产场所与作业岗位

① 生产环境、作业岗位符合国家规定的职业安全健康标准。

② 加大科技投入，生产装备符合国家规定和行业标准，有利于实现人性化管理和清洁生产，减轻从业人员的劳动强度。

③ 危险源(点)监控和作业现场安全防护和员工个体防护符合国家法规、安全标准和安全操作规程要求。

④ 车间墙壁、通道、班组活动场所等设置有安全警示、温情提示等标识。

(2) 企业安全文化传统传播渠道

① 充分利用内部广播、报刊、网络等传播手段，播放法律法规、安全常识、事故警示、先进事迹、实践经验等内容。

② 设立安全文化长廊、安全角、黑板报、宣传栏等安全文化阵地，定期更换内容。

③ 有从业人员安全生产教育培训场所或安全生产学习室。

④ 积极参加省、市、县(区)安全机构组织的安全生产交流或讨论会议。

(3) 企业安全文化传播新媒体渠道

① 加大企业安全生产网站群的建设力度，创新网站宣传形式，多用数字化、图表、音频、视频等展现信息，拓展网站互动服务功能，办好公众建言献策专栏和情景化导航服务系统；同时与门户网站建立共建共享工作机制，提升安全生产信息传播力影响力。

② 推动相关专业团队创作安全文化公益广告、影视剧、动漫、微视频、游戏等作品。

③ 加大安全文化新媒体建设力度，开通安全生产服务微信、微博、新闻客户端和手机报，充分发挥新媒体交互性、贴近性等特点，坚持同一内容多媒体生产、多渠道传播、多形态展现，努力做到“精准覆盖，全面覆盖”。

4. 安全行为

① 安全行为的基本要求(表4-2)；

② 安全行为的特别要求：

- 企业员工的标识性行为规范。
- 管理人员的安全行为规范。

5. 安全教育

① 安全教育的基本要求(表4-2)；

② 特色安全教育。

企业结合自身的特点，创新特色安全教育方法及模式。

6. 激励制度

① 激励制度的基本要求(表 4-2);

② 企业特色激励制度。

针对企业特点，科学设计员工绩效考核指标。

7. 全员参与

① 全员参与的基本要求(表 4-2);

② 全员参与实现途径:

- 积极开展“安全伴我行”“我把安全带回家”“我为安全代言”“安全三句话”“我的安全故事”等主题征文、演讲等竞赛，鼓励支持喜闻乐见的安全生产文艺作品创作和演出。
- 深入开展“安康杯”竞赛、“青年安全生产示范岗”“五好文明家庭”“安全生产月”等活动。

8. 职业健康

① 职业健康的基本要求(表 4-2);

② 特色的职业健康防护体系。

大力宣传职业病防治的知识，普及职业病的防范意识，深入开展“职业病防治法宣传周”等活动。

9. 持续改进

① 持续改进的基本要求(表 4-2);

② 特色的持续改进机构:

- 安全文化建设领导小组要加强对企业创建活动的指导，及时总结创建活动中的好经验、好做法，充分发挥典型的示范带头作用，扎实推进企业安全文化建设工作，并根据 PDCA 戴明环管理方法对安全文化建设活动进行持续改进。
- 设立持续改进工作机构，对每周、每月、每季度的企业安全信息进行采集、归纳、分析并公布。
- 持续改进工作机构，根据每周、每月、每季度的企业安全信息，向相关部门提出安全持续改进的信息通报，并确定预警等级。
- 持续改进工作机构，对相关部门的持续改进信息进行跟踪，确认改进结果并公布。

三、安全文化建设实施载体

安全文化建设的实施载体主要有四种:

(1) 纸质载体

精心编写一部企业安全文化手册，定期出版一份企业安全生产报纸或刊物，建立特色安全文化图书馆，厘清整理并提供纸质企业安全管理制度及操作规程。

(2) 电子载体

一是传统电子媒体，可在电脑、电视、收音机、电子显示屏等媒体；二是新媒体，包括微信、微博、新闻客户端和手机报等。

（3）环境载体

企业建立安全教育室，在办公场所、工作岗位等上面因地制宜设置安全生产宣传牌（栏）、橱窗，悬挂安全生产横幅、标语、口号、标识等。

（4）行为载体

企业完善安全宣誓、岗位安全描述、班前安全会、应急演练、安全教育培训等员工的安全行为活动。

四、安全文化建设层次

依据《企业安全文化建设评价准则》（AQ/T 9005—2008）的企业安全文化的测评结果与重要指标特征，将企业安全文化建设水平分为六个层级，“企业安全文化建设水平层级划分表”（表4-3）是作为企业安全文化建设大概处于某种水平的倾向性判断参考，其“表现特征”并不一定与企业实际情况一一符合。

表4-3　企业安全文化建设水平层级划分表

层级	所属阶段	参考分值	主要特征
第一层级	本能反应阶段	35分以下	企业认为安全的重要程度远不及经济利益。 企业认为安全只是单纯的投入，得不到回报。 管理者和员工的行为安全基于对自身的本能保护。 员工对自身安全不重视，缺乏自我保护的意识和能力。 员工对岗位操作技能、安全规程等缺乏了解。 企业和员工不认为事故无法避免。 员工普遍对工作现场和环境缺乏安全感
第二层级	被动管理阶段	35~49分	没有或只为应付监察而制定安全制度。 大多数员工对安全没有特别关注。 企业认为事故无法避免。 安全问题并不被看作企业的重要风险。 只有安监部门承担安全管理的责任。 员工不认为应该对自己的安全负责。 多数人被动学习安全知识、安全操作技能和规程。 企业对安全技能的培训投入不足。 员工对工作现场的安全性缺乏充分信任
第三层级	主动管理阶段	50~64分	认识到安全承诺的重要性。 认为事故是可以避免的。 安全被纳入企业的风险管理内容。 管理层意识到多数事故是由于一线工人不安全行为造成的。 注重对员工行为的规范。 企业主动对员工进行安全技能培训。 员工意识到学习安全知识的重要性。 通过改进规章、程序和工程技术促安全。 始用指标来测量安全绩效（如伤害率）。 采用减少事故损失工时来激励安全绩效

续表

层级	所属阶段	参考分值	主要特征
第四层级	员工参与阶段	65~79 分	具备系统和完善的安全承诺。 企业意识到有关管理政策，规章制度的执行不完善是导致事故的常见原因。 大多数员工愿意承担对个人安全健康的责任。 企业意识到员工参与对提升安全生产水平的重要作用。 关注职业病、工伤保险等方面的知识。 绝大多数一线员工愿意与管理层一起改善和提高安全健康水平。 事故率稳定在较低的水平。 员工积极参与对安全绩效的考核。 企业建有完善的安全激励机制。 员工可以方便地获取安全信息
第五层级	团队互助阶段	80~90 分	大多数员工认为无论从道德还是经济角度，安全健康都十分重要。 提倡健康生活方式，与工作无关的事故也要控制。 承认所有员工的价值，认识到公平对待员工于安全十分重要。 一线职工愿意承担对自己及他人的安全健康责任。 管理层认识到管理不到位是导致多种事故的主要原因。 安全管理重心放在有效预防各类事故。 所有可能相关的数据都被用来评估安全绩效。 更注重情感的沟通和交流。 拥有人性化和个性化的安全氛围
第六层级	持续改进阶段	90 分以上	保障员工在工作场所和家庭的安全健康，已经成为企业的核心价值观。 员工共享“安全健康是最重要的体面工作”的理念。 出于对整个安全管理过程充满信心，企业采用更多样的指标来展示安全绩效。 员工认为防止非工作相关的意外伤害同样重要。 企业持续改进，不断采用更好的风险控制理论和方法。 企业将大量投入用于员工家庭安全与健康的改善。 企业并不仅仅满足于长期(多年)无事故和无严重未遂事故记录的成绩。 安全意识和安全行为成为多数员工的固有习惯

第四节　基于安全文化结构的安全行为

事故的研究与实践均表明，人的不安全行为是事故发生的最主要原因，控制人员的不安全行为就成为企业安全管理的一项重要任务。员工的安全行为在很大程度上是受到安全文化的制约，大多数研究者运用结构方程模型定量研究安全文化对安全行为的影响。结构方程模型实质是一种广义的一般线性模型，而人的行为与控制变量之间并不是简单的线性关系。袁朋伟等从突变理论出发，构建员工不安全行为的尖点突变模型，来说明员工不安全行为的不连续性，但员工不安全行为并非某些非常态的特异性为，例如犯罪行为、成瘾行为、变态性行为等。赵培等基于人类动力学分析理论，探究企业员工不安全行为的动力学规律，表明员工个体不安全行为的间隔时间分布可以用幂律函数近似描述。税永波等基于企业“经济人”的假设，通过建立认知不完全条件下企业安全生产组织行为的基本效用模型，来探讨外在的安全法规与内在的企业安全文化对安全行为的作用。

一、安全文化结构模型

学者们提出了各种安全文化结构模型，例如 Geller 的人、行为、环境三因素模型；Schein 的外在表象、共同的价值观、核心基本假设三层次模型；Cooper 的主观内在心理因子、可观察的安全相关行为、客观环境特征三要素模型；Dov 的多层次模型；Frazier 的分层模型等。国内有毛海峰的多维度模式；董小刚的安全观念文化、安全制度文化、安全物质文化、内部安全动机、外部安全动机、安全服从行为六因素模型；傅贵的安全承诺、安全参与、安全责任、安全机构、安全实践活动、安全管理体系六因素模型等。

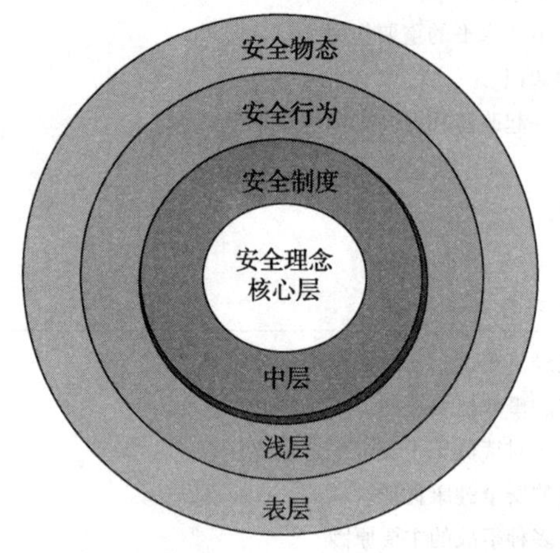

图 4-5　经典安全文化四层次结构模型

目前学术界还没有形成一个统一的安全文化结构模型，被广泛认可的安全文化结构模型是四层次模型，即安全理念文化、安全制度文化、安全行为文化及安全物态文化，如图 4-5 所示。有研究者提出行为应不属于安全文化范畴，安全文化能够影响员工的行为，但安全文化并不是包括行为本身，方东平据此提出安全文化三层次模型，如图 4-6 所示。

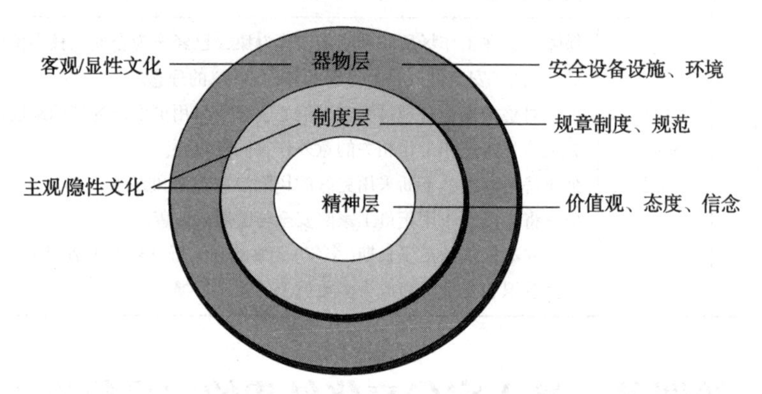

图 4-6　安全文化三层次模型

行为学理论认为，个体的行为主要是受内在心理动机的影响，安全行为是安全理念、安全制度及安全物态共同作用于安全动机的结果。Neal 研究了安全文化对安全行为的影响，提出三层次模型，结构见图 4-7。Wang 提出了全方位的安全文化模型，结构见图 4-8。

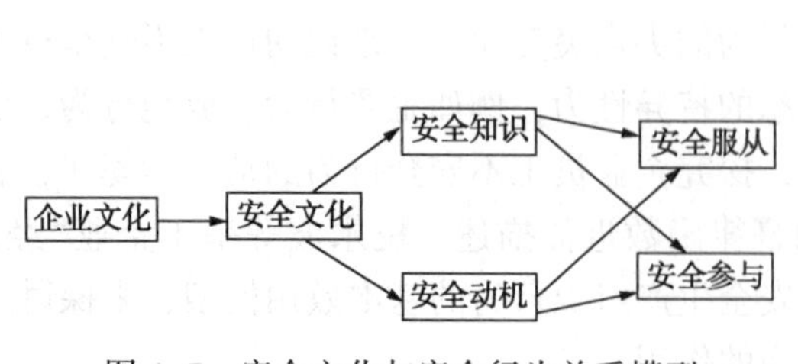

图 4-7　安全文化与安全行为关系模型

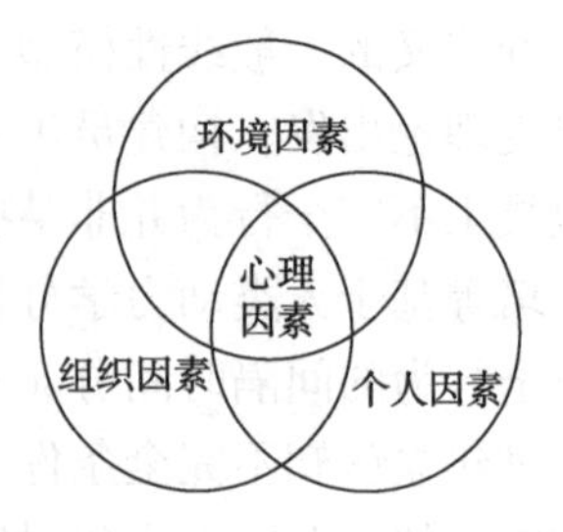

图 4-8　全方位安全文化模型

笔者认为安全文化主要由员工安全理念 I(ideas of safety)、社会安全制度 R(regulations of safety)、企业安全物态 P(physical culture of safety)组成，三者相互关联，构成一个坚实的安全文化平台，并共同制约个体安全动机(motivation of safety)，安全动机最终制约着个人的安全行为，其结构模型见图 4-9。

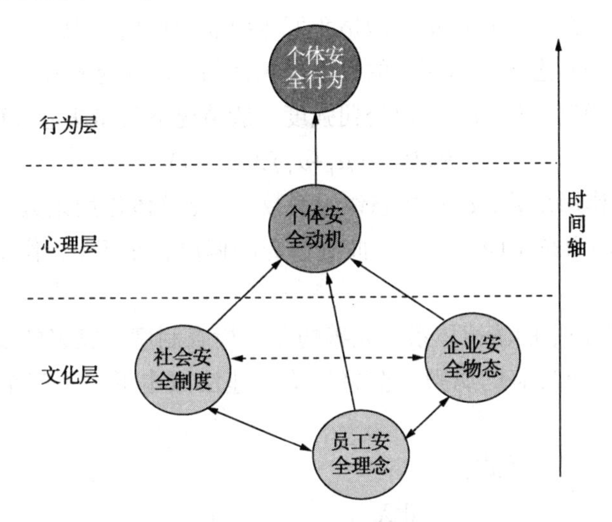

图 4-9　安全文化四面体结构模型

二、基于安全文化结构的安全行为动力学方程

安全文化对安全行为的影响是非常复杂的，而且安全文化的量化研究一定程度上依赖于心理学的测量工具。为了深入探讨安全文化对安全行为的影响，笔者依据上述的安全文化四面体结构模型，尝试建立各个因子作用于安全行为的动力学方程。假设员工的某个时间点的行为状态函数 $X(t)$是时间 t 的随机变量，行为的动机是其控制变量。马克思说："当利润达到 10%的时候，他们将蠢蠢欲动；当利润达到 50%的时候，他们将铤而走险；当利润达到 100%的时候，他们敢于践踏人间的一切法律；当利润达到 300%的时候，他们敢于冒绞刑的危险。"这形象说明了动机与行为的关系，动机 M 本质上是人的行为驱动力，与牛顿第二定律相似，由此可得到如下关系式：

$$M=m\frac{d^2X}{dt^2}=m\ddot{X} \tag{4-1}$$

其中，m 是个体特性参数，与人的个性、地位、健康状况、知识水平、家庭背景等个体属性有关，大于0。正常的安全行为状态设为 X_0，为了计算和讨论的方便，设 $X_0=0$，ΔX 表示行为的偏离量，即 $\Delta X=X(t)-X_0=X(t)$。

动机 M 是员工安全理念 I、社会安全制度 R、企业安全物态 P 三者的共同合力，在暂不考虑三者之间相互作用的情况下(事实上，三者之间并不相互独立的，本书做了简化处理)，动机 M 的关系式有：

$$M=I+R+P \tag{4-2}$$

理念因子作用力 I 本质是员工内在的主观自控力，理念对行为的控制力大小一方面与行为偏离程度 dx 成正比；另一方面与时间长度 dt 成反比，因为人在短时间内的严格自控是可以做到，但时间延长，长期高度紧张会带来精神疲劳，思想也会麻痹，导致自控力下降。由此得

$$I=-\kappa\frac{\mathrm{d}X}{\mathrm{d}t}=-\kappa\dot{X} \tag{4-3}$$

其中，κ 是理念作用系数。κ 大于 0，表明个体安全理念对自身行为的调控是正向作用；当 κ 小于 0 时，表明个体安全理念对自身行为的调控是负向作用，这种情况现实中有存在，比如从众效应、逞强心理、歇斯底里、激情犯罪等引起的偏离行为。

制度因子作用力与物态因子作用力的性质是相似的，本质是外在的客观强制力，力的大小取决于行为的偏离程度。例如，法律处罚强度一般情况下与违法危害程度成正比，即

$$R+P=-(\mu_1+\mu_1)\Delta X=-\mu X \tag{4-4}$$

其中，μ_1是制度作用系数，μ_2是物态作用系数，μ 是整体作用系数。μ_1与 μ_2也同样分两种情况，大于 0，作用力是正向作用，可抑制行为的偏离；小于 0，作用力是负向作用，可增强行为的偏离。

μ 大于 0，如公正公平的法律体系、完善的监督检查制度、完善的安全设施设备及优良的环境等；μ 小于 0，如政府的腐败、监督缺失、违法成本低、不安全的设备及不良的环境等。

结合以上公式，可得关系式：

$$M=m\frac{\mathrm{d}^2X}{\mathrm{d}t^2}=I+R+P=-\kappa\frac{\mathrm{d}X}{\mathrm{d}t}-\mu X \tag{4-5}$$

化简为

$$m\frac{\mathrm{d}^2X}{\mathrm{d}t^2}+\kappa\frac{\mathrm{d}X}{\mathrm{d}t}+\mu X=0 \tag{4-6}$$

式(4-6)即是安全行为的动力学方程。通过对此方程式进行求解与分析，进一步探讨安全文化因子对安全行为的影响。

三、安全行为动力学方程的分析与讨论

安全行为动力学方程式(4-6)的特征方程为

$$\lambda^2+\frac{\kappa}{m}\lambda+\frac{\mu}{m}=0 \tag{4-7}$$

得到特征根：

$$\lambda_{1,2}=-\frac{\kappa}{2m}\pm\sqrt{\frac{\kappa^2-4m\mu}{2m}} \tag{4-8}$$

当 $\kappa^2>4m\mu$，即表明主观自控作用大于客观强制作用时，方程的解为

$$X(t)=C_1\mathrm{e}^{(-\frac{\kappa}{2m}+\sqrt{\frac{\kappa^2-4m\mu}{2m}})t}+C_2\mathrm{e}^{(-\frac{\kappa}{2m}-\sqrt{\frac{\kappa^2-4m\mu}{2m}})t} \tag{4-9}$$

当 $\kappa^2<4m\mu$，即客观强制作用大于主观自控作用时，方程的解为

$$X(t)=C_1\mathrm{e}^{(-\frac{\kappa}{2m}+i\sqrt{\frac{\kappa^2-4m\mu}{2m}})t}+C_2\mathrm{e}^{(-\frac{\kappa}{2m}-i\sqrt{\frac{\kappa^2-4m\mu}{2m}})t} \tag{4-10}$$

其中，C_1、C_2为积分常数。

根据式(4-9)与式(4-10)，可对个体的安全行为进行动态的研究与分析，判断的依据是若函数 $X(t)$ 随时间 t 的增大不断收敛，那么个体的动态行为是安全的，反之 $X(t)$ 随时间 t 增大不断发散，那么个体的动态行为是不安全的。综合考虑式(4-9)和式(4-10)，其发散与收敛的情况如表 4-4 所示。

由表 4-4 可知，当 $\kappa<0$ 或 $\mu<0$，即理念的主观自控力或者制度与物态的客观强制力对个体的行为管控具有负向作用时，随时间 t 的延长，$X(t)$ 均趋于无穷大，说明个体不安全行为随时间增加而越来越偏离平衡状态。由此可知，员工的安全理念不正确或者安全规章制度、安全设施、环境等存在缺陷时，员工的不安全行为将难以有效控制。当 $\kappa>0$ 并 $\mu>0$ 时，即理念的主观自控力与制度与物态的客观强制力对个体的行为管控都是具有正向作用，员工的行为才是安全的，这表明有效管控员工的安全行为，必须既要强化“以人为本、生命第一”的安全理念、提升员工的安全意识、端正员工的安全态度，又要完善安全生产的法制体系、依法治安、切实加强政府对安全生产的有效监管、落实企业的主体责任、推动安全科技的发展。这与已知文献中基于组织行为基本效用模型的安全行为分析结果是一致的。

表 4-4　安全文化因子对安全行为的影响情况

情况分类	含义	安全性
$\kappa<0$	安全理念的主观自控力是负向作用	$X(t)$ 随时间 t 的延长而发散 不安全
$\mu<0$	安全制度与物态的客观强制力是负向作用	$X(t)$ 随时间 t 的延长而发散 不安全
$a>0$；$\mu>0$	安全理念主观自控力是正向作用； 安全制度与物态的客观强制力是正向作用	$X(t)$ 随时间 t 的延长而收敛 安全

上述讨论只是基于理论模型的演算与分析，参数 m、κ、μ 的大小及影响因素、三因子之间如何相互作用、哪个因子对行为的影响最显著等诸多问题都需要通过调查问卷的精心设计、大量的样本调查、测量工具与指标的选定、数理统计的分析处理才能得到解决，需要进一步地深入研究。

目前我国经济快速增长，安全风险不断增大，安全形势非常严峻，但人们安全理念的内在自控力还比较薄弱，政府监管机制还不完善，企业安全管理还比较薄弱，这给社会发展带来了巨大的挑战。根据本文安全行为动力学方程的分析探讨可知，要想彻底扭转我国安全生产的严峻现状，必须一方面注重员工安全意识及安全态度的培养，以增强对不安全行为的自我控制；另一方面完善政府的安全监管和落实企业的主体责任，强化对不安全行为的客观制约。

第五章

心理认知过程与安全行为

心理学理论认为，人的心理过程主要包括三个阶段：认知阶段、情绪情感阶段及意志阶段。认知心理的具体表现形式主要包括感觉心理、知觉心理、记忆心理、思维心理等。

认知心理作为一个功能系统，虽包括感觉、知觉、记忆、思维、想象以及注意等构成要素，而其中的每一要素又都有其特殊的表现和规律性，但并不是这些要素的简单的堆砌和拼凑，而是它们相互联系、相互影响的有机结合，只有把它们按照认识的需要组织成一个完整、有序的结构，才能达到对事物有所认识的目的，参考图 5-1。

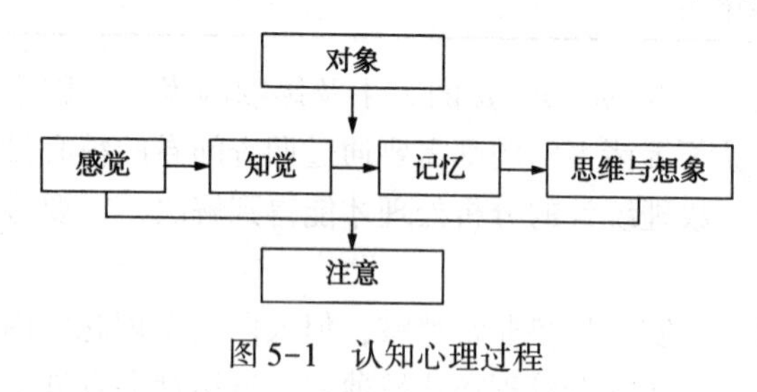

图 5-1　认知心理过程

良好的认知心理可以保证人们取得正确的认识，从而保证人们在生产活动中采取安全的行为决策和行为实施，减少和避免不安全行为的发生，从而增加生产的安全性；相反，不良的认知心理则有可能增加人们的不安全行为，从而增加事故发生的可能性。虽然不能绝对地说有了正确的认知就必定保证不会出事故，但却可以肯定地说，不良的认知心理以及由此导致的不安全行为是事故发生的温床。

认知不良或认知缺陷主要表现为三个方面：一是对对象根本无认识；二是对对象认识不全面；三是对对象认识错误。如某建筑公司员工在操作吊车时，误会了指挥者的意图，致使吊车所吊货物偏离了方向，撞倒了旁边的电线杆，多人受伤。

第一节　感觉及安全行为

感觉是当前直接作用于感觉器官的客观事物的个别属性在人脑中的反映。通常有两类：一类是包括视、听、嗅、味、皮肤等外部感觉；另一类是包括平衡觉、运动觉和内脏感觉的内部感觉。

感觉的一般特性有：适宜刺激、感觉阈值、信号检出、感受性等。

一、感觉及其种类

1. 感觉及其形成的条件

感觉是人脑对当前客观事物的个别属性的反映。人要认识客观事物，就要同客观事物发生相互作用，客观事物的属性，如颜色、气味、形状、软硬、状态等就会通过人的各种感觉器官传入人的大脑，并在大脑中产生一定的反映，这种反映就是感觉。

感觉的形成条件包括三个方面：

① 外在事物的适宜刺激：根据刺激能量的性质，可把感觉分为电磁能的、机械能的、化学能的和热能的四大类。视觉是对光波(电磁能)的反映；听觉是对声波(机械能)的反映；味觉和嗅觉是对滋味、气味(化学能)的反映；皮肤感觉是对触压(机械能)和温度(热能)的反映。

② 人的感受器官。

③ 神经系统与人脑。

2. 感觉器官与感觉种类

感觉首先是感觉器官的机能，感觉分为外部感觉和内部感觉。

外部感觉主要接受和反映机体以外的客观事物的刺激，包括视觉、听觉、嗅觉、味觉、肤觉(包括触觉、温度觉和痛觉)。

肤觉是各种皮肤感觉的总称。人的皮肤有四种不同的感受器官：痛觉感受器，感觉破坏性刺伤；触觉，接受机械性压力；冷觉、温觉，感受低于或高于体温的影响。这四种感受器的数量不同：痛觉约 400 万个；触觉 100 万个；冷觉约 50 万个；温觉约 3 万个。触摸觉是人手的肤觉和运动觉相结合。

内部感觉是由机体内部器官的状态以及机体同外部环境的关系变化而引起的，包括运动觉、平衡觉和脏腑觉(也称为机体觉)。

运动觉是指人在进行各种活动时，对自己身体各部分，如四股、躯干、头部等肌肉、骨髓运动所发生的感知觉，故又叫肌肉运动感觉。平衡觉又叫静觉，它反映人体在空间中的姿势。人的平衡觉器官在内耳中。脏腑觉又叫机体觉，它反映身体内部各器官(内脏和血管)的工作和状态。

感觉对维持大脑的正常活动有重要意义。感觉被剥夺后会产生难以忍受的痛苦，并损害感觉能力。可见刺激不仅提供特异的信息，而且可增加唤醒，这是普遍激活生理系统所不可或缺的。

二、感觉阈限与感受性

感觉是人与外在事物相互作用的结果，它既取决于外在事物的刺激，又同人的生理机能有关。

1. 感觉的范围

感觉的发生需要有外界事物的刺激，但人的感官并不是对任何刺激都能感受到，也并非对任何刺激都产生反应。人的感官对外界刺激的接收有一定的范围。

视觉是由电磁波的刺激引起的：但在整个电磁波谱中，只有其中一小部分能引起视觉，这部分通常被称为可见光，如图 5-2 可见光谱的波长在 380~780nm 之间。超出这一范围，人眼就看不到了。

人的听觉也有一定范围。对正常人来说，人所能听到的声音的频率最低不能小于 16Hz，最高不能超过 20000Hz。听觉不仅与声音的频率有关，还与强度有关。当音强超过 140dB 时，所引起的就不再是听觉，而是感到不舒服、发痒或发痛。图 5-3 中两条曲线所包围的范围是正常人的听觉范围。

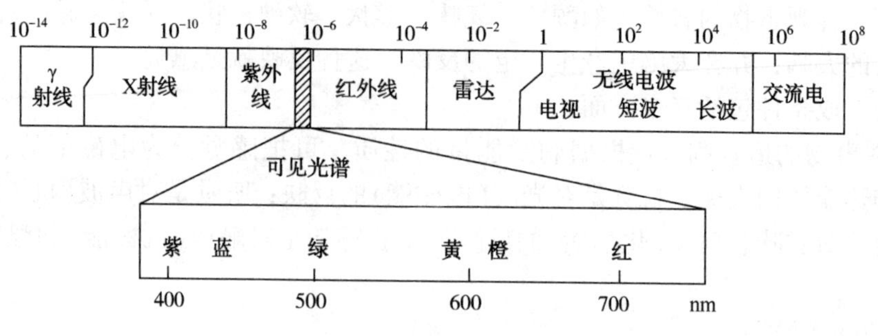

图 5-2　电磁辐射与可见光波

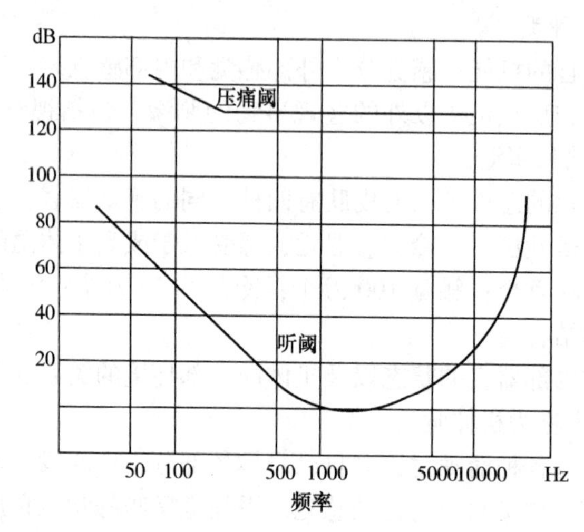

图 5-3　听觉的阈限曲线

嗅觉是由有气味的气体物质引起的。只有当空气中所含有的有味气体达到一定浓度时，才能被人所嗅出。显然，对于无味的气体，不能引起人的嗅觉。表 5-1 是几种有代表性的物质的嗅觉阈限。

表 5-1　物质嗅觉阈限

物质	气味	嗅觉阈限/(mg/L)
四氯化碳	甜味	4.533
正-丁酸	汗味	0.009
苯	煤油味	0.0088
醋酸乙酯	果味	0.0036
吡啶	烧焦味	0.00074
硫化氢	臭蛋味	0.0018
乙硫醇	烂洋白菜味	0.00000066

味觉是舌对溶于水的化学物质的感觉。其感受器是舌面亡的“味蕾”。味觉一般有四种基本性质：苦、酿、咸、甜。人对这四种味觉性质的感受能力也有一定限度。实验表明，味觉的感受阈限适中位置大致如下：

奎宁(苦)——0.000008g(分子浓度);

醋酸(酸)——0.0018g(分子浓度);

氯化钠(咸)——0.01g(分子浓度);

蔗糖(甜)——0.1g(分子浓度)。

除外部感觉外，人的内部感觉也有一定的感觉范围。人对外在事物的感知有一定的范围，这是由人的生理决定的，它表明人的生理是有一定局限的。为了弥补人的感觉器官的生理局限，人们发明和制造出了许多仪器、仪表，借助科技手段大大扩展了人类的感知范围。例如凭借射电天文望远镜，可以接收到距地球200亿光年远的电磁辐射信号；借助声学仪器却可以接收到次声(16Hz以下)和超声(2×10^4Hz以上)。这种靠仪器、仪表将原始刺激转换成可被人感知的形式，称为间接感知。随着科学技术的飞速发展，间接感知的作用将越来越重要，利用间接感知是扩大人类感知范围的重要途径。

2. 感觉阈限与感受性

感觉的发生不仅同客观的刺激有关，还与人的主观感觉能力有关。心理学上一般把对刺激物的感觉能力称为感受性。感受性的大小用感觉阈限的大小来度量。所谓感觉阈限是指引起感觉的持续一定时间的刺激量。如果要产生感觉，刺激物就必须达到一定的量，那种刚刚能引起感受的最小刺激量，叫作绝对感觉阈限，感觉出最小刺激量的能力叫绝对感受性。绝对感受性与绝对感觉阈限有一定的关系，二者成反比。一个人的绝对感受性越好，其绝对感觉阈限就超低，反之则越高。二者的关系可用下式表达：

$$E=1/R$$

式中 E——绝对感受性；

R——绝对感觉阈限。

生理上的刺激阈限与心理上的感觉阈限并不完全等同。低于绝对感觉阈限的刺激，虽感觉不到，但却能引起生理上的变化反应。有时刺激虽达到感觉阈限，却未必能被人有意识地感觉到。一般来说，生理上的刺激阈限要低于有意识体现的感觉阈限。

在刺激物引起感觉之后，如果刺激在量上发生变化，并不是所有变化都能被觉察。只有在变化发生到一定程度时才能接觉察。这个最小差别量称为“差别感觉阈限”。而对最小差别量的感觉能力称为“差别感受性”。二者的关系也是反比关系。

早在1834年．德国生理学家韦伯(E. H. Weber，1795—1878年)就进行了专门研究，并且找出了其中的规律件。他发现在一定范围内，最小变化量(ΔI)同原初刺激量之比总是一个常数(K)，其公式为

$$K=\Delta I/I$$

该式表明，刺激量的变化即差别阈限与原初刺激量成正比，即：

$$\Delta I=KI$$

其中，K为常数(也叫韦伯分数)，它可由实验测定出来。对不同的刺激，K的数值各不相同。表5-2是若干刺激的最小韦伯分数值。

从表的数据可看出，各种感觉的差别阈限相差悬殊。例如，对音高来说，只要变化原刺激的1/333，即可被觉察到；而对咸味来说，其差异必须达到原刺激的1/5，才能被觉察出来。可见，人对声音的变化比较敏感，而对味觉相对说较为迟钝。

表 5-2　若干刺激的最小韦伯分数值

刺激量	韦伯分数 K	刺激量	韦伯分数 K
音高(2000Hz 时)	0.003	响度(2000Hz，100dB 时)	0.008
重压(400g 时)	0.013	橡皮气味(200 嗅觉单位时)	0.104
视觉明度(1000 光量子时)	0.016	皮肤压觉($5g/mm^2$ 时)	0.136
举重(300g 时)	0.019	咸味($3g_{分子量}/kg$ 时)	0.200

三、感觉的特性与安全行为

感觉的特性包括两层含义：其一是各种感觉的共有特性，其二是每一感觉的特性。认识和利用感觉的特性，对于安全工作具有重要意义。

1. 感觉的共有特性与安全行为

第一，对机体状况和感觉器官功能的依赖性。不管是哪种感觉，都同一个人的机体状况有关。人的机体不健康或有缺陷，都直接影响感觉的发生和水平。盲人不可能有视觉，失聪的人也听不到声音，患感冒和鼻炎的人，其嗅觉敏感度会急剧下降。因此，为了使人的感受性保持正常，并在安全生产中发挥作用，劳动者首先应有一个健康的体魄。有了疾病要及时医治，带病工作虽精神可嘉，但从安全的角度看，却并不可取，因为这可能会增加事故发生的风险。

机能健全的感觉器官是感觉的物质基础和先决条件。虽然绝大多数人在正常情况下，都有较高的感受性，但个体差异比较大。不同工种对感觉能力的要求也不尽一致，为了使人与工作相匹配，在工种分配时应该对从业者的感受性进行检查和测定。例如，开车的司机，视觉感受能力就很重要，因此对他们的视力应有特定要求。按机动车管理办法，两眼均应在 0.7 以上(或经矫正后达到这个水平)。低于这个水平，就容易发生撞车或压伤行人事故。患有红绿色盲的人因辨不清红绿信号灯，因而不宜驾驶机动车辆。人体感官及其感受性会随着年龄、外在环境的变化而发生生理上的变化，因此对职工进行定期检查是必要的，这对于那些有特殊感受性的工种更为重要。

第二，所有感觉都与外在刺激的性质和强度有关。一种感受器只能接受一种刺激。刺激的性质不同，它所引起的感觉就不同。例如，眼睛只能接受光刺激，识别颜色、形状等；耳朵只接受声刺激，识别声音的强弱、音调的高低等。刺激必须达到一定强度，才能被感受器官感知，刺激强度存在下限，但强度太高，不但无效，反而会引起不适的感觉，刺激强度也有上限。因此为了保证安全生产，就要恰当控制外界刺激的强度，并根据不同目的适当调节和选用刺激方式。例如作业现场的照明光线，既不能太弱，太弱会大大降低视觉感受性，也不能太强，太强则使人眩目。又如放置在角落的设备、阀门等，因环境光线较暗，为使人们易于感受到它们的存在，就应该采用明亮色调的油漆喷涂表面或安装指示灯等增强对人眼的刺激。

第三，感觉的适应性。所谓适应是指由于刺激物对感受器的持续作用而使感受性发生变化的现象。例如，当人们从明亮的地方走进黑暗的地方，都会突然感到两眼看不到物体，然后慢慢地才看到黑暗中的物体轮廓。这种从明亮环境突然变化到黑暗环境时，视觉逐步适应于黑暗环境的过程叫暗适应。暗适应一般要经历 4~6min，完全适应则需 30~50min。与此相应，当从暗环境进入光亮环境时，人眼起初会感觉发炫，出现暂时性视物不清，然后才逐渐看清事物，这种现象叫明适应或光适应。明适应是人眼感受性降低的过程。

不仅视觉有适应性，其他如嗅觉、味觉、触压觉、温度觉等也都有这种特性。例如，“入芝兰之室，久而不闻其香”“入鲍鱼之肆，久而不闻其臭”，就是一种嗅觉适应。听觉适应一般不很明显。

适应能力是有机体在长期进化过程中形成的，它对于人感知事物、调节自己的行为等具有积极意义。例如在夜晚与白天，亮度相差百万倍，若无适应能力，人就不能在不断变化的环境中精细地感知外界事物，调节自己的行动。但适应期的存在又给人感知事物造成了一定困难，在变化急剧的环境中工作时就有可能出现感知错误，从而成为不安全因素。

第四，不同感觉间具有相互作用。对某种刺激物的感受性，不仅决定于对该感受器的直接刺激，而且还与同时受刺激的其他感受器的机能状态有关。例如，飞机噪声(听觉)可使黄昏时的视觉感受性降到受刺激前的20%。听到那种刺耳的“吱吱”声(如电锯发出的声音)，不仅使听觉器官受到强烈刺激，而且使人的皮肤产生凉感或冷感。食物的颜色、温度等不仅影响人的视觉和温觉，并且也影响人的味觉和嗅觉。不同感觉间之所以具有相互作用，归根结底是因为人体是各种感觉构成的一个有机整体，不同器官虽有不同功能，但它们之间存在相互联系，因而能相互影响。

感觉之间相互作用的一种特殊表现是感觉代偿，所谓感觉代偿是指某种感觉缺失之后，可以由其他感觉来弥补。例如，盲人失去视觉机能后，可以通过自己的脚步声来辨别地形、地物，也可以通过触摸觉来阅读自己。各种感觉之所以能够相互补偿，其主要原因是由于刺激的能量是可以互相转换的，因而一种信息可以转变为另一种能被感受器所接受的信息。各种感觉的相互代偿，扩大了人的感知渠道，对于保证安全具有积极意义。

第五，感觉的模糊性。尽管人的感觉器官具有很强的感受性，但对外界事物变化的感知却并不很精确。外界刺激是客观的，但对不同的个体来说，其感受到的结果却有较大差异，因为感觉作为一种心理现象，并非由纯客观刺激所决定，而是由客观和主观的相互作用所决定的。从主观来看，人的经验、知识、情绪等对感觉都有很大的影响。基于这一点，在生产活动中，为了弥补感觉的这一局限性，保证生产的安全，必要时必须借助仪器、仪表等物质手段，以便客观、精确地反映事物及其变化，把直接感知同间接感知有机结合起来。

2. 不同感觉的特性与安全行为

除了上面谈到的感觉的一般共性外，每一种感觉(感觉器官)也都有自己的特性，认识、掌握并恰当利用它们的特性，无论是对于进行仪器、设备的安全设计，还是提高安全操作水平和创造安全的工作环境，都具有重要意义。

下面我们着重对影响安全较大的视觉和听觉做较为详细的介绍。

(1) 视觉特性与安全行为

人们在对物质世界的感知过程中，大约有80%以上的信息是由视觉得到的，因此作业当中，视觉是最重要的感觉通道。

研究表明，视觉除了具有上面所谈到的共性特征之外，还有以下一些具体的特性。

视野：头部不动、眼球不动所能观察的空间范围称为视野。一般人的水平视野最佳角度为30°(水平视线上下夹角各15°)；最大视野界限为70°；最大固定视野界限(眼动而头不动时)为180°；头部活动扩大的视野界限为190°。垂直视野最佳角度为30°(水平视线上下夹角各15°)；最大视野界限为60°(上40°，下20°)；最大固定视野界限为115°(上70°，下45°)；头部活动扩大的视野界限为150°(上90°，下60°)。由于人的视力随视野角度的大小而变化，因此，为使人容易感知，各种安全标志和仪表显示度盘应放在视野之内，最好在视野最佳角度范围内。

视觉的对比效应：当人们同时观看黑色背影上的灰点和白色背景上的灰点时，会感到前者比后者亮一些，说明背景不同，对相同颜色的感觉也就不同，对象与背景之间的对比越强烈，越容易被感知。人能从远处辨认颜色的顺序是红、绿、黄、白，如果两色对比，则最易辨认的次序是黄底黑字、白底绿字、白底红字、蓝底白字、黑底白字。黄底黑字最引人注目，所以交通禁令的标志常用此书写。

视觉分辨力：视觉健康的人在 50cm 处能看清 0.15mm 的物体所构成的视角（即视角 $\theta=1'$，一般地这种分辨力定为 1）。分辨力同照度、背景亮度以及对象与背景的对比度密切相关。照度太低，人眼分辨力大大降低，且分不清颜色。一般情况下，人眼对黑白细节的分辨力要大于对彩色细节的分辨力（表 5-3）。

表 5-3　黑白与彩色分辨力对比

细节色别	黑白	黑绿	黑红	黑蓝	红蓝
分辨力	100%	94%	90%	26%	23%

视觉运动习惯：人眼的水平运动比垂直运动快，因此仪表指针采用水平移动比垂直移动要少发生误读。一般来说，人眼习惯于从左到右阅读，看圆形物体总是习惯按顺时针方向看，感知闭合图形比感知开式图形容易，感知数字比感知刻度更准确，两眼总是同步运动等。

(2) 听觉特性与安全行为

听觉是仅次于视觉的主要感知途径。它除具有感觉的共性外，还有如下一些特性：

第一，听觉接收信息无方向性，听觉器官可以接受来自任何方向的声信号；

第二，人耳对声音频率变化的感觉呈指数递减规律，即频率越高，频率的变化越不易辨别；

第三，听觉器官可以通过声音传到两耳中的时间差来辨别声音的方位；

第四，听觉器官可以通过声强的变化来判断来源的远近；

第五，听觉有掩蔽效应，即当两个声音同时出现时，声强大的一个被感知，而声强小的一个被遮掩而听不到。

无论是视觉，还是听觉，其基本功能都是感受信息，但二者具有不同的特点，表 5-4 是二者特点的比较。

表 5-4　视觉与听觉感受信息的特点比较

比较依据	听觉	视觉
接收	无需直接探索	需要注意和定位
速度	快	慢
顺序	最易保留	容易失去
紧急性	最易体现	难以体现
干扰	受视觉影响小	受听觉影响大
符号	有旋律的、语言的	图形的、文字的
灵活性	可塑性最大	可塑性
适合性	时间信息 有节奏的资料 警戒信号	空间信息 已存储的资料 常规多通道核对

第二节 知觉及安全行为

一、知觉的含义及种类

知觉是当前直接作用于感觉器官的客观事物的整体及其外部相互关系在人脑的反映，可分为视知觉、听知觉、嗅知觉、味知觉等。知觉基本特征包括选择性、整体性、理解性和恒常性等。

1. 知觉与感觉的联系与区别

(1) 知觉是直接作用于感觉器官的客观事物的整体在人脑中的反映

知觉和感觉既有联系，又有区别，它们之间的联系在于：

① 二者都是客观事物直接作用于感觉器官而在头脑中所产生的反映，知觉和感觉同时发生，知觉以感觉为基础和前提。

② 感觉是对物体个别属性的反映，知觉是对物体整体的反映。在实际生活中，人都是以知觉的形式直接反映事物，感觉只是作为知觉的组成部分而存在于知觉之中，很少有孤立的、不包含知觉成分的感觉，因此，人们常常把二者合称为“感知”。

(2) 知觉和感觉又是有区别的

① 感觉和知觉是两种不同的心理过程。

② 对对象的反映内容看，感觉所反映的是事物的个别属性，而知觉所反映的是事物的个别属性之间的关系，是事物的整体形象。

③ 从二者的反映方式看，感觉是分析的，知觉是综合的，既由感觉到知觉，其间要经历一个主观选择的过程。

④ 从信息传输的通道看，感觉所涉及的是单一感官，其模式是：刺激→个别感官→大脑。知觉所牵涉的感官是多个的，其模式为：刺激→感官联合→大脑。

⑤ 从脑加工的程度看，感觉是大脑对对象信息的简单反映，知觉是已经经过大脑一定程度的复杂加工。

⑥ 感觉是认识的开端，是获得知识(经验)的源泉；知觉是人类一切心理活动的基础，使个体与环境保持平衡。

正因为知觉具有与感觉所不同的特点，因此它可以使人获得单靠感觉所不能得到的信息，使人对事物的认识更进一步。

人的感觉被剥夺或感知觉缺损不能正常地感知时，人的心理就会出现异常，人们就会出现严重的心理障碍，甚至难以生存。例如，有这样一个实验，让被试躺在一张舒适的小床上，头枕泡沫塑料枕头，眼睛戴上半透明的塑料眼罩，耳听单调的嗡嗡声，手臂和手掌分别用硬纸筒和棉手套套上。这样一来，各种感觉基本上被剥夺了。结果发现，在感觉剥夺期间，被试注意力不能集中，不能进行连续而清晰的思考，有的人产生幻觉，有的人变得神经质，有的人甚至恐怖起来。四天后，对放出的被试进行心理测验，发现他们进行精细活动的能力、识别图形的知觉能力、连续集中注意的能力以及思维的能力均受到了严重的影响。经过了一段时间后，他们才恢复到正常的水平。

2. 知觉的种类

以知觉过程中起主导作用的感官来划分：视知觉、听知觉、嗅知觉等。知觉还可以根据对象事物的存在状态来区分：时间知觉、空间知觉、运动知觉。

（1）时间知觉

时间知觉是人对客观现象延续性和顺序性的反映，参与时间知觉的感觉有听觉、触觉、视觉、机体觉等。在判断时间间隔方面，各种感觉的精确性是不同的，听觉的辨别时距最高可达 0.01s，触觉是 0.025s，视觉是 0.05~0.1s。人们对不同时间间隔估计的精确性是不同的。一般来说，对长时距的估计往往不足，而对短时距的估计又往往过长。实验表明，人对 1s 左右的时距估计得最准。当然，人与人之间个别差异是很大的。活动内容的多寡、有无趣味，人的情绪和态度、运用时间标尺的能力，都能够影响人们的时间估计。

人除了有意识地运用各种参照系产生时间知觉外，似乎存在某种自动计时的体内装置，这就是通常所说的生物钟现象。人们的生活和工作制度必须按 24h 的周期来循环，否则人就会睡不好，精疲力竭。即使在失去了所有时间知觉的参照系后，人的生理过程和节律性活动仍然基本上保持 24h 的周期，这表明人体的确存在着某种生物钟。把刚出生的动物连续几代都放在新的生活条件下饲养，它们仍然按照通常生活条件下的时间持续表现出节律性的行为和生理过程。实验表明，生物钟并不是动物对外界周期性现象的条件反射。

（2）空间知觉

空间知觉是客观事物的空间特性在人脑中的反映，它包括形状知觉、大小知觉、深度知觉、方位知觉等。

形状知觉（pattern perception）：人借助于视觉、触摸觉和动觉的协同活动，可以形成形状知觉。当一个物体出现在我们面前时，该物体及其背景一起投射到我们的视网膜上，此时还不能形成清晰的形状知觉。当眼睛的视轴沿着物体的边缘轮廓扫描时，视网膜、眼肌及头部就会把学习传到大脑，产生形状知觉。人的形状知觉能保持相当的稳定性，一方面是由于有了多次从不同角度观察同一物体的经验，另一方面是由于经常得到触摸觉的验证，触摸觉也可以形成形状知觉。

大小知觉是对外界物体的长度、面积和体积的反映，人关于物体大小的知觉也是靠视觉、触摸觉和动觉形成的，其中视觉占有最重要的地位。在视觉中，视网膜上成像的大小是大小知觉的重要线索，影响视网膜上成像大小的因素主要有物体本身的实际大小、物体到眼睛的距离、眼球水晶体的调节。远处大的物体在视网膜上的成像可能比近处小物体的成像还小，这时仅凭视网膜像的大小是无法知觉物体大小的，必须借助眼肌动觉信息的帮助。人的大小知觉在很大程度上依赖于知识经验，熟悉的环境或事物对大小知觉可以起参校作用。实验表明，当排除了熟悉的环境的参照作用时，人的大小知觉就会发生困难。

深度知觉包括距离知觉（物体远近的知觉）和立体知觉（相对立物体或前后两个物体相对距离的知觉）。深度知觉比形状知觉和大小知觉更为复杂，它依赖许多深度线索。这些线索包括：

对象的重叠。如果一个物体部分地遮住了另一个物体，那么前面的物体就被感知得近些，被遮掩的物体就被感知得远些。

线条透视。同样大小的物体，在近处占的视角大，看起来较大，而在远处占的视角小，看起来较小。这种线条透视的效果能帮助人知觉对象的距离。

空气透视。日常生活中我们总是透过空气观察物体，由于空气的影响，近处的物体看起来清楚、细节分明，远处的物体看起来比较模糊。根据经验，对象的清晰度可以作为判断远近的线索。

明暗和阴影。明亮的物体离得近些，灰暗或阴影下的物体离得远些，这是物体明度上的规律，亦可作为距离知觉的线索。

运动视差。当人于环境发生相对运动时，近的物体看起来运动较快，这种经验也是距离知觉的线索。

眼睛的调节。为了获得清晰的视觉，睫状肌会调节眼球水晶体的曲度，物体越近，水晶体越凸。这样，睫状肌的紧张程度便称为距离知觉的线索。

双眼视轴的辐合。在观察一个物体时，两只眼睛的视像都要落在中央窝上，这样就自然形成了一个视轴的辐合。如果物体较近，视轴的辐合角度就大；如果物体较远，视轴辐合的角度就小。于是控制两眼视轴辐合的眼肌运动状态就称为距离知觉的线索。

双眼视差。深度知觉主要是靠双眼视差实现的。人的两只眼睛在构造上是一样的。两眼之间有一定距离。如果我们观察的是一个立体的物体，那么在两只眼睛的视网膜上就会形成两个稍有差异的视像，及两眼视差。这种差异传至大脑，就是深度知觉的主要线索。

结构级差、颜色分布等也都可以称为距离知觉的线索。

方位知觉(或方向定位)是对物体或自身所处方向的知觉，其中包括对东、南、西、北、前后、左右、上下的知觉。物体在空间的方位是相对的，我们的方位知觉也只能是相对的，必须先确定参照系，东西以太阳出没位置为参照系，南北以地磁为参照系，上下以天地为参照系，前后左右以观察者自身为参照系。人主要借助于视觉、听觉、触摸觉、动觉、平衡觉等来对物体进行方向定位，其中视觉和听觉是最主要的，辅以其他感觉。但在特殊情况下，仅仅依靠触摸觉和动觉也能进行方向定位，例如在黑暗的森林里用手触摸树干确定南北方向。在完全失去参照系的情况下，人是无法辨别方向的。

(3) 运动知觉

运动知觉是人对物体在空间中的位移和移动速度的知觉，人要想产生运动知觉，先要确定参照系，可以是某些相对静止的物体，也可以是观察者自身。没有参照系，人便不能产生运动知觉或者产生错误的运动知觉。例如，在暗室里注视一个光点，过了一段时间后，会把静止的光点看成是运动的。这是因为在视野中缺乏参照系的缘故。

人的运动知觉有赖于物体运动的绝对速度和与观察者的距离，离得太远甚至觉察不出事物在运动。这可以用角速度来分析，角速度是单位时间内物体运动的视角范围。在最优的实验条件下，运动知觉的下阈是1(°)/s~2(°)/s，上阈是35(°)/s。

物体运动的知觉是通过多种感官的协同活动实现的。当人观察运动物体的时候，如果眼睛和头部不动，物体在视网膜上映像的连续移动，就可以使我们产生运动知觉。如果用眼睛和头部追随运动的物体，这时视像虽然保持基本不动，眼睛和头部的动觉信息也足以使我们产生运动知觉。如果我们观察的是固定不动的物体，即使转动眼睛和头部，也不会产生运动知觉，因为眼睛和颈部的动觉抵消了视网膜上视像的位移。

二、知觉的特性与安全行为

1. 知觉的选择性

知觉的选择性是指当客观事物作用于人的感官和头脑时，总是有选择地、优先地反映少数对象或对象的部分属性，而对其余事物或事物的属性则反映出比较模糊的心理现象，被清晰地知觉到了的事物便是知觉的对象，而其他模糊知觉到的事物便是这种对象的背景。

在众多事物的刺激下，究竟哪些事物成为知觉的对象，哪些仅是其背景，这同人的认识目的、兴趣、经验、情绪等主观因素有关，同时也和刺激物的性质、形态、运动状态等有密切关系。

知觉选择性的影响因素一是与人的认识目的、兴趣、经验、情绪等主观因素和刺激物的性质、形态、运动状态等有密切关系。二是与对象和背景之间的差别有关，差别越大，把对象从背景中区分出来就越容易，反之就越困难。另外，刺激物各部分之间的组成方式也影响知觉的选择性。

当然对象和背景可以互相转换的，在一般情况下，区分对象和背景并不困难，但有时却并不容易。例如，心理学研究中专门设计的“两可图形”，其对象和背景可以相互转换（图 5-4）。究竟从图形中能看出什么，取决于观察者的目的、经验与兴趣，即和主观因素有关。它揭示出，为了提高知觉能力或观察能力，首先设定或明确观察目的，通过广泛的实践活动丰富自己的经验储备是非常必要的。

(a)

(b)

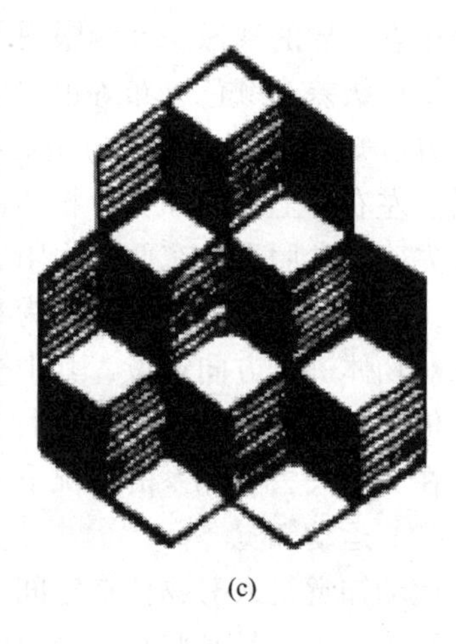
(c)

图 5-4　两可图形

知觉的选择性使得人们在纷繁复杂的外界刺激面前能够突出重点，提高对知觉对象的感知效果，而把那些非主要的刺激对象暂时忽略或舍弃，以免造成对感官和头脑的过重负担，但也会造成感知不全。知觉的选择性可能会导致员工的自以为是，先入为主，使其对设备、工艺、环境等危险因素感知不足，人们只关注危险高的地方，忽视了平时不容易出错的地方，从而导致事故的发生。

【案例】：2020 年 6 月 11 日某矿进行爆破作业，当班的 16 名工人自 22 时 20 分陆续下井进行检修维护作业。在 12 日 5 时 20 分左右一位爆破工被石头压倒，趴倒在刮板输送机上，随即附近工人展开救援，保护事故现场，救援过程中未发生次生灾害事故。在送往医院之后，12 日 6 时 50 分，经医院诊断确认该工人死亡。

根据事故调查报告，事故发生有以下原因：

直接原因：现场作业人员在顶板破裂松动不稳定的情况下违章作业，被突然冒落约 0. 8m×0. 5m×0. 2m 的石头砸中头部。

间接原因：

① 当班班长未按操作规程要求安排人员辅助该工人联炮作业，现场实际只有该工人一人操作；现场未按作业规程要求及时追机移架，导致工作面空顶距离超过作业规程要求。

② 当班安检工未能发现顶板失稳等安全隐患，未能有效制止该工人的违章作业行为；

综一队队长未能发现现场存在的安全隐患和违章作业行为；井下带班矿领导未到综采一队检查巡视，未能及时掌握作业现场的安全生产状况。

③ 对职工教育培训不够，管理不严，职工对作业现场的安全风险和隐患辨识能力不足，现场作业存在侥幸心理；安全观念淡薄，自保互保意识差，未能严格贯彻落实安全生产规章制度。

在上述间接原因中的第二点，当班安检工、队长都没能发现作业过程中的危险隐患，即是知觉的选择性导致的问题。在他们当值的过程中，他们只关注到部分内容，可能只对其他项目进行检查巡视，可能更多关注其他项目，有选择性地进行安全管理工作而没有对整个工作环境进行仔细检查，排除隐患，没有关注到顶板稳定性和工人作业有无违规的问题，最终为事故发生留下隐患。

2. 知觉的理解性

人在知觉中根据自己的知识经验，对感知的事物进行加工处理，并用语词加以概括，赋予它明确的含义，从而标示出来的特性，称为知觉理解性。俗话说："内行看门道，外行看热闹"。一个有经验的老师傅一眼就可以看出机器运转是否正常或故障出在哪里。

知觉的理解性说明知觉并不是一种纯粹的感性活动，而是与部分理性活动(思维)相联系的心理现象，人的知识、经验对知觉的理解性有明显、重要的影响外，言语的指导或提示、实践活动的任务、情绪状态等也影响对知觉的理解性。例如，当环境复杂、对象的外部标识不很明显时，运用言语提示，可唤起人们对过去经验的回忆，有助于对知觉对象的理解。看天空的云，起初可能什么也看不出来，但经提示后可能会看出像树木、像绵羊等。在游览名胜古迹时，设置标志牌、说明词，请导游等，其目的也在于加强知觉理解性。在安全工作中，对新进厂的工人要进行安全教育，由老工人有意提醒他注意哪些设备易出危险，可以强化他的安全意识。

活动任务、目的不同，对同一对象的理解也就不同，并产生不同的知觉效果。员工天天在车间工作，但对车间布局的理解就不如一个搞设计的专业人员理解深刻；制定安全操作规程的人对规程内容的理解也会比一般人深刻。

知觉理解性也会对安全带来一定的负面影响，比如老师傅自认为经验丰富，可能对一些习惯性的违章行为熟视无睹，在知觉定式的作用下，受已往知识、经验、习惯的制约，常会出现错误的判断。

知觉的理解性常用于运用语言、图标等提示，强化或唤起人们对某项内容的理解。以对安全培训、对安全内容的讲解为例，重复强调以加强记忆，提高安全意识即是对知觉的理解性的一种运用。对于管理而言，需要注意的是如何让讲解达到更好的效果。首先讲解的用词用语应迎合听者知识、经验，便于听者理解；如果配合一定的情绪和肢体语言或者是图片、影像等多媒体资料，更生动易懂，也会让人们有更深刻的知觉，会对之后的记忆思考起到积极作用；讲解过程中，需注重语言指导，注重对听者的正向提示，强化其安全知识与意识。

安全教育其实对安全生产起着很重要的影响，Robson L 在 2012 年的研究中指出，事前采取安全教育，可以很大程度上减少由于施工人员没有接受系统的安全教育，以致在日常施工中存在不良的施工习惯造成不安全的行为发生。安全管理应该结合对知觉理解性的运用，更加注重安全教育的成效，不要只是流于形式，要让作业人员更好地学习理解安全问题，达到降低安全事故的目的。

3. 知觉的恒常性

当知觉的条件在一定范围内发生改变时，知觉的映像仍然保持相对不变，知觉的这种特性即为知觉的恒常性，其中以视知觉最为明显。例如在视知觉中，对象的大小、形状、亮度、颜色等映像，与客观刺激的关系并不完全服从物理学的规律。同样一个人，站在离我们3m、5m、10m等不同距离时，按物理规律，他在我们视网膜上的像因距离不等，大小也不一样。但却被我们知觉为同一个人，此即大小恒常性。

知觉的恒常性与以往知识和经验的作用直接相关，在感知对象时，以往的知识和经验参与了进来，尽管外在刺激条件发生了变化，但原来的知识和经验做了弥补。据研究，出生后16周的婴儿还没有物体恒常性的知觉，但随着知识和经验的积累，这种基本的知觉恒常性就得到发展。一般来说，对对象原有的知识和经验越丰富，就越有助于感知对象的恒常性。相反，知觉的恒常性就差。此外，知觉恒常性还和环境有关，熟悉的环境有助于保持知觉恒常性。

知觉恒常性可以保证人在瞬息万变的环境条件下，仍能感知事物的真实面貌，从而有利于人适应环境，这对安全生产很重要，例如虽然有时某些东西挡住了视线，人们仍能感知其被遮掩部分。但知觉的恒常性也会给人带来错误的判断，如果用原来的经验或老眼光去知觉真正变化了的新情况时，就会犯经验主义的错误，从而给安全带来不利的影响。

4. 知觉的整体性

如果直接作用于感官的刺激并在不完备，人们根据自己的知识经验，对刺激进行加工处理，使自己的知觉仍能保持完备的特性称为知觉的整体性。对客观事物的整体感知依赖于人对事物的组成部分的感知，客观事物的部分和整体在人的知觉过程中是相互联系、相互制约的。西方格式塔心理学派指出，物理属性(强度、大小、形状等)相似的对象易被知觉为一个整体，也称作“完型趋向律”。图5-5中并不存在三角形，然而由于视觉系统不断地进行完形计算，让人们的视觉认为“存在一个完整的三角形”。另外知觉的整体性不但在同一种知觉内出现，在不同知觉之间也有出现。

图5-5　不完备的图形

【案例】：2018年4月15日上午，某民用爆破技术服务公司4名爆破作业人员为按照整改措施进行道路拓宽和处理台阶超高，在煤矿爆破现场进行爆破。在爆破过程中，其中一位作业人员被一块飞石砸中头部，致其安全帽破碎，头部流血。该作业人员于4月15日20时，经医院抢救无效死亡。

根据调查报告显示，该起事故直接原因是作业人员未按照《煤矿露天深孔爆破设计方案》要求施工钻孔和装药，违章指挥、作业，未在起爆前撤离至爆破安全允许距离200m之外。

间接原因包括以下几点：

① 该公司未落实企业主体责任，组织机构不健全，爆破项目作业无现场指挥人员。

② 该公司未组织单位职工认真学习《煤矿露天深孔爆破设计方案》，爆破作业人员对设计方案不熟悉，操作流程简单粗放甚至违规。

③ 该煤矿未按照签订的《爆破作业协议》要求落实安全管理的主体责任，及时纠正现场爆破作业人员的违章行为，未对现场作业人员的位置进行安全确认即下达爆破指令。

④ 该公司未及时更换过期的劳动防护用品，安全帽防护作用失效。

⑤ 现场爆破作业人员未按要求实际测量安全距离，只是自爆破点延伸 200m 炮线，未考虑到其途径路段有台阶和不平坦的路面，实际直线距离未达到要求。经现场测量，事故发生时，死者张某某的位置与爆破点实际直线距离仅 130m，小于设计方案中规定的 200m 安全距离。

调查报告中第五点间接原因即是对知觉的整体性的忽略造成的。在测量安全距离的时候，作业人员只关注了距离的数值，没有考虑该距离之间的事物对距离测量情况的影响，没有对“距离测量”这一任务有整体的意识，而只关注其中一项内容，忽略整体危险性，为事故留下隐患。

而且，作业人员没有认识到该安全距离是以爆破现场可能出现的飞石等飞溅物作为主体设定的，这是对安全要求整体概念的缺失。对于飞溅物而言，安全距离不受路面状况、低矮设施设备影响，以其飞溅的空间跨度的直线距离为准。而作业人员测量安全距离时延伸炮线情况收到台阶、路面不平等影响，并不符合安全距离设定的含义，所以造成实际距离远不足安全距离的隐患。

三、错觉与安全行为

1. 错觉含义及种类

人的知觉并不总是可靠的，有时也会发生错误。在心理学上，一般把对外界事物的不正确的知觉称为错觉。错觉现象十分普遍，几乎在所有知觉中都可能发生，其中以视觉错误最为常见。

视错觉常见的有长度错觉、大小(对比)错觉、形状错觉、形重错觉、方位错觉、运动错觉、时间错觉等(图 5-6)。

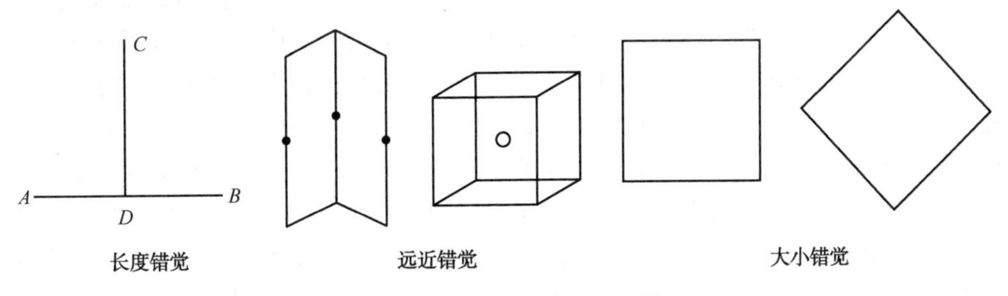

图 5-6　易产生视错觉的图形

色彩错觉：相同距离，有些色看起来近，有些远，总的来说，有色的比无色的、色暗的比色亮的更为醒目，在安全上，信号灯红、黄、绿看起来就比较近。

大小错觉：形态大小相同的物体，白色比黑色大，黄色和红色看来更大，绿色较小，光线亮时大、暗时小。

时间错觉：相同时间段内，当人们是单调、空虚、没兴致时，感知的时间长。

形重错觉：例如，1kg 铁与 1kg 棉花，人们用手加以比较时(不用仪器)都会觉得 1kg 铁比 1kg 棉花重得多，这是以视觉之“形”而影响到肌肉感觉之“重”的错觉。

方位错觉：听报告时，报告人的声音是从扩音器的侧面传来的，但我们却把它感知为从报告人的正面传来。又如，在海上飞行时，海天一色，找不到地标，海上飞行经验不够丰富的飞行员因分不清上下方位，往往产生“倒飞”错误，造成飞入海中的事故。

2. 错觉产生的原因

关于错觉产生的原因虽有多种解释，从现象上看，错觉的产生可能既有客观的原因也有主观的原因。

客观上，错觉的产生大多是在知觉对象所处的客观环境有了某种变化的情况下发生的。有的是对象的结构发生了某种变化，如垂直水平错觉，有的是对象处于某种背景之中，如太阳错觉等。知觉的情景已经发生了变化，但人却以原先的知觉模式进行感知。这可能是错觉产生的原因之一。

主观上，错觉的产生可能与过去经验、情绪等因素有关。过去的经验会导致错觉的发生，如我们总是把大的物体当背景，观察小的物体，因此习惯把大片白云看成是静止的，误以为月亮在云后移动。情绪态度也会使人产生错觉，如焦急地等待、失眠、无聊、无事可干的时候总让人感到时间过得很慢，而全神贯注做感兴趣的事情时，感到时间过得很快；战败的士兵，由于恐惧情绪而会产生“风声鹤唳、草木皆兵”的错觉。

错觉也可能是各种感觉相互作用的结果，形重错觉的产生很可能是大脑接受视觉信息多于肌肉动觉的信息而引起。在提重量相同的物体时，根据视觉提供的信息，人便准备用大力气去提大物、用小一点的力气去提小物，结果便感到两个物体重量不同，总觉得较小的物体重些。又如，听报告时声音从侧面的扩音器而来，我们总觉得它来自报告人的口中。这种“声源移位的错觉”则是视觉和听觉相互作用的结果。

错觉不同于幻觉。幻觉是在没有外界刺激物直接作用于感官时所产生的虚幻知觉，它在一定时间内可消失；而错觉则是有刺激物的情况下发生的，一般不会消失。有些错觉因人而异，有些错觉几乎人人都发生。例如前面所谈到的长短错觉、大小错觉等，如不借助量具，很少不发生错觉。

错觉作为不正确的知觉，它提供给人们的是不正确的信息，而依据不正确的信息所作出的判断和决策必定是错误的。因此它可以直接影人们对事物的正确认识，进而对安全带来危害。例如，飞行员在飞行中的空间定向障碍在很大程度上是由错觉导致的。飞行空间定向障碍表现为飞行员对自己的飞机或与其他飞机的位置、运动或状态的错误知觉，或不能辨别自己飞机的状态或位置。它大体上可分为三种类型：飞行错觉、脱离感觉和空间失定向。据报道，我国有93.7%的飞行员发生过飞行空间定向障碍。在飞行空间定向障碍的三种类型中，飞行错觉是常见的。它包括倾斜错觉、俯仰错觉、倒飞错觉、反旋转与旋转错觉、方向判断错觉、距离错觉(高度错觉)、速度错觉、时间判断错觉、感觉不到飞机状态变化等10种亚类型。脱离现象是在高空单调环境中飞行时，飞行员觉得自己的身体离开了自己所驾驶的飞机，或感到身体不实在，有孤独感和远隔感，据报道，其发生率为14%~35%。空间失定向是指飞行员在飞行中丧失空间定向能力，不能辨认飞机的状态和位置，包括状态失定向和地点失定向等，地点失定向常见的是“迷航”。

一般认为，飞行错觉的产生一方面与客观刺激物的影响有关，当在飞行中知觉对象背景发生变化，知觉和判断失去通常参照结构时，容易发生飞行错觉；另一方面和主体的状态，如飞行员的情绪、技术熟练程度、对仪表指示的信任与否、注意力的合理分配以及疲劳等有密切关系。

为了预防定向障碍，英国学者建议从下述五个方面着手：一是飞机的因素，主要从仪表设备和座舱设备方面改进，提高仪表的可靠性及应用平视仪，以帮助飞行员进行空间定向；

二是操纵因素，主要强调提高飞行员的仪表飞行技术；三是飞行人员因素，主要从选拔、健康状况及用药等情况中加以预防；四是加强地面训练，即地面模拟飞行错觉训练；五是对飞行人员的具体建议，主要包括要相信仪表，不能仅凭主观感觉去定向；不要在带病、用药和饮酒等情况下参加飞行；在发生定向障碍时应按仪表指示飞行；保持同地面的指挥联系；无法摆脱时应在安全高度离机等。

总之，错觉与安全有着密切关系。消除错觉一是要掌握错觉发生的规律性、注意识别并分析其原因，二是注重实践锻炼，三是利用仪器、仪表等加以辅助判别。

第三节　记忆与安全行为

人们要认识事物，积累安全生产的经验，增强预防事故与应付各种条件下工作的能力，光有感觉、知觉是不够的，还必须有记忆这一心理活动的参与，记忆与安全行为有着密切关系。

一、记忆及其在安全工作中的作用

人们要认识事物，首先是与要认识的事物相接触，产生相互作用，这就是前面所讲到的感觉和知觉过程。不管是感觉，还是知觉，都是人脑对当前事物(或刺激物)的反映。当刺激人感官的事物离开我们之后，人脑对刺激物的反映并不是马上消失，而是保留一个或长或短的时期，甚至在很早之前曾经被人们感知过的事物、经历过的事情仍然能回想起来，这个现象在心理学上被称为记忆。

记忆也是人脑的一种机能，是过去的经验在人脑中的反映。具体地说，记忆是人脑对感知过的事物、思考过的问题或理论、体验过的情绪、做过的动作的反映。从信息论的观点来看，记忆是对输入信息的编码、储存和提取的过程。

记忆对人的日常生活、生产、工作和学习等活动都起着非常重要的作用。

首先，记忆是人们积累经验的基础，没有记忆，人类的一切事情都得从头做起，无法积累经验，人类的各种能力也就不能得到提高，一切危险也就无法避免，安全也就没有保障。例如，在日常生活中，每人每天都要处理很多事情。如果没有记忆，或记忆力不强，记不清自己应该干或必须干哪些事，那么虽然整天忙忙碌碌，但难免会丢三落四、杂乱无章、拿东忘西，该干的事没有干。在生产活动中，工人们要看图纸、领料、操作机器、加工零件、组装产品，其中每一个环节都需要记忆的参与，如果缺乏记忆，当看图纸时知道了加工产品需用什么型号的钢材(直接刺激引起感知)，一放下图纸就什么也不记得了，生产将无法进行。为了提高劳动效率，工人需要有熟练的操作技能，而技能并非天生的，是在实践中通过经验的积累而逐步掌握的，如果没有记忆，干一件事就忘掉当时是怎么干的、效果是好是坏，也就谈不到积累经验。为了保证生产的安全，工人们需要学习安全知识，熟悉安全操作规程，掌握机器的性能，接受以往生产事故的教训等，所有这些，都离不开记忆。

其次，记忆是思维的前提，只有通过记忆，才能为人脑的思维提供可以加工的材料，否则，思维将无法进行。人之所以能在复杂多变的环境中求得生存和发展，一个重要原因就是人类会思维，但思维必须有原料，这就是丰富的信息储存，而信息的储存要靠记忆。可见没有记忆，也就难以思维，更不可能做出预见性判断。没有思维，人也就失去了同动物相比的优越性，只能停留在“刺激—反应”的低水平上，不得不承受着更多的危险，并为此付出更多的代价。

二、记忆的过程

记忆作为一种心理过程，包括两个阶段：记和忆。其中“记”是“忆”的前提和基础，“忆”是“记”的结果体现和检验。没有记也就不可能产生忆。而究竟记住了没有，或记住了多少，则要由忆来检验。

如果较为详细地区分，“记”的阶段还可分为两个小阶段：识记和保持，识记是保持的前提；保持是识记的继续和巩固。

识记(memorize)就是识别和记住事物的过程，它是获得知识经验和巩固知识经验的过程，是在实践活动中通过各种心理过程实现的。人在实践中反复地感知、思考、体验某种事物、情感，该事物的映像或对某件事的情感体验便保留在头脑中，形成了印象。

保持(retention)是把识记过的内容在头脑中储存下来的过程。它是“记”在时间上的延续。识记不等于保持。例如，打电话，先查电话号码本，知道了对方的号码，这是识记的过程。但如果刚打完电话就忘记了，说明没记住，即没保持住。保持的对立面是遗忘。

“忆”包括两个阶段：再认和再现。在接触某一事物时，通过感知和思考，到底能否识记，是否保持住了，要经过重现这一环节来进一步确认和检验，重现的过程也就是“忆”。一种简单的重现是：当先前曾识记和保持过的事物再出现面前时，人们能把它认出来，这就是再认。另一种情况是，即使先前感知或思考过的事物不在面前，甚至已隔了很长一段时间，人们仍然能把它重现出来，这就是再现过程，也称为回忆。再认和再现虽都属于对过去感知过的事物的重现，但程度是有差别的，再认主要是以识记为前提的，再现则主要以保持为基础。

记忆的生理心理学解释和信息论的解释可归纳为表5-5。

表5-5　记忆的解释

记忆的不同阶段	识记	保持	再认	再现
经典生理心理学解释	大脑皮层中暂时神经联系(条件反射)的建立	暂时神经联系的巩固	暂时神经联系的再活动	暂时神经联系的再活动(或接通)
信息论的观点	信息的获取	信息的存储	信息的辨识	信息的提取与运用

三、记忆的种类与特点

1. 有意记忆与无意记忆

按在记忆中意志的参与程度，分为有意记忆和无意记忆。二者的特点可归纳为表5-6。

表5-6　有意记忆和无意记忆的特点

有意记忆	无意记忆	有意记忆	无意记忆
有明确的目的	无明确目的	记忆效果好	记忆效果差
有意志的参与，需经努力	意志参与较少，一般不需特别努力	记忆内容专一	记忆内容广泛而不专一
有计划性	随机的、无计划性	对完成特定任务有利	对储存多种经验有益

2. 机械记忆与意义记忆

以记忆的方法分，记忆可分为机械记忆与意义记忆。二者的区别与特点见表5-7。

表 5-7　机械记忆与意义记忆的特点的特点

机械记忆	意义记忆	机械记忆	意义记忆
内容不理解的情况下的记忆	内容理解的情况下的记忆	方式简单	方式较复杂
死记硬背	灵活记忆	记忆效果不牢固	记忆较牢固
对不熟悉的事物多采用此法	对较熟悉的事物多采用此法	容易遗忘，需经常复习	不易遗忘，保持较持久

3. 瞬时记忆、短时记忆与长时记忆

以时间特性分，记忆可区别为瞬时记忆、短时记忆与长时记忆。瞬时记忆又叫感觉记忆、感觉储存或感觉登记。它是记忆的最初阶段，对材料保持的时间极短。在视觉范围内，材料保持的时间不超过 1s，信息完全依据它们具有的物理特征编码，有鲜明的形象性。在听觉范围内，材料保持的时间约在 0.25～2s 之间，这种听觉信息的储存，也叫回声记忆。瞬时可以储存大量的潜在信息，其容量比短时记忆大得多，但由于其记忆持续的时间极短，储存的内容往往意识不到，因此易于消失。如果受到注意，则会转入短时记忆。

短时记忆一般是指保持 1min 以内的记忆。短时记忆对内容已进行了一定程度的加工编码，因而对内容能意识到，但如不加以复述，大约 1min 内将消退，且不能再恢复。短时记忆的容量有限，通常认为是 7±2 组块，现代研究指出可能是 5 个组块（chunk）。如果对短时记忆的内容加以复述或编码，可以转入长时记忆。

长时记忆一般是指保持 1min 以上以至终生不忘的记忆，它是对短时记忆加工复述的结果，但也有些是由于印象深刻而一次形成。在长时记忆中，信息的编码以意义为主，是极其复杂的过程。长时记忆的广度几乎是无限的。

瞬时记忆、短时记忆、长时记忆是记忆过程的三个不同阶段，三者相互联系、相互补充，各有特点，也各有用途。瞬时记忆作为对内容的全景式扫描，为记忆的选择提供基础，且为潜意识充实信息；短时记忆作为工作记忆，对当时的认知活动具有重要意义；长时记忆将有意义和有价值的材料长期保持下来，有利于经验的积累和日后对信息的提取。但是，如果人只有短时或长时记忆，缺乏瞬时记忆能力，势必会造成人脑负荷过重，从而影响人的身心健康。在安全活动中，对事故的长时记忆有时会导致长期精神紧张，反而不利于生产的安全。

瞬时记忆、短时记忆、长时记忆的特点比较见表 5-8。

表 5-8　瞬时记忆、短时记忆、长时记忆的特点

瞬时记忆	短时记忆	长时记忆
单纯存储	有一定程度的加工	有较深的加工
保持 1s	保持 1min	大于 1min 至终生
容量受感受器生理特点决定较大	容量有限，一般(7±2)个组块	容量很大
属活动痕迹，易消失	属活动痕迹，可自动消失	属结构痕迹，神经组织发生了变化
形象鲜明	形象鲜明，但有歪曲	形象加工、简化、概括

4. 按记忆内容分类

按记忆内容分为形象记忆、情绪记忆与语词记忆和动作记忆。形象记忆是以感知过的事物的形象为内容的记忆。语词记忆是以概念、判断、推断等形式，对事物的关系以及事物本身的意义和性质为内容的记忆。情绪记忆是以个体体验过的某种情绪或情感为内容的记忆。动作记忆是以过去经历过的运动状态或动作形象为内容的记忆。

5. 记忆的特点及提高记忆的方法

据心理学的研究，遗忘有个基本规律，即先快后慢，即识记之后，最初忘得快，而后便逐渐忘得慢了。这条规律是法国的心理学家艾宾浩斯首先发现的。他通过实验证明，在识记之后的最初20min内，遗忘率高达42%；1h之后为56%；9h后遗忘达64%；24h后，遗忘66%；31天后遗忘达79%。可见，及时复习、加强巩固是非常必要的，而且复习越是及时，其记忆的保持率越高，所花时间还少。

提高记忆效率的十条方法：

① 记忆时要平气和。大脑在平静状态时能中断与过去的联系，最容易容纳新的信息。每当记忆一个东西时，首先要使自己“放松”下来，等心平气和后再去记忆，可提高功效。

② 大脑不能过度疲劳。大脑疲劳是大脑细胞活动过度引起的。此时，不论你怎样努力，脑细胞的活动能力也要降低，记忆力随之下降。在这种状态勉强工作，久而久之会降低大脑的兴奋程度。因此，每当大脑疲惫时，就休息片刻，让大脑得到充分休息，使记忆时经常处于最佳工作状态。

③ 必不可少的自信心。记忆时最重要的是要有“一定要记住”的自信心，可以使人精神旺盛，情绪高涨，脑细胞的活动能力大大加强，记忆力相应大大提高。否则老觉得自己的记忆力不好，在学习或工作时，精神不振，情绪不高，造成记忆力下降。

④ 找出适合于自己特点的记忆办法。每个人在不同的时间、环境、动作、方式下记忆效果大不相同，例如有人早晨记忆力好，有人晚上记忆力好；有人边走边记忆效果好，有人在安静环境下记忆好。因此，每个人都应该在实践中找出自己记忆的“黄金时间”。

⑤ 培养对记忆对象的兴趣。记忆力与兴趣关系密切。兴趣是增强脑细胞活动能力的动力。例如球迷在看一场精彩的球赛时，能毫不费力地记住比赛中的每个精彩场面，而情节生动的小说也会使读者久久不忘，所以，兴趣是记忆力的促进剂。

⑥ 强烈的动机可以促进记忆。动机是记忆的原动力，动机越强烈，记忆力就越强。例如开车的人去一次就能清楚地记住车走过的路线，而坐车的人则往往记不住。

⑦ 要与愉快的事情相连。愉快的事物使人消除枯燥感，对记忆产生兴趣。记忆时，把要记忆的枯燥信号与愉快的事物相联系，枯燥便可化为兴趣，同时提高记忆效率。

⑧ 刺激可以使脑细胞得到锻炼。为什么许多大政治家、企业家年过古稀大脑仍十分敏锐，而有些人不到40岁大脑就不灵了呢？经过对两组老鼠的对比试验可以看出，人和动物物只有在不断接受刺激的环境下生活，大脑才能不断得到锻炼，长时间保持敏锐，否则会未老先衰。

⑨ 细致的观察能够帮助记忆。细致的观察在于了解被记忆对象的本质特征和细节，这对记忆大有好处。要学游泳，坐在家中看关于游泳练习方法的书，不如到游泳池去看别人游学的快，因为游泳池给了你细致观察游泳动作的机会。

⑩ 用理解帮助记忆。对记忆对象的充分理解，有助于记忆。特别是在记忆那些复杂的数学、物理公式时，只要是理解了公式的含义和推理过程，公式就自然而然地印在你的大脑中了。

第四节　思维、想象与安全行为

人类的活动是离不开思维的，无论是在日常生活中，还是在生产劳动中，人们总要想问题、做判断、拿主意、出措施、想办法，所有这些，都必须运用思维和想象。思维和想象与人的一切活动，其中包括安全生产都有极为密切的关系。

一、思维及其特征

1. 思维的含义

思维是人的最复杂的心理活动之一，是人的认识过程的高级阶段。在心理学上，一般把思维定义为：思维是人脑对客观事物间接和概括的认识过程；通过这种认识，可以把握事物的一般属性、本质属性和规律性联系。按照信息论的观点，思维是人脑对进入人脑的各种信息进行加工、处理变换的过程。

任何事物都具有多种属性．有些是常见的，有些是非常见的，有些是具体的，靠感觉、知觉能直接把握的，有些则属于“类”的一般属性，单靠感知觉不能直接把握。任何事物都有外在的现象，也有内在的本质。内在的本质深藏在现象的背后。事物与事物之间的联系也是如此，有的是表面的，一看便知，有的则是复杂的，并非能一眼看穿。因此，要全面而深刻地认识事物。认识事物的本质及规律性．就必须借助思维这种理性认识，才能办到。思维是认识在感知觉基础上的进一步深化。

2. 思维的特征

思维具有以下一些基本特征：

第一，思维的间接性。它是指思维对事物的把握和反映，是借助于已有的知识和经验，去认识那些没有直接感知过的或根本不能感知到的事物，以及预见和推知事物的发展进程。加人们常说的“以近知远”“以微知著”“以小知大”“举一反三”“闻一知十”等，就反映了思维的这种间接性。正因为思维有这种特性，因而人们并不必非得亲自发生了事故，才有获得防止发生事故的经验，可以通过别人的事故经验，经过自己的思考，而丰富自己的安全知识，并且在掌握了安全工作的规律性以后，可以对事故的发生做出预测，从而防患于未然。

第二，思维的概括性。它是指思维是人脑对于客观事物的概括认识过程。所谓概括认识，就是它不是建立在个别事实或个别现象之上，而是依据大量的已知事实和已有经验。通过舍弃各个事物的个别特点和属性，抽出它们的共同具有的一般或本质属性，并进而将一类事物联系起来的认识过程。通过思维的概括，可以扩大人对事物的认识广度和深度。例如，在安全工作中，人们通过对大量个别、似乎是偶然发生的事故调查和原因分析，发现事故的发生和人的生物节律有一定的内在联系。在总结这一带规律性的现象时，思维的概括性起着关键作用。因为只有突破个别事故的个别特点，才能发现它们的共有特性，从而得出新的结论。

第三，思维与语言具有不可分性。正常成人的思维活动，一般都是借助语言而实现的。语言的构成是“词”，而任何“词”都是已经概括化了的东西，如人、机器、人一机系统等，都反映的是一类事物的共有或本质特性。它们是人类在许多世代的社会发展进程中固定下来的、为全体社会成员所理解的一种“信号”，是以往人类经验和认识的凝结。利用语言(或词、概念)进行思维大大简化了思维过程，也减轻了人类头脑的负荷。语言既是思维的工具，也是人和人之间进行沟通，表达人的思想感情的重要手段。当然，这里所说的“语言”

是广义的，它既包括内部语言，也包括外部语言(如口语、书面语)，同时包括以表情和动作加以表达的手势语言等。

3. 思维与感觉和知觉的联系与区别

思维是一种高级的认识活动。感觉、知觉只能反映事物的个别属性或个别的事物；思维则能反映一类事物的本质和事物之间的规律性联系。例如，通过感觉和知觉，我们只能感知形形色色的具体的压力容器(锅炉、釜、压力罐等)；通过思维，我们就能把所有的压力容器的本质属性(压力高、易出现爆炸危险)概括出来。

感觉和知觉只能反映直接作用于感觉器官的事物；而思维总是通过某种媒介来反映客观事物的。这就是思维的间接反映。

感觉和知觉只能使我们觉知当前的具体事物，因而受时间和空间的限制；思维则不然。由于思维的概括性和间接性，人以感性材料和非感性材料为媒介，可以认识那些没有直接作用于人的种种事物，也可以预见事物的发展变化进程。

借助于思维，人的认识能够从个别中看到一般，从现象中透视本质，从偶然中洞察必然，从现存的事物中推测其过去，预见其将来。

二、思维的种类与方法

按照思维的性质或思维时采用的形式(或“思维元素”)，思维可以划分为两大类：具体思维和抽象思维。

具体思维又包括两类：动作思维和形象思维。动作思维是凭借直接感知，并在实际操作的过程中进行的。动作思维所依据或采用的“思维元素”是动作，即它是以一连串的动作来表现思维过程的。从动作到动作是这种思维的突出特点。一般认为动作思维只是在婴幼儿时期才采用的思维方式，其实不然，即使是在成年人中，这种思维方式仍然是一种基本的思维方式，尤其是对于从事实际操作和体力劳动的人来说更是不可或缺的。例如，工人发现机器不转了，为了弄清原因，有时并非静下心来先思考一会儿，而是立即动手拆卸机器，看看里面究竟出了什么毛病：是电源未接通，还是接触不良，还是齿轮啮合有问题？在这种情况下，他就是在进行动作思维，或依靠动作来帮助思维。可见动作思维虽然较简单(从思维操作来看)，但却是最基本的。

形象思维是凭借事物的形象(表象)，并按照描述逻辑的规律而进行的思维。它的思维形式或采用的“思维元素”是具有直观性的表象，如图形、符号、身段、语言等。形象思维是一种运用很广泛的思维．文学艺术、工程技术、生产劳动、日常生活，甚至科学创造，都离不开形象思维。在生产活动中，工人要按照工程图下料、加工、装配，要理解零件和零件、零件和部件、零部件和整机之间的关系，不是在该零件、部件或整机完全被做成之后才进行，而是运用它们的形象(依靠经验记忆表象和想象表象)来进行的。工程师在设计时，头脑中浮现出他所要设计的军部件或机器的形状、结构，甚至在头脑中将它分解或组装。这些思维活动，也都属于形象思维。

形象思维的最大优点是直观性强，便于理解。运用形象思维，还有助于激发人们的想象力和联想、类比能力。

抽象思维是以抽象的概念作为思维元素而进行的思维。概念是在大量感性经验的基础上对事物的同性、特征和本质的抽象，它虽然舍弃了事物的非必要(就思维任务而言)属性，但却把其主要或本质属性突出出来了，它是感觉经验的压缩形式和大量知识的凝结体。掌握了概念，人们就可以运用概念去对事物与事物的关系进行判断和推理。概念、判断和推理是抽象思维的三种主要形式，借助于它们，理论思维才能得以展开和深入，并且把握那些单靠感知觉所不能把握的事物的本质及其发生、发展的规律性。

抽象思维的最大优点是它的简约性和深刻性。运用抽象思维可以最大限度地摆脱现实情境和条件束缚，发挥人的主观能动作用，去把握和理解深藏在现象背后的事物的本质与规律，浓缩地掌握前人或他人的经验与知识。学会抽象思维，不仅对理论工作者是非常必要的，而且对于从事实际工作或生产劳动的工人也是十分必要的。那种认为抽象思维是学者或理论工作者的事，工人只要运用形象思维或动作思维就行的思想是片面的、有害的。

按照思维的指向不同，思维可以区分为发散思维均集中思维。这种区分是美国心理学家吉尔福特首先提出来的。

发散思维又称辐射思维、求异思维或分殊思维。它是指思维者根据问题提供的信息，从多种方面或角度寻求问题的各种可能答案的一种思维方法。

一般来说，有“果”求“因”的问题，首先采用的就是发散思维。例如：在生产中一旦出了事故，为了找出导致事故的原因，人们从各种不同的角度和方面去进行分析研究；或者为了保证生产的安全，人们从不同方面去想办法。

发散思维是一种重要的创造性思维方式。吉尔福特认为，发散思维在人们的言语或行为表达上具有三个明显的特征，即流畅、灵活和独特。所谓流畅，就是在思维中反应敏捷，能在较短时间内想出多种答案。所谓灵活，是指在思维中能触类旁通、随机应变，不受心理定式的消极影响，可以将问题转换角度，使自己的经验迁移到新的情境之中，从而提出不同于一般人的新构想、新办法。所谓独特，是指所提出的解决方案或方法能打破常规，有特色。利用上述三个基本特征可以商量一个人发散思维能力的大小。

影响一个人发散思维能力高低的因素较多，一个人经验、知识的广博程度，经验越丰富，知识面越宽，越能提出多种新颖、独到的解决方案；另外还取决于一个人知识储存的方式和知识能否“活化”。发散思维对于创造性地解决生产中的安全问题具有很重要的意义。

与发散思维相对立的是集中思维。集中思维也称辐合思维、聚合思维、求同思维、收敛思维等。集中思维的特性是来自各方面的知识和信息都指向同一问题。其目的在于通过对各相关知识和不同方案的分析、比较、综合、筛选，从中引出答案。如果说发散思维是“从一到多”的思维，集中思维则是“从多到一”的思维。

发散思维和集中思维作为两种不同的思维方式，在一个完整的解决问题的过程中是相互补充、相辅相成的。发散思维是集中思维的前提，集中思维是发散思维的归宿；发散思维多运用于提方案阶段，集中思维多运用于做决定阶段；只有二者结合起来，才能使问题的解决既有新意、不落俗套，又便于执行。

思维还可以被区分为直达思维与旁通思维。所谓直达思维是指对思考问题的解决始终不离问题的情境和要求；旁通思维则是一种“绕弯子”思维，它是通过对问题情境和条件的分析、辨识，将问题转换成另一等价问题，或以某一问题为中介间接地去解决思维任务。例如，思维的任务是要找出造成事故的原因，直达思维，始终把思维焦点放在“原因”上；而旁通思维，则可能是先从事故的“结果”上开刀。又如，为防止冲床轧伤手指，直达思维可能首先从人身上打主意，即防止人身伤害；而旁通思维则可能从另一种角度着手，即通过如何改进冲床的性能(如增加一个光电转换装置，使人手一旦进入危险区，机器可自动停止)，来达到原先的目的。旁通思维的具体形式是多种多样的，如类比、模拟、移植、置换、代替、侧向、逆向等。

直达思维的优点是直接面对问题情境，可以快速达到目标，这对解决较为简单的问题特别有效。旁通思维则是一种灵活的思维方式，它没有固定的格式，仅对复杂问题的解决具有重要用途。

总之，思维的类型是多种多样的，掌握不同思维类型的特点，可以大大提高思维的效率和效果，把安全工作做得更好。

三、思维品质与安全行为

思维品质是衡量思维能力优劣、强弱的标准或依据。在解决问题的过程中，每个人都会表现出思维品质上的差异。一般思维的基本品质主要通过思维的广阔性、批判性、深刻性、灵活性、敏捷性等体现出来。

（1）思维的广阔性

是指能全面而细致地考虑问题。具有广阔思维的人，在处理问题和做决断时，不仅考虑问题的整体，还照顾到问题的细节；不但考虑问题本身，而且还考虑与问题相关的一切条件。相反，缺乏思维广阔性的人在处理问题和做决断时，往往狭隘、片面，只及一点，不及其余，顾此失彼，丢三落四。思维的广阔性是以丰富的知识经验为基础的。知识经验越丰富，就越有可能从事物的各个方面、各种内外的联系中来分析问题、看待问题和解决问题。因而思维的广阔性是安全的保证。

（2）思维的批判性

也称思维的独立性，它是指在思维中能独立地分析、判断、选择和吸收相关知识，并做出符合实际的评价，从而独立地解决问题。思维的批判性或独立性是使自己保持创新头脑的重要品质。具有较强的思维批判性或独立性的人，往往有较强的自主性，即不易受别人的暗示和影响，对别人提出的观点和结论既不盲目地肯定和接受，也不是盲目地予以否定，而是经过深入思考，得出自己独立的见解。相反，缺乏思维批判性的人，往往走两个极端：一是自以为是，即缺乏对自己的正确认识和自我批判，认为自己都是正确的，甚至在证明错误之后仍不改变自己的思想或观点，固执己见，目中无人；其二是人云亦云，即轻易相信他人的意见和结论，毫不怀疑，没有自己的主见。在生产活动中，这种人极易出事故，且出了事故还不知怎么出的。

（3）思维的深刻性

是指能深入到事物的本质里面考虑问题，不为表面现象所迷惑。现象是事物表面的映像，它容易被人们的感官所感知，本质则是隐藏在现象的背后，而且本质也是分层次的，必须通过思维才能把握。缺乏思维深刻性的人最多只能透过现象揭示其浅层次的本质，而具有思维深刻性的人则能揭示其深层次的本质。例如要分析事故发生的原因时，有的人只考虑造成事故的直接原因，而有的人则看得更深一层，不仅考虑直接原因，而且考虑造成直接原因的原因，从而能找出防止事故发生的根本措施和方法。

（4）思维的灵活性

是指一个人的思维活动能根据客观情况的变化而随机应变，不固守一个方面或角度，也是人们所说的“机智”。思维灵活的人不固守传统和过去的经验，当一个思维方向受阻时可以转换到其他方向上去，但不是无原则地看风使舵，也不等于遇事浅尝辄止。缺乏思维灵活性的人往往表现得比较固执，爱钻牛角尖，“一条道跑到黑”“撞了南墙也不回头”，思想僵化，遇事拿不出办法。

(5) 思维的敏捷性

是指能在很短的时间内提出解决问题的正确意见和可行的办法来，体现在处理事务和做决策时能当机立断，不犹豫、不徘徊，但不等于轻率。思维的轻率也表现出快速的特点，但往往浮浅且多错。思维的敏捷性是思维其他品质发展的结果，也是所有优良思维品质的集中表现。它对于处理那些突发性的事故具有特别重要的意义。因为在这种情况下，即使是短暂的延误，都可能造成更为严重的后果，受到更大的损失或伤害。

此外，思维的品质还涉及思维的条理性或逻辑性、思维的新颖性和创造性等。这些在安全生产中也是非常重要的。思维的条理性差，说话、办事也就会缺乏条理，表达不清，不知所云或办事丢三落四，则极易引起事故。思维的创造性差，凡事处理都总是老一套，对简单问题可能还有效，但遇到新问题就会抓瞎。

人和人之间在思维品质方面存在的差异，主要不是先天引起的，而是后天造成的，也就是说，良好的思维品质是可以在实践中加以锻炼与培养的。

为了改善思维品质，增强思维的效能，提高思维能力，最根本的办法是：

第一，要多参加实践活动，实践是一切认识的源泉，在广泛的实践活动中有意识地锻炼自己的思维能力。

第二，要善于学习，实践可以使人们获得直接经验和亲身体验，学习则可以使人们获得别人的经验，把间接经验变成自己的知识财富，从而为思维加工提供更多的材料，同时也为思维向广阔性、灵活性与敏捷性方面的发展提供实际可能。一般员工大多喜欢学习直观性强、可以立即应用的实践技能知识，对抽象难学的理论知识不感兴趣。理论知识虽然比较抽象，但对现象的把握比较深刻，反映的是一般性的、规律性的东西，因此掌握理论知识是提高思维深刻性的重要途径。

第三，要勤于动脑，只有勤于思考，凡事多动脑筋，才能积累思维的经验，掌握一些必要的思维技巧和方法。

第四，注意克服影响思维效果和效率的不良心理因素，例如负性情绪、缺乏耐心和恒心、浮躁等。

四、想象与安全行为

1. 想象的定义及种类

想象是思维活动的一种特殊形式，是人脑对已有的感知形象进行加工、改造并形成新形象的心理过程。想象按目的性程度和产生的方式，可以分为无意想象和有意想象两大类。

无意想象也称不随意想象，它是一种没有特定目的的、不自觉的初级想象，是一种“流变”式想象。有意想象是有意识、有目的并需依赖意志的努力而进行的想象。一般可分为再造想象、创造想象和幻想等不同类型。

再造想象是根据某些描述(形象、语言、文字、图示等)在头脑中构造出相应的新形象的过程。如在生产中依据零件图在头脑中想象出该零件的立体形象，根据他人对事故现场的描述，在自己头脑中想象出当时的情景等。再造想象的进行，需要有两个基本条件：一是对描述有正确理解；二是要有较充分的表象储备。从来没有经历过事故(或看到、或体验过)的人，很难想象出事故是怎么回事。

创造想象是根据已有表象，按照一定的目的和任务要求，在头脑中构思出前所未有的形象的过程，它是任何创造活动者都必须具备的重要心理素质。产品的安全设计、安全管理措施和办法的策划以及安全问题的解决等生产活动中，创造想象是不可或缺的。

2. 想象的品质与安全

想象的品质主要体现在主动性、丰富性、生动性、现实性等方面，它们对安全都有一定影响。

想象的主动性是和有意想象联系在一起的，是人驾驭的想象，能做到“当行则行，当止则止”，而不是要么无法展开想象，要么如脱缰野马，“思绪万千”“天马行空”，收不回来。主动的想象，无论对搞好生产、提高工作效率，还是保证生产中的安全，都很重要。在安排生产，从事实际操作时．要主动想象会出现哪些问题、困难，哪些有碍安全，并想象如何避免，可以做到临事不乱，处变不惊，工作井然有序。相反，缺乏想象，一旦祸事临头，就会惊慌失措。

想象的丰富性是指想象内容充实、具体。想象的丰富性取决于一个人的表象储备，这同经验积累有关。“见多识广”是想象丰富的必要条件，同时爱好思考也是必要的。对同一种现象或事物，爱好思考的人想得深、想得细、想得全。显然，这对预防事故是有好处的。但应指出，想象过于丰富，有时会使人谨小慎微，工作时放不开手脚，产生畏难情绪或恐惧心理，反而会影响生产的安全。

想象的生动性是指想象表现的鲜明程度。有的人对事和物的想象，历历在目，栩栩如生，有的人则比较粗略、模糊。想象越生动，对想象的体验也越深，记忆也容易持久。

想象的现实性是指想象与客观现实相关的程度，是有根据的想象，一定条件下是可以实现的想象。无根据的想象是空想和瞎想。想象都是超越现实的，有根据的想象可以指导人们进一步行动，去努力奋斗实现想象。

第五节　注意与安全行为

在安全管理工作中，调查和了解事故的当事人时，许多人会简单地回答：“当时没注意”。可见，“没注意”“不注意”常常是导致事故的直接原因。

但是，“没注意”“不注意”又是和注意密切相关的，而且是和注意相比较而言的。因此，要了解为什么会出现“不注意”“没注意”等现象，就有必要了解和认识注意。

一、注意及其特性

注意是指一个人的心理活动对一定对象的指向和集中。这里的“一定对象”，既可以是外界的客观事物，也可以是人体自身的行动和观念。所谓注意，通俗地理解就是“意注”，即将自己的意识、意念“灌注”在对象上。

注意作为一种心理现象，具有以下几点鲜明的特性。

(1) 统帅性或约束性

注意并不是一种独立的心理过程或反映形式。它不同于感觉、知觉、记忆、思维等反映形式，但可以统帅这些心理现象，使它们集中于一定的事物。如“看”是一种感觉形式，为了看得真切，就要由注意对意识加以约束，把看的行为收缩集中在要看的事物上，这就是通常所说“注意看”。其他如注意听、注意记、注意思考等，也都体现了注意对反映形式或行为的统帅和约束。

(2) 指向性

是说注意这种心理现象有较强的方向性。它把人的意识在一定时间内投向特定的事物。注意的对象决定着意识投向的方向。当人们谈到“注意”时，总是与注意的对象紧密联系着。

(3) 选择性

是指一个人注意到某个(些)对象，同时便离开了其他对象，处于注意中心的少数对象被清晰地认识出来或体验出来，而对于那些虽然作用于人，但处于注意边缘或注意范围之外的对象则没有意识，或意识得比较模糊。注意的选择性突出体现了人的心理在认知事物中的主动作用。

(4) 渗透性

注意作为一种心理活动，虽没有独立的特定反映内容，但却可以广泛地渗透在其他的反映形式之中。不仅认知的心理过程如感觉、知觉、记忆、思维、想象等都必须有注意的参与，而且像情绪、情感、意志过程也都要受它的支配、制约和组织。可以说，它影响着人的整个心理过程．具有广泛而强烈的渗透性。

二、注意的作用

注意对心理活动的一般作用主要体现在下述方面：

(1) 注意是一切心理活动的开端

任何感知、记忆、思维等认识过程以及人的情感、意志过程，如果没有注意的参加，便不能产生。注意是一切心理活动的必备条件。正如俄国教育家乌申斯基所说；“注意是我们心灵的唯一门户，意识中的一切，必须经过它才能进来。”

(2) 注意使人的心理活动处于积极状态

人的感知、思维器官平时就像一个待命的士兵，没有战斗任务时，思想是放松的，出现警觉信号时，精神就紧张起来了。注意的参与，使各种器官都积极行动起来，使之处于最良好的工作状态。

(3) 注意对意识起约束、组织和指向作用，并提高心理活动的效率和效果

平时，意识可呈弥漫涣散状态，没有一定方向，或呈各向同性，所以即使有外界的刺激，但也可能没感受到，或感受得不清晰，因而影响信息接收的效率和效果。在思考问题时，如果没有注意的参与，思维也可能是流变式的，不是针对某特定问题去想，因而对解决特定问题不利。相反，有注意的参与，观察、思考问题就有了定向性，它可以使人排除不必要的干扰，使与问题有关的各种信息能迅速、清晰、突出地被吸收和加工，从而提高活动和行为动作的针对性、有效性。

(4) 注意能提高人对周围事物和本身状态的感受能力、适应性和应变能力

如果对外界事物和自身的状态不留心、不在意、抱无所谓态度，就很能发现有意义的信息，对危险信号就不能引起警觉，出现“视而不见”“听而不闻”的情况，容易导致事故的发生。

三、注意的外部表现、种类及影响因素

1. 注意的外部表现

注意作为心理现象，不只表现在人的内心中，同时也有其外部表现。一般人们在注意时，其表情和动作的相关表现反映在以下方面。

（1）适应性动作

当发生注意这种心理现象时，往往伴随着相应的动作，如侧耳静听、两眼凝视。集中注意思考时两眼微闭、眉头紧锁、两眼斜视(或不停眨动)、全神贯注等。伴随注意发生的适应性动作因人而异，和一个人习惯有关。

（2）无关动作的停止

如注意观察某个东西时，呼叫他时，他可能听不见。

（3）呼吸的改变

人在集中注意时，呼吸会变得轻微而缓慢，甚至在紧张注意时，常发生“屏息”现象，即呼吸暂时停止。此外，紧张注意时，还会出现心跳加快、牙关紧闭、握紧拳头等表现。

注意的外部表现和注意的内心状态有时并不总是相符的，甚至会出现相反的情况，如外部看上去在注意，但内心其实却没注意；或者有时内心很注意，但外部动作或表情的却没有改变。因此单靠外部表情和动作是很难断定一个人是否在注意的。

2. 注意的分类

注意，也可以依据不同的方法加以分类。分类的目的在于较方便地掌握不同类型注意的特点。根据保持注意有无明确的目的性和意志的努力程度不同，一般把注意分为无意注意、有意注意和有意后注意三种。

（1）无意注意

也称不随意注意，是指事先没有预定目的，也不需做意志努力的注意，突出特点是被动性。也就是说，它不是由自觉意识控制的注意。大意注意一般表现为在某些刺激物的直接影响下，人不由自主地把感受器官朝向这个刺激物，以求了解它的倾向。

（2）有意注意

是一种有预定目的、必要时需做一定意志努力的注意，突出特点是它的主动性，即它是一种主动地、服从一定活动任务的注意，它受人的意识自觉调节和支配。有意注意是人类在从事一切有目的性的活动中，由于对活动的结局有深刻的认识和较为强烈的期待时所必然发生的一种心理现象。人类在从事那些复杂的艰苦劳动，甚至自己不感兴趣的作业时，需要借助有意注意来完成。

（3）有意后注意

有意后注意是通过有意注意，达到不需要特别的意志努力也能保持自己注意的一种注意，突出特点是自动性。比如，对某件事情或工作，本来自己没兴趣，但由于工作或任务需要，所以在认识它、思考它时，或完成某些操作动作时，需要以意志的努力强制自己对它进行注意(即有意注意)。坚持一段时间后，自己可能对此发生了兴趣，或对此事的注意形成了习惯，因而即使不是有意注意，但也能注意它。

3. 注意的影响因素

引起注意的原因，无论是哪种注意，都包括两类因素：客观因素和主观因素。

（1）客观因素

引起注意的客观因素主要指客观刺激物的特点，根据心理学的研究，主要包括：

强度。外在刺激的强度(绝对的和相对的)越大，越易引起人的注意。如巨大的声响、强烈的光线、浓郁的色彩等。

对比。刺激物(或刺激信号)之间的对比关系即反差越强烈、反差越大，越易引起注意。刺激物的对比关系可以体现在许多方面，如强度、形状、大小、颜色、时序等。

运动(变化)。运动中的刺激物比静止的刺激物更易引起注意。

新异。单调重复的刺激易引起人的厌烦，使人思想麻痹；相反，新异的刺激更能引起人们的注意。

重复。多次重复的刺激，比偶然的刺激易引起注意。因此，利用脉冲信号作为指示信号较好。

奇特。没见过的东西易引人注意。

感情色彩。感情色彩与人的需要、心情等相吻合的刺激，或令人满意、惊奇的刺激较易引起注意。如在危险品面前竖立骷髅标志，令人毛骨悚然，能激起人们的注意。

(2) 主观因素

需求。人会对能满足或妨碍自己需求的东西比较注意。需求有内在的、自身提出来的需求，也有外在的、其他人或组织提出来的，外在的需求只有内化为人的自身需求或被他所认可之后，才能成为引起注意的动因，否则他仍然会无动于衷。例如，由组织下达或规定的任务，只有被执行者接受并认可之后，他才会对与完成任务有关系的事物、信息、人、手段等发生注意，特别是有意注意。而且，对任务的意义理解得越清楚、越深刻，完成任务的愿望越强烈，也才能使有意注意维持得越长久。否则或者不注意，或者只是随意注意。

兴趣与爱好。对自己感兴趣的事物，即使与要求完成的特定任务无关，也容易引起自己的注意，和自己的爱好相近或相同的事、物、人和信息容易引起本人的注意。

知识和经验。一个人注意什么，不注意什么，和自己的知识、经验有关。

情绪状态。“人逢喜事精神爽”，在心情好的时候，容易留心不相关的刺激；在精神抑郁时，对外界刺激的感受性下降。

人的精神状态。人在疲劳、困倦时，对什么都不感兴趣，使无意注意大为减少。

训练。一个人的注意是可以训练的。

无意注意在更大程度上取决于外在刺激物的特点，有意注意则在更大程度上依赖于主观条件。因此，在生产活动中，为了提强人们对某些事物予以注意，一方面从客观方面着眼，如加大刺激强度，把要求注意的机器部位涂以鲜明的、特别的色彩，使用特别的声响(如警车)等。另一方面，也要从主观方面想办法，为了使员工能够坚持有意注意，一是强化需求，深刻理解活动的意义；二是培养兴趣，由外在强制或只有间接兴趣发展为对活动本身树立直接兴趣；三是提醒员工要坚持注意，同内外干扰因素做斗争，锻炼自己的意志，树立克服困难的勇气等。

不同类型的注意之间既有共性，又各有特点，掌握这些特点，对于做好安全工作是有好处的。无意注意因不必有意志努力，所以比较轻松，不紧张，少疲劳；而有意注意因有意志努力，容易疲劳。前者所得的刺激和信息缺乏条理、模糊、肤浅．但较广泛；后者注意后的效果较好，但较专一。根据这些特点，在工作中可以尽可能把二者结合起来，交替使用，做到有劳有逸、相互补充，从而达到安全、优质、健康地工作。

四、注意的生理机制与注意理论

根据巴甫洛夫高级神经活动学说，注意是一种定向反射(或探究反射)、“是什么”反射。当外界环境出现了新的动因(变化了的情况)，人就会以自己的感受器去朝向它，调整自己的行动，以适应这个新变化。定向反射是人(生物)与周围世界保持平衡的基本生存条件。

1. 注意的生理机制

注意的主要生理机制是中枢神经过程的诱导规律，即它是由位于神经中枢的某一区域发生兴奋或抑制过程，从而引起与它邻近区域的相反的神经过程的规律所导致的。一般说，在一瞬间，大脑皮层上都有一个优势兴奋中心区，在该区内最容易形成暂时联系和进行分化，因此它是与最清楚的意识状态相关联，从而也能最清楚地意识到引起该区域兴奋的各种刺激物。这就是通常所说的注意对象处于被“注意”之中。从解剖的角度看，注意与人脑的额叶有关。人脑的额叶，除了控制人的感觉器官，积极寻找所需信息，把人的注意力引向重要的刺激和动作外，还能抑制那些不需要的刺激所引起的注意。

注意的发生与注意的效果，一方面取决于大脑皮层兴奋水平的高低，即意识觉醒状态的程度；另一方面，也取决于“注意”心理过程发生的区域，如果正处在兴奋区域中心，则表现为高度注意，如果发生在区域边缘或在与之相邻的抑制区内，则发生“注意涣散”或“心不在焉”“不注意”“没注意”等现象。应该指出，优势兴奋中心不是长时间地保持在皮层某一个部位上，而是不断从一个区转移到另一个区，因而与之相应，注意也会发生转移。

2. 注意理论

关于注意的理论解释，目前有三种典型的特点。

（1）过滤器模型(Filter Model)

该理论为英国剑桥大学布罗德本特(Broadbent. D. E)于1958年提出。他认为，人对外界刺激的心理反应，实质上是人对信息的处理过程，其一般模式为：外界刺激—感知—选择—判断—决策—执行。“注意”就相当于其中的“选择”。由此他建立了一个选择注意模型(图5-7)。

由图5-7可见，各种外界刺激通过多种感觉器官并行输入，感知的信息首先通过短时记忆存储体系(S体系)保持下来，但能否被中枢神经系统清晰地感知，要受到选择过滤器的制约。该过滤器相当于一个开关，且按“全或无”规律工作，其结果只使得一部分信息能到达大脑，而另一部分信息不能进入中枢，以免中枢的接受量太多，负极过重。由此造成注意具有选择性和注意广度等特性。也就是说，并不足所有的外界刺激都能被注意到。而不被注意出就相当于“没注意”或“不注意”。过滤器的“开关”动作是受中枢信息处理能力的限定，而哪些信息通过．哪些个能通过，则和人的需要、经验等主观因素相关。

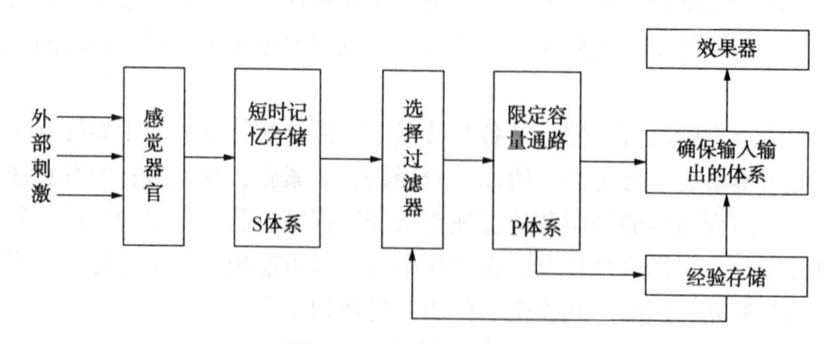

图5-7　选择性注意模型

（2）中枢加工模型(Central Process Model)

该理论是莫瑞(Moray. N)于1997年提出的。他认为，人在注意时，感觉通道上有一个中枢加工器。人的注意主要由中枢加工器起作用，通过某些内部的自我调节来改变加工器的指向性。它与被动地传递信息的通路不一样，中枢加工器能主动地接受信息并予以加工，以便在瞬间使传导通路的大小发生变化。如在听时耳朵通道畅通，但视觉通道相应缩小。

(3) 衰减器模型(Attenuator Model)

该理论是特瑞斯曼(Treisman，A. M)于1996年提出的。他认为人在感觉时，并不像过滤器那样，凡没有注意的东西一点也不输入，而是还保留一点，即主要的东西被通过，次要的东西被衰减。但衰减并不意味着消失，而是还保留一点，到适当的时候还可以恢复。其模型的一般图示如图5-8所示。

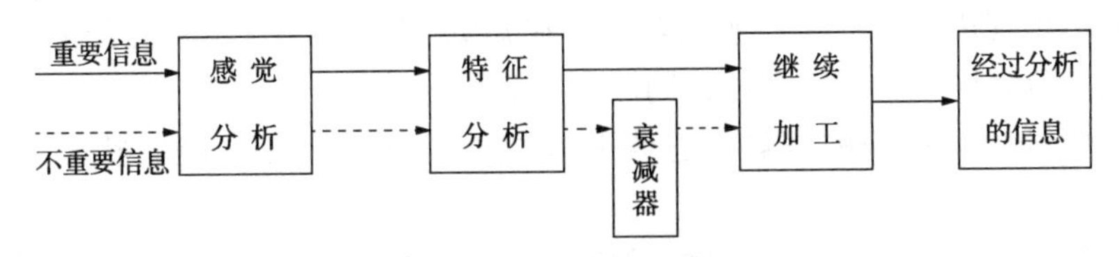

图5-8 注意的衰减模型

注意是一种复杂的心理过程，上述模型从不同侧面对注意进行的理论探讨，可以加深人们对其实质及特性的理解。除已经提到的以外，还有唤醒水平模型、意识层次模型等。对注意的深入探讨，既是普通心理学，也是安全心理学中的一个亟待解决的课题。

五、注意的品质与安全行为

1. 注意的广度

注意广度是指在同一时间内，意识所能清楚地把握对象的数量，又叫作注意范围，它又分为两个方面：其一是在同一时间内能清楚地知觉到对象的范围大小，即水平注意广度；其二是把握在时间上连续出现的刺激物的数量多少，即垂直注意广度。

对于前者，心理学研究中可用速视器进行测验，该仪器可在1/1000s内提供刺激(如看字母)。结果表明：在1/1000s内，成人一般能注意到8~9个黑色圆点或4~6个没联系的外文字母。一般说，刺激物越多，呈现的速度越快，判断的出错率就越高，且越趋向于对刺激物的数量低估。这是因为呈现速度越快，便产生融合现象。不同的感觉器官在连续接收刺激物时的注意范围有所不同，听觉比视觉可以感受更高的频率。

影响注意范围的主要因素有三个方面：

知觉对象的特点。一般对有规律的、集中的、互相联系的刺激，知觉范围大，注意范围广。

任务的要求。任务要求越多，越影响其注意广度。如看东西时，既要求记住形状，又记住颜色，比只要求一项时注意的范围小。

人的经验。有经验的人，对熟悉的东西，注意范围广。

因此为了保证生产安全，提高注意的广度，首先应把需要特别注意的事物(如机器、仪表等)尽量使其排列有序，避免杂乱无章，能集中的尽量集中，不要分散，或按其不同特点分组。其次，合理分配注意任务，区分主次缓急。最后，丰富自己的经验储备，平时多留心，并有意识地培养锻炼自己。实践表明，一个有经验的司机比乘客具有更大的注意范围，这是他们经验训练的结果。

2. 注意的稳定性

注意稳定性指注意长时间保持在某种事物或活动上的特性。

在生产活动中，许多作业要求人们必须持续稳定地注意，此时神经常处于高度集中状态。例如船舶及飞机的雷达监视、机电设备显示装置的监视作业等，必须时刻保持觉醒状态。所以这些作业也称为觉醒状态作业。心理学家们作了相关实验和调查，发现人的注意本能以同样强度维持在30min以上，作业效率将明显下降，错误率上升。此为“二十分钟效应”。

注意的稳定性与下列因素有关：

一是人本身受生理条件局限，会出现起伏现象，心理学研究表明，人在集中注意于一事物时，感受性会出现周期性的加强或减弱。如在知觉“双关图”上，一会儿把原背景看成对象，一会儿又把背景同对象分离开，这同注意的起伏有关。

二是与主体对活动目的的理解、思维和积极性、兴趣大小、健康状况、疲劳程度等有关。

三是与刺激物的特点有关。刺激物类似时，对注意的稳定性干扰大，易使注意分散；复杂多变的事物、刺激和工作比之单调的、缺乏新异性的刺激和工作，可延长注意的稳定性。

3. 注意的分配

注意的分配是指在向时进行两种或两种以上活动时，把注意指向不同对象的特性。

严格地说，在同一时刻，注意不能分配，即所谓“一心不能二用”。但在实际生活中，注意分配不仅是可能的，而且是必要的。例如司机开车，不仅要注意前面的路面，而是还要不时用眼睛的余光扫视后视镜或周围的景物，同时耳朵近得听着机器转动是否正常等。这时，注意就不仅只专注一种事物，而是多种事物。

能否合理分配注意，是有条件的，首先，同时并进的两种活动，其中必须有一种活动是熟练的，这是注意分配的重要条件。从理论上讲，人的大脑在同一时刻内信息加工的容量有限，注意是对于其中一部分信息的集中。在生产生活中，人们常常把熟悉的活动分配不多的注意，而把注意分配和集中在比较生疏的活动上。一个初学开车的司机、一个初上车床的工人，往往是眼睛死盯在对象上，不敢稍加懈怠，因而很难做到有余力将注意分配在其他事物了。

能否做到注意分配，还依赖于活动的复杂性程度。一般在进行两种智力活动时较困难；在同时进行智力和运动活动时，智力活动的效率会降低得多些。

注意的分配能力因人而异，其关键是能否通过艰苦练习，形成大脑皮层上各种牢固的暂时神经联系，使活动程式化、习惯化、系统(列)化。对活动越熟练，越能灵活自如。有些职业，如司机、警察、教师、演员等，应通过练习，学会善于分配自己的注意力，时刻关注周围的情况变化，以使自己工作起来游刃有余。

4. 注意的集中性

注意的集中性，就是指对选择的对象坚持和贯注，而同时又扣除那些无关的对象和活动。例如：工作中的“聚精会神”“密切关注”“全神贯注”等，都是注意力高度集中的表现。

在作业环境复杂，存在风险因素的场所，注意集中能力尤其重要，注意的集中能力和知觉活动同时存在，在知觉产生过程中，视觉障碍是影响注意的集中能力首要因素。部分药物、酒精、毒品在服用后可使视力暂时受损，视像不稳，辨色能力下降，因此不能注意到交通信号、标志和标线。视野大大减小，视像模糊，导致注意的广度也变小，眼睛只盯着前方目标，对处于视野边缘的危险隐患难以注意；其次是听觉障碍，耳鸣、幻听、听力减退，导致注意无法集中，因此不能注意到汽车的鸣笛、设备的警报声等。

司机在服药后开车导致的药驾事故，其实与醉驾和毒驾相类似。服用含有氯苯那敏的感冒药，会产生头晕、头痛的不良感觉；服用阿司匹林，可能导致耳鸣及视听力减退等副作用。当知觉活动受影响，注意的集中能力也受到不同程度的影响。所有可能会损害身体能力或感知能力的因素，就可能会造成反应迟钝、判断失误、视力下降等，导致注意力集中的失控，出现迟缓的判断，不能实时把控方向、速度、位置和行驶状态，或者出现注意遗漏、不作为、过度作为而发生不安全行为或者事故。

注意的集中能力和知觉活动密切相关，这一特点也决定了注意与生理心理机制的复杂性，注意集中能力的保持需要在良好的心理和生理基础上运行。

5. 注意的转移

注意的转移是指根据新的任务，主动地把注意由一个对象转移到另一个对象上去的现象。这里强调"主动"转移，如果是被动的转移，则属于注意的分散。

注意有完全转移和不完全转移之分。完全转移是注意的时序变化，即起先注意现象 A，而后注意现象 B。不完全转移其实也就是注意的分配。

注意转移的快慢难易，主要取决于以下因素：其一，前后两种活动的性质，如果从易到难，则转移指标下降；其二是目的性，如果工作要求转移，则注意的转换相对较快，也较容易；其三是人的态度，例如对后继工作没兴趣，则注意的转移就困难；其四是训练，经过训练的人，在使注意转移时可以做到当行则行，当止则止。

注意还有其他一些品质，如前面提到的选择特性、集中特性等。需要说明的是上述注意的品质是相互联系、相互制约的，而且其中的每一项品质也都有一个"度"(即适度)的问题。根据工作的实际需要，只有将注意放在一个合理的"度"上，才能使人的活动或动作既有效率，又不致出错，从而保证工作中的安全。

6. "不注意"与误操作

在生产操作中需要操作者将注意力集中在操作对象上，如果操作者注意力不集中，精神涣散，心不在焉，会导致误操作而引发事故。

人们出现误操作，往往归罪于"没注意""不注意"的表面原因，因此必须分析是哪些因素或原因造成了人在操作中出现"不注意"的心理现象。

"不注意"与误操作的关系在于：当对刺激信息的价值判断符合实际操作要求时，一般不会导致操作失误，相反还会减少操作者的能量消耗；对刺激信息的价值判断不正确，或者未能根据外界已经变化了的情况加以及时调整自己的价值取向，以便做出恰当选择时，则极易造成误操作甚至发生事故。例如，当司机在一条熟悉的路线上行驶，他对周围环境及路面的刺激信息的选择是正确的；如在一条新路上行驶，原来的对刺激信息进行的判断和选择就不一定完全适用了，此时若仍不注意，就容易出事故。

"不注意"的一种情况是无意不注意。顾名思义，无意不注意并不是有意的，而是无意的。造成无意不注意的原因一是操作者无知，不知道哪些要注意，哪些可以不注意，这和经验有关。二是外界的刺激信息不足以引起他的注意，这与一个人的生理阈限有关。工作紧张、连续作业、身体疲劳的人，容易打瞌睡，此时意识水平降低，甚至为零，在这种情况下，即使本来外界刺激已经达到一般人的生理阈限(感知觉阈限)，但对该操作者来说，却可能没起作用，因此他根本没觉察到，这种在无意识状态下出现的不注意在生产过程中是造成误操作或事故的重要原因。

"不注意"的另一种表现是"没注意"。"没注意"和前面所说的无意不注意的区别在于，它更多的是在无意识状态下发生的。造成"没注意"的原因很多。其一是注意的目的不明确，因而把本来需要注意的信息漏掉了，如没看、没听、没记、没考虑、没反应等；其二是刺激信息过于繁杂，难以从中辨别，甚至将有效信息掩盖住了，结果造成没注意；其三是错觉的干扰没有排除；其四是遗忘，对应该注意的信息、目的等忘记了，所以引起没注意；其五是刺激的强度不够，没有达到操作者的感知阈限，因而不能引起中枢神经的兴奋，造成没注意；其六是因集中注意引起的没注意。当人们在集中注意某物时，对其他物就会不加注意。例如一个上人正专心致志操作机器，查看仪表，此时他周围发生的事就会不注意。

在几个无关事物上的反复转移，而不是专注在一个事物上。“思想开小差”或“精神溜号”实质上也是一种分心的表现。有的人在现场作业或在执行操作任务时，虽然两眼凝视着显示器，手中握着操纵把，但却呆呆地不动，朦朦胧胧地在心里想心事，做思想漫游。精神压抑、性格内向的人，遇到有不顺心的事容易出现这个现象；人遇到特别高兴的事，乐不自持，常沉浸在欢快之中，也容易出现这种现象。分心、思想开小差、白日梦对操作安全的危害很大，不少事故是由此而发生的。

以上只是对不注意现象进行粗浅分析。从深层次来看，不论是注意还是不注意，都和人的意识水平(或觉醒水平)有关。研究表明，人的意识水平可以区分为不同的层次，并且不同层次的意识水平，对信息处理的可靠件也有所不同。

第0层次，即大意识或神智丧失，此时注意力为零，生理状态表现为睡眠，此时大脑的可靠性为零。

第Ⅰ层次，意识水平低下，注意力迟钝，如在疲劳、瞌睡、白日梦时，此时大脑可靠性为0.9以下，失误率在0.1以上。

第Ⅱ层次，正常意识的意识松弛阶段，注意力消极被动，心不在焉，常出现在安静、休息、按规定进行一般作业时，此时的大脑可靠性为0.99~0.99999，失误率在10^{-2}~10^{-5}。

第Ⅲ层次，正常意识的意识清醒阶段。注意力为积极主动、指向广泛，此时大脑的可靠性为0.999999以上，失误率10^{-6}以下。

第Ⅳ层次，超常意识的意识极度兴奋和激动阶段，注意力高度集中，如在紧急防卫和高度恐慌时，此时大脑可靠性反而下降，降到0.9以下，失误率则相应上升为0.1以上。

由上可见，在不同的意识水平上，注意力的表现也不相同。从安全的角度看，以第Ⅲ层次意识水平上的注意力状态为最佳，可靠性最高。其次是第Ⅱ层次。但遗憾的是，人的意识水平或大脑皮层的激活要受许多因素的影响，因此便会造成不同的意识状态。

要防止不注意，尽量减少其可能造成的危害，以下是建议性措施：

第一，针对意识水平下降这一现象的具体原因采取相应对策。例如针对人在疲劳状态下会导致意识水平下降，应该合理调控作业强度、作业量、作业时间，适当安排工间休息时间。针对意识混乱，为避免造成事故，应在操纵设备上增加安全自锁装置。

第二，针对意识中断常与人的生理素质有关，应该定期对操作人员进行医学检查，及时发现某些隐性疾患，或者安排经常出现意识中断现象的人改做其他工作。

第三，针对平时迷迷糊糊、意识水平低的员工，周围的同事、管理者要注意经常向他发出警告，提醒他，并切实解决令他们意识水平低的原因。

第六章

情绪情感、意志过程与安全行为

心理学理论认为，人的心理过程主要包括三个阶段：认知阶段、情绪情感阶段及意志阶段。认知心理的具体表现形式主要包括感觉心理、知觉心理、记忆心理、思维心理等。

第一节　情绪、情感概述

人都有七情六欲，情绪、情感是一种常见的心理现象，它不仅影响工作成绩、劳动效率的提高，同时也会给安全带来积极的或消极的作用。因此，了解情绪、情感影响安全的一般机制，掌握情绪、情感的控制方法等，对保证生产安全，减少事故发生具有重要实际意义。

一、情绪情感的含义、特点及类型

1. 情绪情感的含义

所谓情绪广义上包括情感，狭义情绪是指伴随着认知和意识过程产生的对外界事物的态度，是对客观事物和主体需求之间关系的反应，根据最新研究，情绪可能是由一个独立的功能系统完成的，生物学定义，情绪可能是由一个独立的系统功能完成的，这个功能系统可能包括下丘脑、边缘叶、丘脑核团等，丘脑核团是获得情绪的核心结构，丘脑中存在一种叫丘觉的遗传结构，有一种丘觉是产生情绪体验的。而情感广义指人对客观事物是否符合其所需要所产生的态度体验。狭义指与人的社会性需要相关系的一种复杂而稳定的态度体验，亦具有稳定而深刻社会内涵的高级感情。

情绪和情感的产生，同人的需要是否能得到满足，满足到什么程度等密切相关。一般说，能使人的需要得到满足，且满足的程度较大时，人的态度也就积极、肯定，因而会产生愉悦的情绪和情感体验；反之，则态度消极、否定，因而会产生沮丧、恼怒等情绪、情感体验。可见，态度是情绪、情感产生的内在的直接原因；而态度又取决了人需要的满足状况。人需要的满足状况不仅受客观事物的本身性质、属性、特征、功用等的制约，也和人对它的评价有关，即和人的认识有关。

情绪、情感过程作为人对客观现实的一种反映形式，不同于人的认知过程。人的认识过程是人对客观现实本身的反映的过程；而情绪、情感则是人对客观现实与人的需要之间的关系的反映。认识过程是通过具体形象或抽象概念来反映现实的；而情绪、情感则是通过态度体验来反映客观现实与需要之间关系的。用信息论的术语表达，有人把情绪(E)看作是必要信息(I_n)与可得信息(I_a)之差的函数，即：$E=N(I_n-I_a)$。

情绪(emotion)、情感(feeling)在西方心理学中，一般不做严格区分。但在苏联心理学中，情绪和情感是有差别的。主要体现在下述方面。

第一，情绪是指那些与机体需要是否满足相联系的体验(如生理、安全需要等是否得到满足)；情感则是指在人类社会发展进程中产生的、与社会需要(如社交的需要、遵纪守法和公德的需要)相联系的体验。

第二，情绪是低级的，动物也有情绪；情感是高级、复杂的，为人类所持有。

第三，情绪常有环境性，由当时的情境所引起，不太稳定，容易迅速减弱；情感则较稳定、持久。

第四，情绪比情感强烈，多冲动性；情感则较弱反平和。

第五，情绪是情感的基础；情感是情绪的发展和外在表现。

情绪和情感的差别是相对的。在现实生活中，很难把二者严格区分开。

2. 情绪情感的特点

情绪的维度是指情绪所固有的某些特征，如情绪的动力性、激动性、强度和紧张度等。这些特征的变化幅度具有两极性，即存在两种对立的状态。

情绪的动力性有增力和减力两极。一般地讲，需要得到满足时产生的积极情绪是增力的，可提高人的活动能力；需要得不到满足时产生的消极情绪是减力的，会降低人的活动能力。

情绪的激动性有激动与平静两极。激动是一种强烈的、外显的情绪状态，如激怒、狂喜、极度恐惧等，它是由一些重要的事件引起的，如突如其来的地震会引起人们极度的恐惧。平静是指一种平稳安静的情绪状态，它是人们正常生活、学习和工作时的基本情绪状态，也是基本的工作条件。

情绪的强度有强、弱两极，如从愉快到狂喜，从微愠到狂怒。在情绪的强弱之间还有各种不同的强度，如在微愠到狂怒之间还有愤怒、大怒和暴怒等。情绪强度的大小取决于情绪事件对于个体意义的大小。

情绪还有紧张和轻松两极。情绪的紧张程度取决于面对情境的紧迫性，个体心理的准备状态以及应变能力。如果情境比较复杂，个体心理准备不足，而且应变能力比较差，人往往容易紧张，甚至不知所措。如果情境不太紧急，个体心理准备比较充分，应变能力比较强，人不紧张，因而会觉得比较轻松自如。

3. 情绪的类型

人的情绪、情感非常复杂。从古至今，人们对情绪、情感在大量观察和总结概括的基础上，进行分类研究，并试图建立起一些把诸多情绪表现联系起来的情绪模型。下面介绍几种。

(1) 我国传统的情绪分类

《礼记》的观点指喜、怒、哀、惧、爱、恶、欲。

《礼记·礼运》：“何谓人情？喜、怒、哀、惧、爱、恶、欲，七者弗学而能。”

《三字经》：“曰喜怒，曰哀惧。爱恶欲，七情具。”

中医理论中，七情指“喜、怒、忧、思、悲、恐、惊”七种情志，这七种情志激动过度，就可能导致阴阳失调、气血不周而引发各种疾病，令人深思的是，中医学不把“欲”列入七情之中。

(2) 西方心理学家的分类

达尔文曾专门研究道人类和动物的表情。他发现，尽管表情的具体形式很多，但都可以分为向、背两个方面，即区分为两类极端的情绪、情感。如肯定的情绪、情感(乐)与否定的情绪、情感(悲)；积极的情绪情感(如爱)与消极的情绪情感(如憎)；紧张的与轻松的；激动的与平静的；强烈的与微弱的等。情绪情感的对立的两极相反相成，在一定条件下相互转化，如“乐极生悲”“破涕为笑”等现象即如是。

冯特情感三维说。1896年，德国心理学家冯特提出，存在相反的三对基本情感，他称之为情感的三维(图6-1)。情感的“愉快—不愉快”维主要取决于刺激的强度；“兴奋—沉静”维主要取决于刺激的性质；“紧张—松弛”维主要取决于刺激的时间。

施洛斯贝格的情绪的维度。美国心理学家H. schlosberg提出，情绪有两个相对独立的维度：①快乐—不快乐；②注意—拒绝。后来，又加了一个强度维，即“激活水平”。由此，他建立了一个情绪的维度模型(图6-2)。

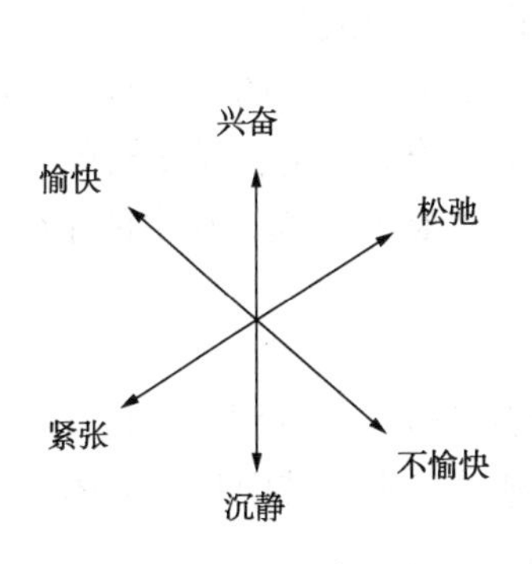

图6-1　冯特情感三维图

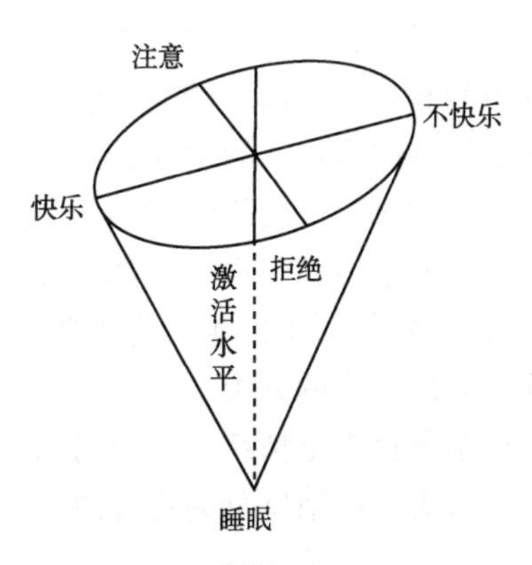

图6-2　情绪的维度图

普拉奇克情绪三维模式。1962年美国心理学家普拉奇克(R. Piutchik)提出的表示各种情绪之间关系的理论，他提出情绪应该包括强度、相似性和两极性等三个维度。如图6-3所示，在一个倒置的椎体上，垂直方向表示强度，最强的情绪在椎体的顶部，最弱的情绪在椎体的底部。最上面的八个扇面里代表八种基本情绪，它们最强烈，故居于顶端，沿扇面向下，越靠近底部，这种情绪就越微弱。在扇面上越邻近的情绪性质上越相似，距离越远，差异越大，互为对顶角的两个扇形中的情绪则是相互对立的。如憎恨和接受，是对立的两种情绪，靠近憎恨的悲痛与其比较近似，靠近接受的喜悦在性质上与其也更为接近。

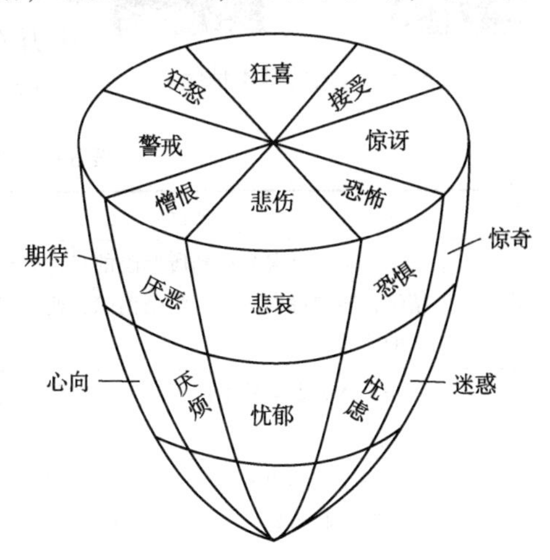

图6-3　情绪的三维模型图

情感两极性具体表现在以下四个方面。

肯定与否定的两极性。一般来讲，当人们的需要获得满足时产生的是肯定的情感，如满意、愉快、接受、爱慕等；当人们的需要不能得到满足时产生的是消极的情感，如烦恼、忧虑、悲伤、愤怒等。但在社会生活中，有些情感表达并非如此简单，有时历经磨难，愿望终于得以实现时，反倒悲从中来，喜极而泣；有时愿望无法得到满足时，又会哭笑不得。

积极与消极的两极性。从情感对行为的动力作用看，肯定的情感一般起着“增力”作用，促使人们积极行动，提高活动效率；否定的情感更多地产生“减力”作用，使人意志消沉，不思进取，妨碍活动的顺利完成。当然，在具体情境中，不切实际地盲目乐观，过于兴奋，也会造成不良后果，而忧伤和愤怒有时也能激发人的内在力量，去不断奋斗，有所创造。

强与弱的两极性。人的很多情感存在着由弱到强的程度上的变化。就愤怒来讲，前后就有不同的变化：愠怒、愤怒、大怒、暴怒、狂怒。此外，从好感到酷爱，从愉快到狂喜，从忧伤到剧痛，都是强弱两极上的变化。情感的强度越大，人的行为受其支配的可能性就越大，就越难以自控。

紧张与轻松的两极性。紧张与轻松的体验常常发生在生活中的危急关头或关键时刻。当消防队员去奋力灭火，医疗人员去救死扶伤，演员上台表演，运动员参加大赛，经常会处于高度的情绪紧张状态，一旦这些任务完成，危险解除或关键时刻过去，随之而来的是一种轻松的情绪体验。当然，紧张感也和当事人的处事经验和应变能力有关，有些人越到紧急关头，反而越镇静和从容。过度的紧张感会使人不知所措，弄巧成拙。

激动与平静的两极性。激动通常是由于生活中的重要事件引起的强烈而时间短暂的情绪状态，如狂喜、大怒、极度恐惧等。和激动相对立的是平静的情绪，强度较弱，而持续时间较长。人们正常的学习和工作一般都需要在平静的情绪状态下完成，在生活中崇尚“淡泊宁静”也说明平静的情绪对人的生活有重要意义。

（3）苏联心理学家的分类

苏联心理学家首先把情绪、情感分开；然后把情绪分为三种状态，即心境（心情）、激情、应激等三大类；把情感分为道德感、美感与理智感等三类。其中每一类还可以细分。

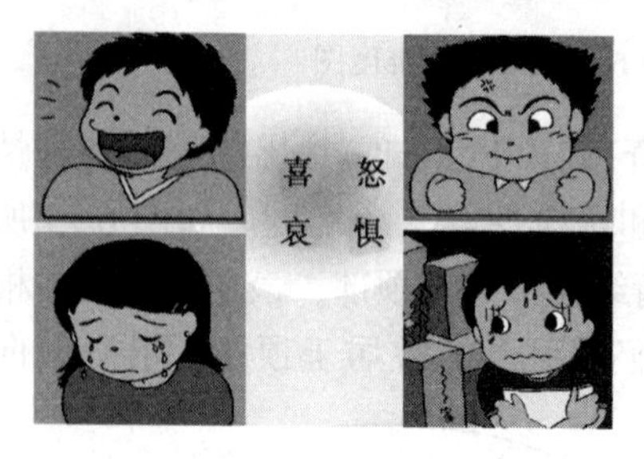

图 6-4　人类的基本情绪

（4）基本情绪

关于情绪的类别，长期以来说法不一。我国古代有喜、怒、忧、思、悲、恐、惊的七情说，美国心理学家普拉切克（Plutchik）提出了八种基本情绪：悲痛、恐惧、惊奇、接受、狂喜、狂怒、警惕、憎恨。还有的心理学家提出了九种类别。虽然类别很多，但一般认为有四种基本情绪，即快乐、愤怒、恐惧和悲哀（图 6-4、表 6-1）。

表 6-1　人类的基本情绪含义

分类	定义	备注
快乐	是一个人追求并达到所期盼的目标时产生的情绪，愿望得以实现，紧张消除，便会产生快乐的体验	快乐的程度取决于愿望实现，目标达到的意外性，快乐的程度可以从满意、愉快到异常的欢乐、大喜、狂喜
悲哀	是个体失去某种他所重视和追求的事情时产生的情绪	悲哀的强度取决于失去的事物对主体心理价值的大小。悲哀并不都是消极的，有时可以转变为力量
愤怒	愤怒是愿望得不得满足，实现愿望的行为一再受阻引起的紧张积累而产生的情绪	分轻微不满、生气、愤怒到大怒、暴怒
恐惧	恐惧是个体企图摆脱、逃避某种情境或面临、预感危险而又缺乏应付能力时产生的情绪	引起恐惧的关键因素是缺乏处理、摆脱可怕情境或事物的能力

快乐是指一个人盼望和追求的目的达到后产生的情绪体验。由于需要得到满足，愿望得以实现，心理的急迫感和紧张感解除，快乐随之而生。快乐有强度的差异，从愉快、兴奋到狂喜，这种差异是和所追求的目的对自身的意义以及实现的难易程度有关。

愤怒是指所追求的目的受到阻碍，愿望无法实现时产生的情绪体验。愤怒时紧张感增加，有时不能自我控制，甚至出现攻击行为。愤怒也有程度上的区别，一般的愿望无法实现时，只会感到不快或生气，但当遇到不合理的阻碍或恶意的破坏时，愤怒会急剧爆发。这种情绪对人的身心的伤害也是明显的。

恐惧是企图摆脱和逃避某种危险情景而又无力应付时产生的情绪体验。所以，恐惧的产生不仅仅由于危险情景的存在，还与个人排除危险的能力和应付危险的手段有关。一个初次出海的人遇到惊骇浪或者鲨鱼袭击会感到恐惧无比，而一个经验丰富的水手对此可能已经司空见惯，泰然自若。婴儿身上的恐惧情绪表现较晚，可能是与他对恐惧情景的认知较晚有关。

悲哀是指心爱的事物失去时，或理想和愿望破灭时产生的情绪体验。悲哀的程度取决于失去的事物对自己的重要性和价值。悲哀时带来的紧张的释放，会导致哭泣。当然，悲哀并不总是消极的，它有时能够转化为前进的动力。

人类这些最基本的情绪与动物的情绪表现有本质的不同。因为即使是人的生理性需要也打上了社会的烙印，人们不再茹毛饮血，满足吃、喝、住、穿的需要也会考虑适当的方式和现有的社会条件。

二、情绪的生理变化与外部表现

1. 情绪的生理变化

随着情绪的发生，人的有机体内部会发生一系列生理变化。

呼吸系统的变化。情绪的变化常会引起人的呼吸系统的变化，一般表现为呼吸的加速或减慢、加深或变浅。例如人在受到创伤，产生剧痛时的反应是呼吸加深、加快；惊恐时则呼吸减弱、放慢，甚至临时中断，即“背过气去”；在狂欢或悲痛时，呼吸会发生痉挛现象。

利用呼吸描记仪，可以测出人在不同情绪状态下的呼吸活动，并以曲线形式反映出来。一般说来，人在高兴时的呼吸次数为 17 次/min；人在消极、悲伤时为 9 次/min：人在积极动脑时，为 20 次/min；恐惧时为 64 次/min：愤怒时为 40 次/min。

人在情绪发生变化时，所以会引起呼吸的变化，其原因在于：人活动时的能量供应，是由血液所输送的糖质分解而来的。糖的分解，一方面发放能量，供应活动所需；另一方面，伴随糖的分解，会产生乳酸，使人产生疲劳。呼吸的加速，既可以吸入更多的氧去分解乳酸，减少疲劳，累积能量，又可呼出乳酸分解时所产生的二氧化碳，从而保持身体各部分的活动性。

循环系统的变化。人在愉快时心跳正常；恐惧、暴怒时心跳加速，血压升高，血糖增加，血中氧含量也会发生变化。

消化系统的变化。愉快的情绪通常促使胃液、唾液、胆汁等的分泌；惊恐、愤怒时，会减少分泌，甚至停止分泌，因而会感到口渴；悲哀时食欲减退。吃饭前后爱生气的人，易生消化系统疾病。

外分泌腺的变化。人在愤怒、悲哀、喜悦时都可促使泪腺分泌；愤怒时常出热汗，惧怕时会出冷汗。

内分泌的变化。肾上腺素、胰岛素、肾上腺皮脂激素、抗利尿激素等的分泌，均会受情绪影响而发生变化。如在激烈、紧张情绪时，肾上腺素分泌增加．导致血糖、血压等变化；人在焦急时常出现小便频繁。

以上只是就一般人的情况而言，不同的个体，其生理变化的差异性较大。

2. 外部表现

情绪的外部表现，通常称之为表情。它是在情绪状态发生时身体各部分的动作量化形式，包括面部表情、姿态表情和语调表情。

(1) 面部表情

面部表情是指通过眼部肌肉、颜面肌肉和口部肌肉的变化来表现各种情绪状态。人的眼睛是最善于传情的，不同的眼神可以表达人的各种不同情绪和情感。例如，高兴和兴奋时“眉开眼笑”，气愤时“怒目而视”，恐惧时“目瞪口呆”，悲伤时“两眼无光”，惊奇时“双目凝视”等。眼睛不仅能传达感情，而且可以交流思想。人们之间往往有许多事情只能意会，不能或不便言传，在这种情况下，通过观察人的眼神可以了解他(她)的内心思想和愿望，推知他们的态度：赞成还是反对、接受还是拒绝、喜欢还是不喜欢、真诚还是虚假等。可见，眼神是一种十分重要的非言语交往手段。艺术家在描写人物特征、刻画人物性格时，都十分重视通过描述眼神来表现人的内心的情绪，栩栩如生地展现人物的精神风貌。

口部肌肉的变化也是表现情绪的重要线索。例如，憎恨时“咬牙切齿”，紧张时“张口结舌”等，都是通过口部肌肉的变化来表现某种情绪的。

相关实验表明，人脸的不同部位具有不同的表情作用。例如，眼睛对表达忧伤最重要，口部对表达快乐与厌恶最重要，而前额能提供惊奇的信号，眼睛、嘴和前额等对表达愤怒情绪很重要。还有实验研究表明，口部肌肉对表达喜悦、怨恨等情绪比眼部肌肉重要；而眼部肌肉对表达忧愁、惊骇等情绪则比口部肌肉重要。

(2) 姿态表情

姿态表情可分成身体表情(body expression)和手势表情两种。

人在不同的情绪状态下，身体姿态会发生变化，如高兴时“捧腹大笑”，恐惧时“紧缩双肩”，紧张时“坐立不安”等。

手势(gesture)通常和言语一起使用，表达赞成还是反对、接纳还是拒绝、喜欢还是厌恶等态度和思想。手势也可以单独用来表达情感、思想，或做出指示。在无法用言语沟通的条件下，单凭手势就可表达开始或停止、前进或后退、同意或反对等思想感情。“振臂高呼”“双手一摊”“手舞足蹈”等手势，分别表达了个人的激愤、无可奈何、高兴等情绪。心理学家的研究表明，手势表情是通过学习得来的。它不仅存在个别差异，而且存在民族或团体的差异，后者表现了社会文化和传统习惯的影响。同一种手势在不同的民族中用来表达不同的情绪。

(3) 语调表情

除面部表情、姿态表情以外，语音、语调表情(intonation expression)也是表达情绪的重要形式。朗朗笑声表达了愉快的情绪，而呻吟表达了痛苦的情绪。言语是人们沟通思想的工具，同时，语音的高低、强弱、抑扬顿挫等，也是表达说话者情绪的手段。例如，当播音员转播乒乓球的比赛实况时，他的声音尖锐、急促、声嘶力竭，表达了一种紧张而兴奋的情绪；而当他播出讣告时，语调缓慢而深沉，表达了一种悲痛而惋惜的情绪。

总之，面部表情、姿态表情和语调表情等，构成了人类的非言语交往形式，心理学家和语言学家称之为“身体语言”(body language)。人们除了使用语言沟通达到互相了解之外，还可以通过由面部、身体姿势、手势以及语调等构成的身体语言，来表达个人的思想、感情和态度。在许多场合下，人们无须使用语言，只要看看脸色、手势、动作，听听语调，就能知道对方的意图和情绪。有人研究工业企业中领导者的动作表情，发现不同层次的领导者在进行管理工作时的面部表情、语调，以及使用手势的情形是不同的。

三、情绪的研究方法

研究人员一直在争论到底哪些情绪属于基本情绪，甚至到底是否存在基本情绪。基本情绪即情感的红、黄、蓝三原色，以此为基础可混合成千上万种的情绪。美国加利福尼亚大学旧金山分校心理学家保罗·艾克曼的发现在一定程度上证实了，人类的确存在少数几种核心情绪。艾克曼指出，人类的 4 种基本情绪(喜、怒、哀、惧)所对应的特定面部表情，为世界各地不同的文化所公认。

对情绪的研究有其特殊性。情绪研究的一个重要问题，就是我们在实验室中几乎从来都不能诱发出像人们现实生活中那样强烈的情绪。看到电影里一个人冒犯他人是一回事，甚至也能让个体回忆起自己的经历，但在实际中被人侮辱完全是另外一回事。不违反某些重要的研究伦理准则是很难诱发出强烈的情绪的(比如，我们不能骗被试说他最好的朋友刚刚遭遇车祸)。因此，研究者必须记住，实验室中研究的情绪状态可能只是人们现实生活中情绪体验的一个反映。所以对情绪的研究通常需要进行各种测量。情绪的研究方法主要包括自我报告、生理测量和行为观察。

1. 自我报告

自我报告数据的收集很简单，不需要解释。在这个方法中，研究者只是要求人们描述他们当前的、过去的或常见的情绪。被试可能会在一个量表上评估他们的紧张、快乐和其他情绪的水平。

自我报告不可能是精确的，因为每个人的标准是不同的。如果一个个体评估其紧张度为“5”，其结果可能与别人的结果是不一样的，甚至其结果在不同的时间也会不一样，因为有时候人们的眼泪也来自幸福、娱乐或者释放。然而，当不确定时，我们会假定哭的人很可能是悲伤的。也就是说，相比主观的自我报告，我们更相信客观的行为观察。自我报告另一个局限在于研究婴儿、脑损伤人群、动物和其他不能说话者的情绪。而且对于说不同语言的人，翻译有时候是不准确的，尤其是在细微的差异上。

尽管这些问题很严重，自我报告对很多研究目标来说还是有用的。即使某一个体的结果与别人的结果不一样，这种变化也很能说明他的紧张度下降了。

2. 生理测量

对情绪的生理测量考察的是身体准备这些行为的方式。很多情绪条件是紧张度唤醒的状态——心跳加快、腹部收紧、手开始出汗。交感神经系统(SNS)活动的增加对唤醒以及使身体做好“战或逃”行动的准备非常重要。它促使生理发生变化，血流和肌肉供氧增加，使得个体能够准备更复杂的身体活动。交感神经系统同时也会降低消化活动(把能量从骨骼肌肉收缩中带走)和性唤起(当个体生命而战斗时，性就成了一件无意义的分心事)。相反，副交感神经系统(PNS)有助于产生和提高维持功能，以保留随后要用的能量，促进生长和发育。

3. 行为观察

研究者通过观测行为来对自我报告进行补充，因为人们经常不能或者不愿意准确报告自己的情绪。研究者往往对面部特定肌肉群的收缩特别感兴趣，因为它们能产生表情。比如，当人们愤怒时，经常眉毛降低，皱拢在一起，眯着眼睛，紧闭嘴唇。运用行为编码系统（Facial Action Coding System，FACS），研究者能够记录面都哪些肌肉收缩了，持续了多长时间以及收缩的强度。当遭遇不公或被冒犯时，人们能够可靠地做出如愤怒时的表情。出于这种缘故，研究者有时可以将肌肉收缩模式作为人们情绪的非言语测量。

心理学的研究在较晚的时期才关注到情绪。20世纪中叶，行为主义完全统治了实验心理学，情绪的研究寥寥无几。当实验室研究出现时，主要都局限于“条件反射式的情绪反应”，研究者使用的是经典条件反射的方式进行研究，而不是情绪本身的研究方法。行为主义把情绪看作是私密性的、不可观察的，因而只适合于通过“严肃的交谈”加以研究。自20世纪70年代开始，情绪研究在量和质两方面都迅速增长了。来自社会心理学、发展心理学及神经科学领域的研究者们都“发现”了情绪，都有许多有趣的故事要讲。这不是说行为主义者是错误的。很大程度上他们是正确的：情绪在本质上是内在的，很难测量尽管存在这些挑战，研究者们还是发明了新的、聪明的办法来诱发和测量实验室和真实世界中的情绪。

尽管在心理学诞生之初，情绪的研究曾受到过关注，但在随后相当长的一段时间里一直是“养在深闺人未识”——对情绪研究方法的忽略就是一个重要原因。20世纪末期，随着认知神经科学的兴起，研究者们对情绪的兴趣再次被唤醒，一个重要的原因正是新研究方法与新技术的推动。功能性磁共振技术（FMRI）、事件相关电位技术（ERPs）、多导生理记录技术、生物反馈技术、眼动记录技术、认知行为实验乃至激素测量等多种技术与手段，都在情绪评估、情绪障碍诊断及情绪调节等的研究领域得到大量应用。

第二节　情绪理论及生理机制

一、情绪理论

1. 早期理论

James-Lange理论。美国心理学家James和丹麦生理学家Lange分别提出内容相同的一种情绪理论。他们强调情绪的产生是植物性神经活动的产物。后人称它为情绪的外周理论。即情绪刺激引起身体的生理反应，而生理反应进一步导致情绪体验的产生。James提出情绪是对身体变化的知觉。在他看来，是先有机体的生理变化，而后才有情绪。所以悲伤由哭泣引起，恐惧由战栗引起；Lange认为情绪是内脏活动的结果。他特别强调情绪与血管变化的关系。James-Lange理论看到了情绪与机体变化的直接关系，强调了植物性神经系统在情绪产生中的作用；但是，他们片面强调植物性神经系统的作用，忽视了中枢神经系统的调节、控制作用，因而引起了很多的争议。

Cannon-Budd学说。认为情绪的中枢不在外周神经系统，而在中枢神经系统的丘脑，并且强调大脑对丘脑抑制的解除，使植物性神经活跃起来，加强身体生理的反应，而产生情绪。外界刺激引起感觉器官的神经冲动，传至丘脑，再由丘脑同时向大脑和植物性神经系统发出神经冲动，从而在大脑产生情绪的主观体验而由植物性神经系统产生个体的生理变化。该理论认为，激发情绪的刺激由丘脑进行加工，同时把信息输送到大脑和机体的其他部位，到达大脑皮层的信息产生情绪体验，而到达内脏和骨骼肌肉的信息激活生理反应，因此，身体变化与情绪体验同时发生。

2. 认知理论

阿诺德“评定–兴奋”说。美国心理学家阿诺德提出。他认为，刺激情景并不直接决定情绪的性质，从刺激出现到情绪的产生，要经过对刺激的估量和评价。情绪产生的基本过程是刺激情景—评估—情绪。同一刺激情景，由于对它的评估不同就会产生不同的情绪反应。情绪的产生是大脑皮层和皮下组织协同活动的结果，大脑皮层的兴奋是情绪行为的最重要的条件。

沙赫特的两因素情绪理论。美国心理学家沙赫特和辛格提出。他们认为，情绪的产生有两个不可缺少的因素：一个是个体必须体验到高度的生理唤醒；另一个是个体必须对生理状态的变化进行认知性的唤醒。情绪状态是由认知过程、生理状态、环境因素在大脑皮层中整合的结果。这可以将上述理论转化为一个工作系统，称为情绪唤醒模型。

拉扎勒斯的认知–评价理论。他认为情绪是人与环境相互作用的产物。在情绪活动中，人不仅反映环境中的刺激事件对自己的影响，同时要调节自己对于刺激的反应。也就是说，情绪是个体对环境知觉到有害或有益的反应。因此，人们需要不断的评价刺激事件与自身的关系。具体有三个层次的评价：初评价、次评价和再评价。

3. 分化理论

这种理论以伊扎德(Izard)为代表。伊扎德认为，情绪是人格系统的组成部分，是人格系统的动力核心。情绪系统与认知、行为等人格子系统建立联系，实现情绪与其他系统的相互作用。下面简要介绍这个理论的主要内容。

(1) 情绪是分化的

伊扎德认为，情绪是分化的，存在着具有不同体验的独立情绪，这些独立的情绪都具有动机特征。他假定存在 10 种基本情绪，即兴趣、愉快、惊奇、悲伤、愤怒、厌恶、轻蔑、恐惧、害羞与胆怯，它们组成了人类的动机系统。每种基本情绪在组织上、动机上和体验上都有其独特性。不同的情绪具有不同的内部体验：这种内部体验对认知与行为会产生不同的影响。情绪过程与有机体的内部动态平衡、驱力系统、知觉及认知是相互影响的。

(2) 情绪在人格系统中的地位和作用

伊扎德认为，人格是由体内平衡系统、内驱力系统、情绪系统、知觉系统、认知系统和动作系统六个子系统组成。其中情绪是人格系统的组成部分，也是人格系统的核心动力。情绪的主观成分——体验是起动机作用的心理机制，是驱动有机体采取行动的力量。人格系统的发展是这些子系统的自身发展与系统之间联结不断形成和发展的过程。

(3) 情绪系统的功能

伊扎德从进化的观点出发，提出大脑新皮层体积的增长和功能的分化，面部骨骼肌肉系统的分化以及情绪的分化是平行的、同步的。情绪的分化是进化过程的产物，具有灵活多样的适应功能，在有机体的适应和生存上起着核心的作用。每种具体的情绪都有其发生的渊源和特定的适应功能。

二、情绪的生理机制

情绪是在大脑皮层活动的主导作用下，皮下中枢和内脏器官协同作用的结果。包括机体内部变化机制和中枢过程机制。关于情绪的问题最早是美国心理学家詹姆士(W. James)和丹麦生理学家兰格(C. Lange)提出的。认为情绪是内脏活动引起的身体感觉，称为植物神经理论。但这种认识过于简单和片面，忽视了中枢神经系统的调节作用。然后1927年美国心理学家坎农(W. B. Cannon)提出情绪是大脑皮层抑制解除后丘脑功能亢进的结果。这也有其局限性，过分强调了丘脑的功能。类似的还有巴普洛夫皮层机能理论，帕帕兹-麦克的边缘理论等。虽然许多生理心理学家对此形成了不同的理论，现代实验表明，下丘脑、隔区、杏仁核、海马核、边缘皮层、前额叶皮层和颞叶皮层等均是情绪过程的重要中枢。例如在情绪表达的方式和类型中，对愤怒和攻击起主要作用的是下丘脑。下丘脑是自主神经系统的整合中枢，它通过控制自主神经系统的活动，从而控制情绪的表达。20世纪60年代耶鲁大学Flynn发现刺激猫的内侧下丘脑，可诱发情绪性的攻击厮杀——发怒的表现。如怒叫，毛发竖立。刺激停止动物就迅速平静下来，蜷缩至入睡。

另外，机体在情绪状态中发生的植物性神经系统和内分泌活动方面的变化提供了对情绪进行客观测量的指标。如皮电反应，由于在情绪状态中皮肤血管收缩的变化和汗腺分泌的变化而引起皮肤导电率的变化，皮电反应是交感神经系统活动水平的灵敏指标，被称为心理电反射。呼吸的频率和振幅的变化，血压、心率、血管容积、皮电反应以及肾上腺素和去甲肾上腺素含量变化等都可作为测量情绪的生理指标。

1. 情绪活动的生理器官与系统

与情绪活动有关的器官与系统主要包括指向性神经系统，下丘脑和边缘系统。

(1) 植物性神经系统

分为交感和副交感神经系统。绝大多数内脏器官都受交感和副交感的双重神经支配。副交感神经的主要功能是维持身体内部的正常活动，而交感神经的主要功能是动员身体内部的应急活动。通过交感和副交感神经系统对机体的消化、呼吸、循环、生殖等内部器官活动的支配，以及调节内脏、平滑肌和腺体的功能来保证机体内外环境的平衡。

在某些情绪状态下，植物性神经系统的变化主要表现为交感神经系统活动的相对亢进，如激动紧张时心率加速、血压上升、胃肠道抑制、出汗、竖毛、瞳孔散大、脾脏收缩而使血液中红细胞计数增加、血糖增加、呼吸加深加速等。突然的惊惧可出现呼吸暂时中断、外周血管收缩、脸色变白、出冷汗、口干。焦虑抑郁可抑制胃肠道的蠕动和消化液的分泌，引起食欲减退。在某些情绪状态下也可表现为副交感神经系统活动相对亢进。如食物性嗅觉刺激可引起动物“愉快”的情绪反应，表现为消化液分泌增加与胃肠道运动加强。

情绪的植物性神经功能反应有时可因人而异。如有的人情绪变化主要波及某些脏器，如心脏或胃；有些人情绪激动只使心率加速而血压不上升；有些人则反之。由于情绪反应可导致植物性神经系统功能的改变，因此持久的情绪活动会造成植物性神经功能的紊乱。

(2) 下丘脑

一般被认为是情绪表达的重要结构。机械或电刺激病人下丘脑会产生强烈的攻击性或欣快的爆发。去除大脑皮层后动物可自发地发生或轻微刺激即可引起“假怒”的情绪反应，如甩尾巴、竖毛、张牙舞爪、扩瞳、出汗、呼吸加快、血压升高等。破坏下丘脑后部的动物只能表现一些片段的怒反应，而不能表现协调的怒模式。刺激动物下丘脑的外侧区可引起斗争或像发怒的表现(怒吼和发嘶嘶声、耳朵后倒、竖毛及其他交感反应)，刺激内侧区可引起逃避或像恐惧的表现(扩瞳、眼射来射去、头左右转动、最后逃走)。刺激下丘脑的另外一些部位可引起排尿、排便、流涎和用力嗅等。下丘脑腹内侧核可能是抑制攻击性情绪行为的，破坏该区后猫变得愤怒而凶猛，猴却反而变得温顺。

(3) 边缘系统

20 世纪 80 年代以来，边缘系统与情绪的关系越来越受到注意，甚至有人将边缘系统称为情绪脑。有关的研究主要在以下方面：

杏仁核。W. H. 斯威特和 V. H. 马克报道杏仁核病变的病人易发生凶暴行为。他们在损毁病人的杏仁核后发现病人在术后 2~4 年未再发生凶暴行为。动物实验发现持续 24h 刺激杏仁核外侧核使动物减少活动和摄食，动物似乎是松弛了，并很“得意”。E. 丰堡根据损毁杏仁核的不同部位的研究发现，杏仁核有两个颉颃的部位与摄食和情绪反应有关：损毁背内侧部引起情绪色调的丧失；损毁外侧部使愉快更加强烈。损毁杏仁核的效应决定于这两个部位损毁的范围。如同等地损毁这两个部位，则不能观察到任何行为的改变。损毁狗的杏仁核的背内侧部，狗不再友好并变得恐惧、悲伤、有时带有攻击性。如再损毁其外侧部，狗又变得愉快、玩耍、有情感和乐意吃食。按照丰堡的解释，杏仁核内两个系统之间又取得了平衡。

刺激杏仁核的不同部位也发现，有的部位抑制攻击性行为，有的部位则促进攻击性行为。H. 欧辛和 B. R. 科达发现刺激杏仁核的前部发生逃跑和恐惧反应。刺激杏仁核的内侧部和尾部发生防御或攻击性反应。研究还发现，刺激杏仁核与刺激下丘脑引起的攻击性行为不同。刺激下丘脑立即引起攻击性行为，刺激停止攻击也即停止；而刺激杏仁核引起的是逐渐加强的攻击性行为，刺激终止后攻击行为也是逐渐平息的。在刺激下丘脑或杏仁核前先刺激隔区可防止攻击行为的发生。

隔区。损毁啮齿类动物脑的隔区可使动物发生过度的愤怒反应和情绪增强，有人称之为隔综合征，它们随时间的增长而消失，一般持续 2~3 周。但这些表现并非所有种的动物都有。有报告报道损毁在猫、兔和人类隔区时也出现情绪增强。隔区损毁的动物对外界的刺激发生过度的反应。它们对光的敏感性也加强，表现出超常的恐光反应。闪光使它们运动活动增加并难于习惯化。目前尚不清楚哪一部分的隔区与愤怒、情绪增强和过度活动有关。在隔区损毁前破坏从海马结构、穹窿来的主要的传入通路线或破坏主要的传出通路可减轻或消除隔综合征。

海马。海马对植物性神经系统的影响比边缘系统的其他部位要小，它与情绪的关系也没有杏仁核或隔区那样密切。两侧海马损毁的动物表现活泼，看上去热衷于开始新的动作，然而它们经常不能像对照动物那样长时间地坚持一个有目的方向的行动。除了没有短暂的愤怒反应外与隔损毁时的行为改变是类似的。恐惧能使正常动物发生主动逃避或木立不动两类反应。海马损毁动物更多地出现主动性行为而较少发生木立不动的行为反应。较少发生木立不动的行为反应可能与对威胁性刺激物的恐惧程度的降低有关。

扣带回。切除动物的扣带回可短暂地降低恐惧或愤怒的阈限。也有报告表明破坏两侧扣带回立即引起短暂的情绪性增强，表现为攻击性和凶恶性增加。

J. 奥尔滋和 P. 米尔纳于 1954 年发现如将电极埋于脑内，大白鼠按压 1 次杠杆可获得 1 次电刺激，如电极位置适宜，大白鼠在 1h 内自我刺激可多达 2000 次。与摄食和饮水相比动物甚至更乐于进行自我刺激。这种有奖励作用的部位大部分在边缘系统及与其有联系的区域，因此自我刺激的研究支持边缘系统是与情绪活动密切相关的部位。

大脑皮层。情绪和情感的多水平的中枢在皮层下各部位，同时与大脑皮层的调节是密不可分的。大脑皮层可以抑制皮层下中枢的兴奋，从而控制情绪和情感。

额叶是与情绪有关的主要的新皮层。D. 费里尔 1875 年首先发现切除额叶的猴其性格有改变。以后，J. F. 福尔顿于 1951 年发现切除猩猩的额叶可使它因不再给奖励而引起的挫折反应消失。这导致了临床上应用额叶切断术来治疗有情绪紊乱的病人。额叶切断术可使大部分病人的焦虑症状减轻。由于额叶切断术的副作用较多，现已很少应用于临床。

2. 与情绪有关的神经化学物质

生物的化学调节包括外周和脑内的许多神经-体液环节，如神经递质、激素、血液成分等。其中生化环节主要在中枢内发生作用，也有些环节主要在外周发生作用。去肾上腺素，多巴胺与情绪变化密切相关，还有就是 5-羟色胺和乙酰胆碱。临床上发现长期服用利血平来治疗高血压的病人容易产生抑郁症，其原因在于利血平能使脑内单胺类递质(多巴胺，去肾上腺素和血清素)的含量下降。

研究表明，情绪紧张或应激状态导致脑内去甲肾上腺素合成和应用的增加。电刺激猫的杏仁核引起愤怒时脑内去甲肾上腺素含量增加。增加或抑制去甲肾上腺素的药物也增加或抑制愤怒。改变人的情绪的药物也影响去甲肾上腺素的分泌，如长期服用利血平以治疗高血压的病人可发生抑郁，而利血平是耗竭脑内单胺类神经递质的，抑郁药物一般增加脑内去甲肾上腺素的含量。内啡肽也可能与情绪有关，有报告指出，内啡肽可使正常驯服的大鼠变得狂暴而愤怒。

控制情绪的化学物质主要有多巴胺(DA)、血清素(5-HT)、内啡肽、催产素等。

人生在世，谁都希望自己每天过得开心快乐！快乐的情绪能让人更有效率和创造力，大大提升幸福感。实际上，从生理的角度看，快乐在大脑中都有对应的化学物质来承载。而能让人们感觉良好的三种重要化学成分为催产素(Oxytocin)、多巴胺(Dopamine)与内啡肽(Endorphins)。

(1) 多巴胺是人的奖赏、激励和快乐中心

多巴胺[$C_6H_3(OH)_2-CH_2-CH_2-NH_2$]由脑内分泌，可影响一个人的情绪。它正式的化学名称为 4-(2-氨基乙基)-1,2-苯二酚[4-(2-aminoethyl)benzene-1,2-diol]。瑞典科学家 ArvidCarlsson 确定多巴胺为脑内信息传递者的角色使他赢得了 2000 年诺贝尔医学奖。多巴胺是一种神经传导物质，用来帮助细胞传送脉冲的化学物质。这种脑内分泌主要负责大脑的情欲，感觉将兴奋及开心的信息传递，也与上瘾有关。

多巴胺是大脑中的一种神经传导物质，对人的情绪影响重大。当人们满足了自己的需要时，通常会产生这种物质。根据洛雷塔·布莱宁博士的研究，人类的祖先在经历了长期的饥饿后找到了食物或发现了猎物时会分泌多巴胺。多巴胺给人的神经元建立了连接，当再次看到那些食物或猎物时会再次分泌。当玩游戏得到了高分、实现了短期或长期的目标、辛苦的付出得到回报、学会了一项新技能、发现了一个好玩的东西、演奏乐器、彩票中奖、加薪晋升、受到了表扬、完成一项惊险的挑战等都会让人产生多巴胺、产生快感。所以，从这个意义上讲，物质奖励也算精神奖励(让人得到了快乐与满足)，精神奖励也算物质奖励(让人在大脑中产生了多巴胺)。

当某件事能给我们带来快乐时，就会激励和促使我们下次还想再经历，从而形成一项多巴胺回路。当然成瘾的机制跟这是类似的，所以，我们要把这项原理用在对我们有利的事情上，而小心抽烟、酗酒等不良嗜好的影响。

吸烟和吸毒都可以增加多巴胺的分泌，使上瘾者感到开心及兴奋。根据研究所得，多巴胺能够治疗抑郁症；而多巴胺不足则会令人失去控制肌肉的能力，严重会令病人的手脚不自主地振动或导致帕金森氏症。2012 年有科学家研究出多巴胺可以有助进一步医治帕金森症。

治疗方法在于恢复脑内多巴胺的水准及控制病情。德国研究人员称，多巴胺有助于提高记忆力，这一发现或有助于阿尔茨海默氏症的治疗。

爱情其实就是因为相关的人和事物促使脑里产生大量多巴胺导致的结果。爱情是多么美妙的事情，多巴胺带来的“激情”会给人一种错觉，以为爱可以永久狂热。不幸的是，我们的身体无法一直承受这种刺激，也就是说，一个人不可能永远处于心跳过速的巅峰状态。多巴胺的强烈分泌，会使人的大脑产生疲倦感，所以大脑只好让那些化学成分自然新陈代谢，这样的过程可能很快，也可能持续到三四年的时间。随着多巴胺的减少和消失，激情也由此不再，后果或者爱情归于平淡，或者干脆分道扬镳。

（2）内啡肽生于苦痛又能止痛

内啡肽是一种内成性(脑下垂体分泌)的类吗啡生物化学合成物激素，它是由脑下垂体和脊椎动物的丘脑下部所分泌的氨基化合物，一种大分子肽类物质，是具有吗啡样活性的神经肽的总称。内啡肽 endorphin 有大脑自我制造的类吗啡物质之意，它是归于药理学的范畴，并不是化学公式化。

内啡肽(endorphin)亦称安多芬或脑内啡，是体内自己产生的一类内源性的具有类似吗啡作用肽类物质，它能与吗啡受体结合，产生跟吗啡、鸦片剂一样的止痛效果和欣快感，等同天然的镇痛剂。内啡肽除具有镇痛功能外，尚具有许多其他生理功能，如调节体温、心血管、呼吸功能。

内啡肽从垂体中分离出的内啡肽，其代表为β-内啡肽及镇痛作用更强的强啡肽。它们都属于内源性阿片肽，当机体有伤痛刺激时，内源性阿片肽被释放出来以对抗疼痛。在内啡肽的激发下，人的身心处于轻松愉悦的状态中，免疫系统实力得以强化，并能顺利入梦，消除失眠症。

内啡肽也被称之为“快感荷尔蒙”或者“年轻荷尔蒙”，意味这种荷尔蒙可以帮助人保持年轻快乐的状态，是属于“先苦后甜”型物质，一般当人的身体经历疼痛后会产生。不常运动的人会较易产生，而对于运动员来说，他们必须超出自己的极限或比常人运动量更大才能产生。这实际上是人的一种自我保护机制，可减轻自我的疼痛感。人长期处于高内啡肽水平并不是一件好事，因为这通常意味着你的身体经历了很大的创伤。所幸的是，人在哭、笑或者做拉伸运动时也会产生少量的内啡肽，这也是我们在健身房做器械时，当时很酸疼但过后很爽的缘故。

（3）催产素并非女性专利，常由信任和身体接触产生

催产素别名缩宫素、醋酸催产素，由下丘脑视上核和室旁核的巨细胞制造，经下丘脑-垂体轴神经纤维输送到垂体后叶分泌，再释放入血。临床上主要用于催生引产，产后止血和缩短第三产程。此外具有广泛的生理功能，尤其是对中枢神经系统的作用。常被称为“爱的化学物质”，除了恋人之外，在其他社交中只要能建立信任关系也能产生。

催产素是一种垂体神经激素，婴儿在哺乳期，吮吸妈妈的乳头也能刺激产生催产素。在一对情侣关系中，彼此对对方的期待不断得到满足能强化信任关系及大脑中的形成的回路，进而产生更多的催产素，而催产素的产生则会进一步强化彼此之间的信任关系，实现良性循环。同事、同学及合作伙伴之间互动也会产生催产素，比如握手、拥抱以及彼此开玩笑等，都能产生并促进彼此之间关系的深化。这也是在社交网络中为什么那些搞笑的段子手能赢得很多粉丝的原因之一。

催产素有如下生理功能：

对乳腺的作用：哺乳期的乳腺在催乳素的作用下不断分泌乳汁，储存于乳腺腺泡之中。催产素可使乳腺腺泡周围的肌上皮样细胞收缩，促使具有泌乳功能的乳腺排乳。

对子宫的作用：催产素对子宫有较强的促进收缩作用，但以妊娠子宫较为敏感。雌激素能增加子宫对催产素的敏感性，而孕激素则相反。

对社交羞涩与自闭症的作用：美国《心理科学》杂志刊登的一项最新研究发现，催产素可以帮助社交场合因羞涩而受人冷落之人克服社交羞涩感。以色列西弗自闭症研究和诊疗中心和哥伦比亚大学科学家最新研究发现，在一个人的鼻子里喷洒催产素有助于克服其社交羞涩感，增强自信，并且能使其更容易"合群"。但是催产素喷鼻对本来就很自信的人不起作用。

当心情开朗或有强烈归属感时，心脏会分泌催产素，压力也得到舒缓。同时，体内组织的供氧量大量增加。

实际上，人类对以上三种物质是非常渴求的(尤其多巴胺和内啡肽)，因为快乐总是位于各种节日和重大日子祝福的首位。那么有什么简单易行的方法可以帮我们轻松释放这些美好物质呢？下面就给出三种：

一是有规律的运动。据科学实验研究，一定的量的运动可以同时产生多巴胺和内啡肽，不仅可以祛除人的疲劳和疼痛感，还能让人感到舒爽和快乐。尤其是对于经常运动的人来说，会有一种"跑步者的亢奋"，让人对生活充满乐观、积极和热情的态度。同时，运动还能增强人的勇气和创造力，让人们敢于去尝试平时不敢做的事。

二是吃辣。据美国布法罗大学的一项研究，辣椒里含有一种称为"辣椒素"的物质，能让人产生类似于疼痛的信号，并通过舌头传导到大脑中，从而产生内啡肽。这也是川菜、湘菜等在全国各地都那么风靡的重要原因之一。

三是性爱和大笑。根据美国哥伦比亚大学健康服务机构的研究，性爱、大笑和运动因为都能进行的过程中产生内啡肽，从而让人能抵御沮丧和抑郁。当然，建议还是适量进行，毕竟乐极会生悲，纵欲过度对身体和精神也会产生负面的影响。

(4) 苯乙胺导致男女之间产生"来电"的感觉

苯乙胺(Phenethylamine，PEA)，或称β-苯乙胺、2-苯乙胺，是一种生物碱与单胺类神经递质，提升细胞外液中多巴胺的水平，同时抑制多巴胺神经活化(neuronfiring)，治疗抑郁症。

早在20世纪初，科学家通过人体解剖发现，当人的情绪发生变化时，人大脑中的间脑底部会分泌一系列化合物。这类化学分子有苯乙胺、内啡肽等，科学家称之为"情绪激素"。

人们恋爱时大脑会分泌出一种名为苯乙胺的物质，它会导致男女之间产生"来电"的感觉。每个人都有一幅爱情地图，当某个人忽然触及了你的某处刻痕，你的血管就会忽然分泌大量的苯乙胺，产生一种坠入情网的感觉。

(5) 血清素抑制思维活动，稳定情绪，缓解焦虑

血清素即5-羟色胺，一种吲哚衍生物。分子式为$C_{10}H_{12}N_2O$。普遍存在于动植物组织中。很多健康问题与大脑血清素水平低有关。造成血清素减少的原因有很多，包括压力、缺乏睡眠、营养不良和缺乏锻炼等。在降低到需要数量以下时，人们就会出现注意力集中困难等问题，会间接影响个人计划和组织能力。这种情况还经常伴随压力和厌倦感，如果血清素水平进一步下降，还会引起抑郁。

其他一些与大脑血清素水平降低有关的问题还包括易怒、焦虑、疲劳、慢性疼痛和焦躁

不安等。如果不采取预防措施，这些问题会随时间推移而恶化，并最终引起强迫症、慢性疲劳综合征、关节炎、纤维肌痛和轻躁狂抑郁症等疾病。患者可能会出现不必要的侵略行为和情绪波动。

血清素在负责理智和愤怒的大脑部位之间充当信使，人们常用“愤怒得失去理智”来形容一个人发怒的样子，其实这时并不一定是其大脑中没有理智，而可能是大脑中负责理智的部分缺乏一种信号物质——血清素的帮助，因此难以控制与愤怒相关的大脑部位活动。

神经细胞需借助血清素传递信息，人体通常用食物中的色氨酸来合成血清素。在缺少色氨酸并因此导致血清素含量较低时，大脑的愤怒反应更难被抑制。而对大脑活动的观察发现，在血清素含量低的时候，大脑中额叶部位和杏仁核部位之间的信号联系就会减少。杏仁核部位与愤怒情绪有关，而额叶部位发出的信号可以帮助控制这种愤怒。因此，在缺少作为“信使”的血清素时，“理智”的额叶就难以控制“愤怒”的杏仁核。

因此，易于发怒的人，不妨在日常生活中多吃一些富含色氨酸的食物，以增加大脑中血清素的含量。通常蛋白质含量较高的食物中都含有不少色氨酸，如大豆、鸡蛋和鸡肉等。

血清素 5-HT 可抑制多巴胺，提高痛觉；多巴胺可转化为肾上腺素等兴奋性荷尔蒙。

血清素可抑制多巴胺，导致肾上腺素减少，使人显得温柔，有耐心，女性比男性血清素含量高，而男人都比较胆大、暴戾、急躁。男生脑中多巴胺比女生多，所以男性喜欢刺激、惊险的游戏以维持多巴胺的平衡，没有这种平衡，人们便有一种空虚感。

血清素白天升高，调节肾上腺素，使人一整天都有精神，到了晚上血清素转为褪黑色素(这个存在争议)，使人容易入睡。血清素也是食欲的来源之一，所以女生一般都爱吃零食。

血清素降低，同时肾上腺素升高(普遍)导致脑部小杏仁高度活跃和脑端回路活动加强，引起强迫症、广泛性焦虑症、抑郁症伴有焦虑障碍的恐惧症等。这种精神障碍多发生于20~40岁的人，这些群体刚好是社会压力最大的，在社会应激中，我们肾上腺处于亢进状态，分泌高浓度的皮质醇、肾上腺素、去甲肾上腺素等。

血清素增高，同时肾上腺素略增高或超过血清素会降低对肾上腺素的调节，导致人易冲动、紧张，有夸大自己的妄想，喜欢购物，夸夸而谈，喜欢打架，眉飞色舞，过分活泼，躁狂症带紧张性，有些人也表现抑郁症。

血清素也有可能是转化多巴胺、肾上腺素的原料。过多的压力，可能需要更多的血清素调节，所以血清素转化为肾上腺素等，同时皮质醇增加，钙离子内流增加，大脑兴奋性增强，容易产生幻觉，强迫症等。当过多压力消耗血清素，引起血清素不足，伴肾上腺素耗竭，导致大脑兴奋性降低，就可能得抑郁症，缺乏满足感、自卑、暴饮暴食等。

(6) 其他化学物质功能

情绪研究者对肾上腺激素和皮质醇特别感兴趣，它们在个体对压力的反应中起到至关重要的作用。

肾上腺素对情绪的影响：肾上腺素可使人兴奋，提高警觉性，加强反应应激。肾上腺素可促进杏仁体分泌促肾上腺皮质激素释放激素 CRH、去甲肾上腺素，神经钙离子内流，使人兴奋，保持警戒状态，提高人的攻击性，提高人的性欲和血压。

皮质醇对情绪的影响：压力产生压力激素可产生皮质醇，皮质醇抑制血清素，导致血清素无法调节多巴胺肾上腺素，使人处于兴奋紧张状态，严重时得神经症。在大脑中由于海马的神经元分布各种皮质醇受体，如果皮质醇过高，会损害海马，导致海马萎缩。海马皮质周围有许多 5-HT 受体，海马萎缩会使整个 5-HT 系统紊乱，最常见的就是 5-HT2A 受体由于应激产生超敏，5-HT1 活性降低。首先最常见的情绪障碍，就是广泛性焦虑症，就是没有理由的害怕、担心，经常怕生活出现意外，对自己过度关注，疑病，社会恐惧，人群恐惧，人的意志力削减。原因是海马本身是储藏近期记忆的器官，当 5-HT2A 超敏时，它会过度提取海马记忆中的危险记忆，于是产生老是回忆危险恐惧，做噩梦的症状。5-HT1 作用刚好相反，它是和 5-HT 关系最亲近的受体，负责提取海马当中高兴的记忆。一个人的乐观还是悲观就是这些东西敏感性不同而已。想要有保持良好的情绪，就要有一个好习惯，如果睡眠不足，纵欲过度，会产生大量的糖皮激素损害海马，老是记不住近期的事，头晕，眼花。

雌激素和睾酮对情绪的影响：那些经历过青春期、怀孕或更年期的个体会觉察到雌激素和睾酮对情绪的影响。高水平的雌性激素似乎对情绪有增强效应，而雌性激素迅速下降被认为会引起抑郁症状。更重要的是，似乎是雌性激素相对水平的改变，而不是激素的绝对水平本身引起情绪效应。这就是为什么在青春期和更年期急速波动的雌性激素是和情绪起伏联系在一起的，这也是为什么心境障碍在女性群体的某些生命阶段（例如童年期和绝经后），即雌性激素水平低且连续的阶段，不那么普遍发生的原因。睾酮也同样对情绪有广泛影响。对男性和女性而言，睾酮在增强性冲动方面有重要作用。此外，对于男性而言，睾酮具有心境增强效应，就像雌性激素对女性的作用一样，虽然现在我们对这些效应的影响还不是特别清楚。睾酮被认为是对愤怒和敌意很重要的影响因素，虽然相关研究结果尚不稳定。

另外复合胺可使人有兴奋感，满足感。

3. 与情绪活动相关的腺体

主要包括脑垂体、肾上腺和甲状腺。

（1）脑垂体

分为垂体前部和垂体后部。垂体前部分泌促肾上腺皮质素（ACTH）、生产激素、促甲状腺素、尿促卵泡素、黄体生成素和生乳素等 6 种激素。垂体后部分泌两种激素：加压素（又名抗利尿激素）和催产素。

下丘脑与垂体存在着胚胎学的、神经的、血管的以及功能的联系，故称之为下丘脑-垂体系统，下丘脑的一些特殊神经元分泌各种释放和抑制激素，直接进入门脉血流而被运送到垂体前部，刺激或抑制垂体前部激素的合成和释放。引起情绪紧张状态的刺激能引起促肾上腺皮质素的分泌。女子在紧张精神负担的影响下月经周期可发生紊乱，这是由于影响了垂体的促性腺功能，从而改变了性腺的活动所致。在不同情绪状态下，下丘脑活动的变化也可影响抗利尿激素的分泌，导致过多或过少的排尿。

下丘脑通过两个生理系统调节身体的改变-自主神经系统和激素。下丘脑用自主神经系统来进行非情绪调节：温度太高时，它激活汗腺，在温度过低时，它使血管收缩，减少热量的损耗；在个体锻炼时，会呼吸加快吸进更多的氧气，机体释放更多的葡萄糖进入血液，心脏跳动更快更强以运输这些东西。在下丘脑探测到体内失衡时，它启动这些改变。不过，下丘脑也接收身体平衡极有可能被将来的活动损害的线索，帮身体做相应的准备。这个准备看起来是情绪的一个特别重要的特征。

下丘脑控制的内分泌系统有相似的灵活性。在下丘脑探测到个体的血压过低时，它指导脑下的垂体释放一个抑制尿液生成的激素，即抗利尿激素，这种激素使肾脏重新吸收液体进入身体而不是将液体排到膀胱。不过，随着心理压力的持续，下丘脑将引导垂体帮助释放皮质醇。因此，在我们经历强烈情绪期间，下丘脑是控制身体改变的关键结构。

因为它指导自主神经系统“战或逃”反应和应激激素的释放，因此，下丘脑看起来仅仅涉及负性的情绪。不过，下丘脑至少对于某些积极情绪也是重要的。下丘脑在性欲上扮演重要角色，一方面通过控制与性唤起和性高潮相联系的自主神经系统激活，另一方面引导脑下垂体帮助释放性激素进入血液。

（2）肾上腺

由肾上腺皮质和肾上腺髓质组成，肾上腺皮质分泌肾上腺皮质类固醇。其有三类皮质类固醇：糖皮质类固醇、盐皮质类固醇和雄激素。糖皮质类固醇的合成和分泌受垂体前叶分泌的 ACTH 的直接控制。内外环境中的一切有害刺激及惊恐、焦虑、紧张、发怒等都可通过下丘脑及垂体前叶引起肾上腺皮质激素，尤其是糖皮质类固醇的大量分泌，这对机体适应这些有害刺激起着极为重要的作用。

肾上腺髓质分泌肾上腺素和去甲肾上腺素。肾上腺髓质的活动受交感神经的支配。去甲肾上腺素又是交感神经系统的传递物质，它对交感神经系统神经元的激活起着直接作用。情绪活动的增加可引起肾上腺髓质分泌的增加。早期的一些研究认为肾上腺素与恐惧、焦虑情绪反应有关，而去甲肾上腺素与愤怒、攻击性情绪有关。实验证明肾上腺素和去甲肾上腺素在情绪活动增加时分泌都增加，分泌量的多少与情绪性质关系不大，但与情绪强度有关。

（3）甲状腺

甲状腺素的分泌由垂体分泌的促甲状腺素控制。情绪兴奋可使促甲状腺素分泌增加，因此甲状腺素分泌也增加。甲状腺素倾向于增加身体全部细胞的新陈代谢的速度，血压升高，心率加速等。这种激素水平过高时通常使人易怒和神经质。

4. 情绪与肠胃菌群

现代生物学家发现，大量的细菌寄生在我们呼吸道和消化道中，它们中的半数的中性菌，对我们既无害也无益，比如肠杆菌、酵母菌及肠球菌；约有 10%是有害菌，如葡萄球菌、幽门杆菌等；还有约 30%是有益菌，如乳酸菌、双歧杆菌等。对有害菌我们也不必担心，因为它们的活动严格受到有益菌和中性菌的管制。

别小看这些寄生在肠道内的小小细菌，它们对改变我们的情绪和行为有着不可忽视的作用。一方面，这些细菌影响人体的营养代谢，如果消化不良，会引起情绪异常；另一方面，假如人体的代谢紊乱，这些细菌会制造出硫化氢、氨等气体来毒害我们的神经，从而导致我们情绪异常，甚至做出极端行为。

人们情绪异常和行为失控的发生频率逐年升高，从肠道内细菌的生存环境来看，导致这一现象主要有两个原因，一是农药、食品添加剂和抗生素等的滥用。这些药物或化学物质进入人体会大量杀死肠道细菌，导致人的代谢紊乱和消化不良，从而引发情绪异常和精神疾病。二是这几年生活水平提高后，部分人吃得太饱。由于摄入的过量高蛋白在人体内缺少有益菌或中性菌为其分解、代谢，它们会在杂菌的分解下产生大量的硫化氢、氨等对神经有毒害作用的物质。这些物质会破坏人体中起抑制冲动作用的五羟色胺的合成，导致人的情绪异常，产生过激行为。

三、情绪障碍及变态情绪

1. 情绪障碍原因

所谓情绪障碍是指情感活动的变态或失常，或情感的夸张、混乱和减退。断定情感反映是否正常或变态，主要依据情感反应强烈程度，持续时间的长久和是否与所处的环境相符合等三者为尺度。现代神经学研究表明，情绪障碍主要是大脑与“情绪四路”（由下丘脑、边缘系统、网状结构等部分构成）的发动与运转异常。现代精神病学将人类的情绪障碍可分为三类：器质性情感障碍、心因性情绪障碍和内生性情绪障碍。器质性情绪障碍由脑瘤、脑血栓、脑外伤、脑萎缩等结构变化所引起。心因性情绪障碍由重大精神创伤或持久性精神紧张或不良环境所造成的。内因情绪障碍与这两类有可查的情绪障碍不同被认为是一种原因不明的疾病。虽然它与精神分裂症都属于原因不明的精神障碍，但精神分裂往往导致不可逆转的精神衰退。内生性情绪障碍包括躁狂症和抑郁症两大类。对此在不同年代分别提出了情绪性障碍的单胺假说和神经内分泌理论。

2. 变态情绪

焦虑和抑郁症是常见的变态情绪。

（1）焦虑

所谓焦虑是一种以情绪异常为主的神经症。人的焦虑可能导致为恐慌，疑病症等严重的神经疾病。焦虑的表现有夸大失败、怀疑、不安、忧虑、恐慌、紧张等。焦虑者的心理应激与身体应激相呼应。从生理标准上看在安静状态下他们的皮肤导电率、心率、血流量、血压、呼吸频率等和正常人相同。但在刺激环境下，焦虑者的脑电波相随负电化反应变小。对定向反应习惯的形成也慢。这说明焦虑者对环境应激反应较小，但较持久且不易形成习惯。而焦虑的产生原因从外部因素看来通常都有些突发性诱因，使人产生心理和机体应激。内部因素看焦虑的产生也有一定关系。研究发现大约有15%的焦虑患者的父母和兄弟姐妹也具有焦虑的特征，大约有50%的焦虑患者的同卵双生子也有类似症状。焦虑的产生过程神经递质其重要作用。当患者出现焦虑症状血压，心率呼吸均高于正常人这些植物性变化都是交感神经活动亢进的表现。交感神经末梢释放的神经递质主要是去甲肾上腺素，因而从机体生理过程看，焦虑往往是由于过量的去甲肾上腺素所致。

焦虑的治疗：

一是增强GABA作用药物——苯二胺。苯二胺类药物发现于20世纪60年代，这种药物取代了低剂量巴比妥盐酸，苯二胺类药物在20世纪80年代是临床应用最广的精神药物，但服用它并非没有代价一旦停用焦虑症状会反弹甚至比以前更高。

二是增强去甲肾上腺素有证据表明有些焦虑特别是惊慌，至少部分是收去甲肾上腺素调节。就这些疾病而言，用抗抑郁药物进行治疗比传统的抗焦虑药物更有效（Bakker et al，1999）为了安全，通常使用三环抗抑郁药物，虽然三环抗抑郁药物主要对5-羟色胺有效，但它也可以提高去甲肾上腺素水平。

（2）抑郁

而抑郁症是另一种情绪变态，它的表现为悲哀、冷漠的心境，消极的态度，自我责备，回避他人的期望。睡眠、食欲和性欲丧失，活动上表现为易怒等。有的患者心情抑郁和过分高涨交替出现。在生理上抑郁患者定向反射时自发的皮肤导电反应比正常人小，且病越重越明显。心率和肌肉紧张度比正常人高，唾液分泌量比正常人少。抑郁病人的脑电图看不见始终一致的异常波。睡眠脑电波表明抑郁患者睡眠不足，常常中断。抑郁症的产生原因很多，抑郁症也与遗传有关。生理原因认为一是电介质代谢失调的结果，还有认为是去甲肾上腺素和5-羟色胺有关，它们在中枢含量过低会导致中枢特别是下丘脑和边缘系统神经通路中突触效能降低引起的。

抑郁的治疗：

一是药物治疗，现在普遍使用的抗抑郁药物主要用三种：单胺氧化酶抑制剂（MAOIs）、三环类抗抑郁剂、5-羟色胺重吸收抑制剂(SSRIS)。单胺氧化酶抑制剂能抑制 MOA 的氧化作用，提高了脑内 5-羟色胺、去甲肾上腺素和多巴胺的含量达到抗抑郁的目的。三环类抗抑郁剂的作用是阻止去甲肾上腺素的再提取。使靠近突触间隙的去甲肾上腺素含量增多，使之易于向神经元外边释放以增加去甲肾上腺素对其作用，相反，神经元内部的去甲肾上腺素的含量则趋于减少。

二是电休克治疗(ECT)，这种休克能促进单胺类递质的生成。

(3) 精神分裂

对于精神分裂的本质存在很多争议，但大多数认为它包括思维和知觉的根本扭曲为特征的一系列障碍。从生理上看一般精神分裂症患者的生理唤醒水平比正常人高。他们皮肤经常出现自发的皮肤电反应，肌肉紧张，外周血管收缩，高的呼吸和心跳频率。精神分裂的产生同样与遗传有关。双生子的研究表明，同卵双生子中患精神分裂症的比例高于异卵双生子。通过对收养的子女调查，患精神分裂症的父或母送给别人收养的孩子患精神分裂症高于健康的父母子女(Wahlberg et al，2000)。精神分裂的生理原因精神分裂症的多巴胺假说认为，精神分裂症是由于脑的代谢过程的代谢过程出现了障碍，从而导致脑中的某些化学物质—主要是神经递质的聚积过剩或消耗过多引起的。

精神分裂症的治疗：精神分裂症的患者都要接受一定的药物治疗，盐酸氯丙嗪、氟哌丁醇和氯氮平是最常见的药物。他们最显著的疗效是镇静，虽然对幻觉和妄想也有直接疗效，但具体效果因个体不同而有差别。盐酸氯丙嗪和氟哌丁醇一般只对精神分裂症的阳性症状起作用，而氯氮平是一种较新的药，对阴性也有作用。但这些药只是推迟了发病，没有真正的根除疾病。还有就是电休克治疗，这与前面的方法一样只是短期的改善。常用 ECT 与抗精神药物结合使用。

关于情绪和情绪障碍疾病的研究很多，特别是现在人们常处在紧张而忙碌的工作和学习中，不良的生活和各种压力与刺激，如果不能很好地解决很容易出现情绪障碍与疾病。了解情绪和情绪障碍的生理机制对我们有一定的帮助。这一部分将在以后的章节中做详细介绍。

第三节　情绪的功能及对安全影响

一、情绪的功能

1. 适应功能

有机体在生存和发展的过程中，有多种适应方式。情绪是有机体适应生存和发展的一种重要方式。如动物遇到危险时产生恐惧的呼叫，就是动物求生的一种手段。

情绪是人类早期赖以生存的手段。婴儿出生时，不具备独立的生存能力和言语交际能力，这时主要依赖情绪来传递信息，与成人进行交流，得到成人的抚养。成人也正是通过婴儿的情绪反应，及时为婴儿提供各种生活条件。在成人的生活中，情绪与人的基本适应行为有关，包括攻击行为、躲避行为、寻求舒适、帮助别人和生殖行为等。这些行为有助于人的生存及成功地适应周围环境。情绪直接反映着人的生存状况，是人的心理活动的晴雨表，如通过愉快可以表示处境良好，通过痛苦可以表示面临困难；人还通过情绪进行社会适应，如用微笑表示友好，通过移情维护人际关系，通过察言观色了解对方的情绪状况，进而采取相应的措施或对策等。总之，人通过情绪了解自身或他人的处境，适应社会的需求，得到更好的生存和发展。当然，情绪有时也有负面作用，如一些球迷会因为输球被负性情绪影响在赛场闹事、斗殴，破坏公共财产，甚至造成人身伤亡。

2. 动机功能

情绪是动机的源泉之一，是动机系统的一个基本成分。它能激励人的活动，提高人的活动效率。适度的情绪兴奋，可以使身心处于活动的最佳状态，推动人们有效地完成任务。研究表明，适度的紧张和焦虑能促使人积极地思考和解决问题。同时，情绪对于生理内驱力也具有放大信号的作用，成为驱使人的行为的强大动力。如人在缺氧的情况下，产生了补充氧气的生理需要，这种生理驱力可能没有足够的力量去激励行为，但是，这时人的恐慌感和急迫感就会放大和增强内驱力，使之成为行为的强大动力。

3. 组织功能

情绪的组织作用是指情绪对其他心理过程的影响。情绪心理学家认为，情绪作为脑内的一个检测系统，对其他心理活动具有组织的作用。这种作用表现为积极情绪的协调作用和消极情绪的破坏、瓦解作用。中等强度的愉快情绪，有利于提高认知活动的效果，而消极情绪如恐惧、痛苦等会对操作产生负面影响。消极情绪的激活水平越高，操作效果越差。

情绪的组织功能还表现在人的行为上，当人处在积极、乐观的情绪状态时，易注意事物美好的一方面，其行为比较开放，愿意接纳外界的事物；而当人处在消极的情绪状态时，容易失望、悲观，放弃自己的愿望，或者产生攻击性行为。

4. 社会功能

情绪在人际间具有传递信息、沟通思想的功能。这种功能是通过情绪的外部表现，即表情来实现的。表情是思想的信号，如用微笑表示赞赏，用点头表示默认等。表情也是言语交流的重要补充，如手势、语调等能使言语信息表达得更加明显或确定。从信息交流的发生上看，表情交流比言语交流要早得多，如在前言语阶段，婴儿与成人相互交流的唯一手段就是情绪。情绪在人与人之间的社交活动中具有广泛的功能。它可以作为社会的黏合剂，使人们接近某些人；也可以作为一种社会的阻隔剂，使人们远离某些人。如某人暴怒时，你可能会后退或碍于他的身份而压抑自己的消极情绪，不让它表露出来。由此可见，人所体验到的情绪，对其社会行为有重大影响。

二、基本情绪对安全的影响

人是有感情的，人的情绪、情感复杂多变。研究表明，影响人的情绪、情感产生和发生变化的原因主要有三大因素，即环境因素、生理因素和认知因素。其中认知因素最为关键，它对情绪、情感起着控制和调节作用。

人的情绪、情感一旦发生，反过来就会引起相应的生理变化，影响人的认知态度，从而影响人的认知水平和效果．进而对操作行为发生影响。而在生产中能否保证安全，和操作行为有着直接的密切关系。如果由情绪情感所引起的生理变化降低了人对客观事物的认知水平和效果，或者它直接干扰了正确的操作行为，导致误操作发生，那么，事故就在所难免。不仅如此，情绪、情感还可以直接通过影响认知而影响操作。这种影响，既可以产生增力性的正效应(它保证操作灵活、有效、可靠)，也可以产生减力性的负效应(它干扰正确操作，增加误操作的机会)。前者能保证安全，后者将导致事故。情绪、情感对安全或事物发生影响的一般机制可简单归纳为如图 6-5 所示的模式。

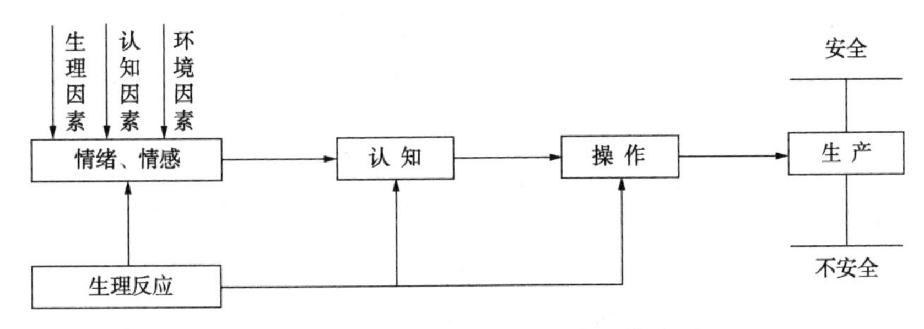

图 6-5 情绪情感影响安全生产的模式图

研究表明在良好的情绪下，工人的工作效率可以提高 0.4%~4.2%，在不良情绪下工作效率下降 2.5%~18%，事故明显增加。对于安全工作或者安全管理而言，是属于难易适中或者困难或复杂的劳动，需要稳定的情绪和较低的情绪水平。小心谨慎才能很好地做好安全工作。那么些许的恐惧情绪对于这些安全工作而言是有利的。如果对于事故的发生产生恐惧或者害怕的情绪，就一定不想让他发生，也很害怕发生，那么对于安全的管理和行为来说安全生产的执行力就会自然而然的提升。那些对于事故保持着一颗无畏之心的人，从事安全生产活动就是马马虎虎，无所谓，这就是事故发生的隐患。

1. 适度的快乐情绪是安全生产和稳定生产的前提

在日常生活中能经常见到这种情况：一个人心情好的时候，他看什么东西都是好的，都很满意；心情不好的时候，看什么都不顺眼，都是令人烦躁的。本来很多应该注意和重视的危险环节，会因为情绪不高而被忽略或没有及时处理，从而给安全生产带来隐患。如果适度的快乐情绪作为主导，工作时就比较积极，员工或者安全人员由内心向外散发一种“我要安全工作，我要做好本职工作”。当然喜悦情绪也不能过度，防止乐极生悲，因过于兴奋而忽略了工作中的风险，而导致事故发生。

2. 愤怒情绪是安全生产和工作的潜在隐患

在各种不良情绪中，以暴怒情绪最具有代表性，愤怒情绪往往是短期的、爆发式的，有些时候甚至毫无征兆的产生。愤怒情绪的产生除了个体因素外，主要是社会因素。人都具有社会性，每个人都身处一定的社会关系中。如果社会关系紧张或遭遇困难，就会影响到人们的情绪。员工与员工之间如果有矛盾，就会难以避免地把情绪带到工作中，影响员工之间的合作交流，损害员工的工作积极性和工作效率。管理人员管理不到位或不公正，也会造成员工的不满情绪，打击员工的生产积极性。社会中的各种矛盾如果长期没有解决，就会造成越来越重的心理负担，长此以往工作中也就难保不带有不良情绪，不仅影响工作效率，在进行一些危险系数较大的作业时，也更有可能发生事故，造成经济损失和人员伤亡。

陷于愤怒情绪的人，往往情绪波动剧烈，待人接物缺乏礼貌和耐心，大脑一味地只求发泄，不经观察和思考就采取行动，甚至会赌气违规操作，此时产生事故的概率也比较大，且由于他们的爆发性，往往会导致事故的破坏性更为巨大。愤怒情绪会让人失去理智，为了一时痛快而不考虑事情的后果，有时甚至做出蓄意的犯罪行为，是最应当避免的情绪。

有调查显示，暴怒驾驶引发的交通事故形态中正面碰撞和侧面碰撞较多，300 人中就有 63 人发生过该类交通事故，占调查总数的 21%。其次是对向刮擦、碰撞固定物，300 人中就有 48 人发生过该类交通事故，占调查总数的 16%。若当时道路上来往车辆数量较多，暴怒情绪下所发生的交通事故形态如正面碰撞、侧面碰撞、对向刮擦等极易引起道路车辆阻塞，从而引起负面的交通情况变化，此外，驾驶人频繁地操作车辆将增加因车辆局部温度过高，进而引发火灾现象发生的概率。由表 6-2 可得出，暴怒情绪对于驾驶人的影响是不容小觑的。

表 6-2 暴怒情绪对驾驶状态的影响

人

事故形态	发生	没有	事故形态	发生	没有	事故形态	发生	没有
正面碰撞	21	279	同向刮擦	45	255	撞动物	4	296
侧面碰撞	42	258	尾随相撞	22	278	翻车	7	293
双向刮擦	34	266	失火	6	294			
撞固定物	14	286	刮撞行人	31	269			

心理学研究表明，人的情绪是一种心理活动的产物，是人对客观事物是否符合自己需要的态度的体验。调查显示，车辆行驶中驾驶人产生的暴怒情绪会对驾驶人的生理心理产生一定的影响，如表 6-3 所示。有效的观测共有 435 个，其中驾驶人对各种可能影响驾驶的生理、心理因素的选择频次为 692 次，其中频数为 172 人的为注意力不集中因素，频数为 161 人的为出现驾驶操作小失误因素，而容易开“赌气车”132 次，反应迟钝 94 次，频数为 82 人的为判断失误因素，以上五种生理、心理因素是影响驾驶人驾驶的主要因素。此外，在该调查中还发现，暴怒情绪使驾驶人产生疲劳的情况比较少，但是仍然应该加以注意与防范。

表 6-3 暴怒情绪对行为的影响

项目	响应		个案占比/%
	N/次	占比/%	
注意力不集中	172	24.86	42.40
出现驾驶操作小失误	161	23.27	37.40
开赌气车	132	19.08	28.70
判断失误	82	11.85	18.50
反应迟钝	94	13.59	21.30
疲劳驾驶	51	7.37	11.60
总计	692	100.00	160.00

【案例】：2019 年 10 月 28 日 10 时许，重庆市万州区一大巴车在万州长江二桥桥面与小轿车发生碰撞后，坠入江中，15 人因此遇难，引发众多媒体和网友关注。车辆打捞上岸后，经重庆市鑫道交通事故司法鉴定所鉴定，排除因故障导致车辆失控的因素。事发时天气晴朗，事发路段平整，无坑洼及障碍物，行车视线良好，也排除天气和路况因素。11 月 2 日，据车内黑匣子监控视频显示，公交车坠江原因系乘客与司机激烈语言争执，然后用手机攻击司机，司机愤怒还手致车辆失控所致。

10 月 28 日凌晨 5 时 1 分，公交公司早班车驾驶员冉某(男，42 岁，万州区人)离家上班，5 时 50 分驾驶 22 路公交车在起始站万达广场发车，沿 22 路公交车路线正常行驶。

9 时 35 分，乘客刘某在龙都广场四季花城站上车，其目的地为壹号家居馆站。由于道路维修改道，22 路公交车不再行经壹号家居馆站。

当车行至南滨公园站时，驾驶员冉某提醒到壹号家居馆的乘客在此站下车，刘某未下车。当车继续行驶途中，刘某发现车辆已过自己的目的地站，要求下车，但该处无公交车站，驾驶员冉某未停车。

10 时 3 分 32 秒，刘某从座位起身走到正在驾驶的冉某右后侧，靠在冉某旁边的扶手立柱上指责冉某，冉某多次转头与刘某解释、争吵，双方争执逐步升级，并相互有攻击性语言。

10 时 8 分 49 秒，当车行驶至万州长江二桥距南桥头 348m 处时，刘某右手持手机击向冉某头部右侧。

10 时 8 分 50 秒，冉某右手放开方向盘还击，侧身挥拳击中刘某颈部。随后，刘某再次用手机击打冉某肩部，冉某用右手格挡并抓住刘某右上臂。

10 时 8 分 51 秒，冉某收回右手并用右手往左侧急打方向(车辆时速为 51km)，导致车辆失控向左偏离越过中心实线，与对向正常行驶的红色小轿车(车辆时速为 58km)相撞后，冲上路沿、撞断护栏坠入江中。

3. 悲哀情绪是安全工作效率降低的祸首

悲哀的情绪能让人完全变了一个人，萎靡不振，郁郁寡欢，做任何事情都提不起兴致，唯一的目的就是能混一天是一天。试想安全检查的时候如果检查员是这样的一个状态，在设备检查的时候是这样的一个状态，可能导致很多不易察觉的隐患检查不出来，随着时间的累积，事故的概率就会不断地增大。悲哀情绪会使人意志消沉，产生厌世态度。极度悲哀的情绪可能会轻生自杀的心理问题，一个人连自身的生命安全都毫不在意，那更谈不上安全生产工作了。

【案例】：2020 年，因新型冠状病毒肺炎疫情防控要求，原定于 6 月初的高考被推迟到了 7 月初。2020 年 7 月 7 日 12 时许，贵州安顺一辆公交车从火车站出发行驶至某水库大坝时，先是降低车速躲避来往车辆后突然转向加速，横穿 5 个车道，撞毁护栏冲入湖中，导致 21 人死亡，15 人受伤。正值高考第一天，在国内引起极大的社会影响。

车辆行驶的道路上路况状况良好，路面平整宽阔没有起伏，且公交车当时所处的位置前后并没有堵车等现象。由此可以确定，当时公交车所处的情况没有环境因素方面的异常情况。公交车自身也是公交集团公司在 2019 年 10 月投入使用的新能源汽车，且当日汽车状况良好，因此该交通事故原因也非汽车自身出现异常情况。

事件调查结果公布，司机张某钢系对拆迁不满，对社会充满绝望，极度悲哀，行驶途中饮酒蓄意驾车冲进湖里，针对不特定人群实施危害公共安全的个人极端犯罪，是一起典型的报复社会的行为。

4. 恐惧情绪是影响安全生产的重要因素

恐惧情绪的产生是由于缺乏应付或摆脱可怕的或陌生的情境的力量或能力而造成的。人出现恐惧心理时，常表现为缩手缩脚，心情紧张，严重时则伴有全身僵直、面色苍白、呼吸急促、心跳加快、四肢颤抖、出冷汗等生理反应。

恐惧心理与安全的关系极为密切，它对安全活动的影响既有积极的一面，也有消极的一面。

从积极的意义上来说，在恐惧心理的作用下，人对危险总会本能地做出一定的行为反应，“趋利避害”是人的天性。在人与周围环境的相互关系中，人总是本能地趋近那些对自己有利的因素，而避开可能对自己不利的因素，这种恐惧心理产生的行为反应本身就具有安全价值，它体现了人对安全的主观需要，也是人面对危险事故的最基本的、首选的对策。例如，当发现危险征兆，如着火、建筑物倒塌等情况时，会尽快逃离；遇到陌生的情景不轻易地进入；对不熟悉的机器设备、信号装置等不随便触摸或启动……，这些被动的、本能的、机械的行为反应可以保护人免于受到伤害，消除或大大降低事故的危害性。

其实因为恐惧心理而产生的安全行为很常见。2020年，在新型冠状病毒肺炎(COVID-19)疫情流行期间，由于COVID-19的威胁不同于其他常见疾病所带来的威胁，其他常见疾病具有广泛可用的治疗方法或疫苗，并且对原本健康的人造成低风险。在COVID-19大流行的早期阶段，尤其是在病例和死亡人数迅速增加、高度不确定性病毒传播的方式和地点、没有已知的治疗方法或有效的疫苗、媒体对病毒危险性的宣传、采取诸如物理疏散等措施的重要性以及与潜在病原体接触的实际风险的强烈呼吁等因素影响下，人们容易产生恐惧，担心受到污染而更有可能采取避免与陌生人互动、限制与电梯按钮等高频率触摸物体的接触等行为，这些行为使得被传染COVID-19的可能性大大降低。

恐惧心理对安全也有消极作用，对于那些因工作需要而必须去从事的一些本身就带有一定危险性的职业或任务时，如登高作业、抢险活动、带电检修输变电线路、开矿爆破、军事战争等，恐惧心理对于任务的完成、工作效率的提高以及安全保证等可能会带来消极影响。

首先，在恐惧心理的支配下，人的生理会发生相应变化，例如心跳加速、血压升高、呼吸急促、手腿颤抖等，这些生理变化会直接影响操作的准确性，导致误操作的次数增多，从而使得事故发生的概率增加。

其次，在恐惧心理的作用下，往往对困难估计过高，在思想上有畏难情绪、顾虑重重；在决策上出现过于谨慎、犹豫不决；在行动上缩手缩脚，降低完成任务的信心和勇气。在紧急情况时，可能会贻误战机，酿成惨剧。

第三，在恐惧心理的支配下，容易使人出现不安全行为，如想尽快干完，以便尽早离开现场，因而工作起来得过且过、敷衍塞责，为事故的发生留下隐患。

2015年4月28日，重庆某煤矿集团掘进队职工黄某在工作过程中，因对工作内容的畏惧导致精神恍惚，被挡车栏挂伤，造成右臂骨折，右大腿骨折，造成不安全事故的发生。根据时候安全调查分析，黄某对记者说："自从哥哥在2001年的煤矿事故中遇难后，每次下矿井我都提心吊胆，心上蒙着厚厚的阴影。每次走到工作面，总不自觉地想起哥哥死时的情景，感觉说不定哪天灾难会降临到自己头上。"

在高危险高风险的作业环境中，工作人员易出现精神高度紧张，甚至出现生理变化，而且一旦有异常情况发生，这种害怕带来的高危紧张情绪就像被最后一根稻草压死的骆驼，瞬间分崩离析，导致工作个体心态无法冷静平稳地分析问题以及采取对应的解决方法和应对措施，由害怕衍生成惊慌，导致无法避免的灾难事件发生。

为了避免恐惧心理对安全的消极影响，可以从多方面和多种途径入手，其中最重要的是要熟悉工作对象的特点、性质，掌握其发生、发展、变化的规律性。对于不懂电工操作的人来说，畏电如虎，谈电色变；而经验丰富的电工可以在高达30多万伏的高压线上带电作业而无恐惧之感。对于初进厂的学徒工，看着每秒几千转的车床望而却步，但在熟练的老师傅手中，却变成了驯服的工具。因此变陌生为熟悉是克服恐惧心理的最有效方法。同时，要刻苦磨炼意志，反复练习操作，熟练掌握操作技能和要领，所谓"艺高人胆大"，有了高超的技艺，恐惧感自然就会减弱和消除，操作起来才会得心应手，举重若轻。此外，还要加强安全操作规程的教育，完善安全防护措施，从客观上保证安全操作的顺利实施。

有些研究者认为，恐惧的程度和态度的变化量是倒"U"字形(图6-6)关系。即随着恐惧由"低"到"中"，态度的变化增大；而一旦恐惧过强，则态度变化量反而下降。

适当的恐惧情绪有利于安全管理。若员工感受到恐惧，则认为自己是不安全的；而恐惧的消除会使员工重新确认自己是安全的。这样，追求恐惧的消除就成为员工安全行为的永久内驱力。

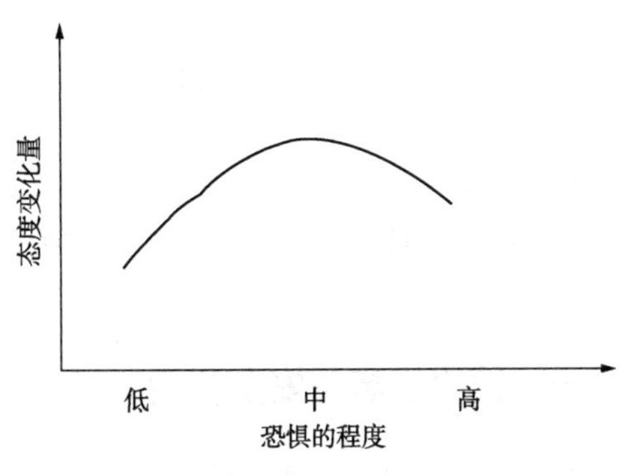

图 6-6　恐惧程度与态度改变的关联性

Susan Sangha 等人曾在文章中提出，相比于安全的背景，适当的恐惧条件下，人的学习效率更高，学习效果更为持久。有研究表明：测试者在观看无恐惧诉求元素试验素材时，注视点较分散，浏览重点或集中点不突出，而在观看有恐惧诉求元素试验素材时，注视点集中在恐惧诉求元素呈现的区域。2000 年，Floyd 等首次在保护动机理论中提出，恐惧诉求是一种以劝告说服为目的的传播策略：其通过展示一种针对受众所说的容易理解的严重威胁信息，来激发受众的恐惧感；另一方面，通过向观众推荐保护性措施，寻找“安全状态”。

有人曾采用问卷调查的方式验证恐惧诉求在宣传中的效果，结果表明恐惧诉求强度与被试者的信息接收程度呈负相关关系：交通事故电视新闻报道对驾驶人的恐惧诉求效果受“恐惧刺激程度”和“有效驾驶建议”因素的影响，驾驶人更容易接受中等偏高强度的事故恐惧刺激，“中高度恐惧刺激+有效驾驶建议”的事故电视报道能够对驾驶人产生最佳的恐惧诉求效果。

安全管理中，安全警示图是很重要的安全教育手段。大部分安全警示宣传图片的形式为“漫画+文字标语”或“实景+文字标语”，有一些宣传图中会加入恐惧元素，有一些图中主要是客观信息。恐惧元素属于情感诉求，客观信息属于理性诉求。然而，理性诉求虽然能够强化人们对问题的了解，但并不一定能够改变人们的行为，且情感信息比理性信息更容易被人们记住、更能引起并维持人们的兴趣。如果对含有恐惧诉求的安全警示图进行合理排版，并标示醒目好记的标语，则说服效果应优于理性的安全警示图。

除了合理设计警示图，投放含有恐惧诉求的公益广告同样能起到相似的作用。比如交通类的公益广告，事故重演时惨烈的事故现场能增强人的恐惧心理，使被测试者恐惧感更强，记忆更深刻，宣传效果更好。

在安全管理中，除了视觉上的刺激，安全培训也是很重要的管理途径。管理人员要注意，不要单一地灌输理论知识，要结合一定的安全事故案例，用惨烈的事故后果使受训人员产生一定的恐惧心理，对工作环境的危险产生较为深刻的印象。但是恐惧心理或者警惕性需要消耗较多的心理能量，并不能长时间存在，故而，管理人员要进行定期培训，来适度强化恐惧心理，防止随着时间的增加，恐惧消失而产生消极怠慢的心理。

同时管理人员也应把握好培训的尺度，不宜过度制造恐慌。在日常工作中要善于观察，找到心理素质较差的员工，对其进行心理疏导，多沟通谈话，缓解其紧张的心理，营造和谐的工作氛围，使员工融入工作环境，精神得到放松，避免因过度恐惧而导致操作失误。

基于以上情况，当利用恐怖的事故场面进行安全教育时，不应仅仅以恐吓为目的，而应讲明情况，分析事故的直接原因和间接原因，并说明防止和避免事故的措施与方法，这样才能产生好的效果。过度地宣扬事故的惨状，而又不加说明，不进行正面引导，不仅达不到好的效果，反而会适得其反。

另外，管理人员还要定期组织相应的实操训练和应急演练，使员工熟练掌握应对措施，防止在危急情况出现时员工产生过度恐惧的心理而扩大事故的影响。

第四节 情绪与安全行为

人的情绪是复杂的，它可以表现为不同的状态。情绪状态不同，对安全的影响也不尽相同。恰当而合理地调节与控制它，不仅有利于劳动效率的提高，而且有助于防止事故，保证安全生产。

一、情绪状态与安全行为

依据情绪发生的强度与延续时间的长短．可以把情绪分为不同的状态。

1. 心境与安全

心境是一种微弱、平静和持久的情绪状态。生活中我们常说“人逢喜事精神爽”，指发生在我们身上的一件喜事让我们很长时间保持着愉快的心情；但有时候一件不如意的事也会让我们很长一段时间忧心忡忡，情绪低落。这些都是心境的表现。

心境具有弥散性和长期性。心境的弥散性是指当人具有了某种心境时，这种心境表现出的态度体验会朝向周围的一切事物。一个在单位受到表彰的人，觉得心情愉快，回到家里同家人会谈笑风生，遇到邻居去笑脸相迎，走在路上也会觉得天高气爽；而当他心情郁闷时，在单位、在家里都会情绪低落，无精打采，甚至会“对花落泪，对月伤情”。古语中说人们对同一种事物，“忧者见之而忧，喜者见之而喜”，也是心境弥散性的表现。心境的长期性是指心境产生后要在相当长的时间内主导人的情绪表现。虽然基本情绪具有情境性，但心境中的喜悦、悲伤、生气、害怕却要维持一段较长的时间，有时甚至成为人一生的主导心境。如有的人一生历尽坎坷，却总是豁达、开朗，以乐观的心境去面对生活；有的人总觉得命运对自己不公平，或觉得别人都对自己不友好，结果总是保持着抑郁愁闷的心境。

心境对人们的生活、工作和健康都有很大的影响。心境可以说是一种生活的常态，人们每天总是在一定的心境中学习、工作和交往，积极良好的心境可以提高学习和工作的绩效，帮助人们克服困难，保持身心健康；消极不良的心境则会使人意志消沉，悲观绝望，无法正常工作和交往，甚至导致一些身心疾病。所以，保持一种积极健康、乐观向上的心境对每个人都有重要意义。

导致心境产生的原因很多，生活中的顺境和逆境，工作、学习上的成功和失败，人际关系的亲与疏，个人健康的好与坏，自然气候的变化，都可能引起某种心境。但心境并不完全取决于外部因素，还同人的世界观和人生观有联系。一个有高尚的人生追求的人会无视人生的失意和挫折，始终以乐观的心境面对生活。

应该指出，引起心境变化的原因，有时是自己明确意识到的，但也有时是自己没有明确意识到的，因而会出现“无名之火”。据研究，人的心境变化带有周期性。它和甲状腺的分泌量有关。一般说，甲状腺动能亢进者，情绪周期较短，大约 3 周左右；甲状腺动能衰退者，相应周期较长。

在生产劳动中，保持良好的心境，避免情绪的大起大落是非常重要的。通过对因不安全行为造成的伤亡事故分析，其中有 27%发生在受害者的情绪有较大变化时(即情绪临界危险期)。

2. 激情与安全

激情是一种爆发强烈而持续时间短暂的情绪状态。人们在生活中的狂喜、狂怒、深重的悲痛和异常的恐惧等都是激情的表现。和心境相比，激情在强度上更大，但维持的时间一般较短暂。

激情具有爆发性和冲动性，同时伴随有明显的生理变化和行为表现。当激情到来的时候，大量心理能量在短时间内积聚而出，如疾风骤雨，使得当事人失去了对自己行为的控制力。《儒林外史》中的范进听到自己金榜题名，狂喜之下，竟然意识混乱，手舞足蹈，疯疯癫癫；有些人在暴怒之下，双目圆睁，咬牙切齿，甚至拳脚相加。但这些激情在宣泄之后，人又会很快平息下来，甚至出现精力衰竭的状态。

激情常由生活事件所引起，那些对个体有特殊意义的事件会导致激情，如考上大学，找到满意的工作等；出乎意料的突发事件会引起激情，如多年失去音信的亲人突然回归，常会欣喜若狂。另外，违背个体意愿的事件也会引起激情，中国古书中记载，春秋战国时期的伍子胥过昭关，因担心被抓回楚国，父仇不能报，一夜之间竟然愁白了头。可见，不同的生活事件会引起不同的激情。

激情对人的影响有积极和消极两个方面。一方面，激情可以激发内在的心理能量，成为行为的巨大动力，提高工作效率并有所创造。如战士在战场上冲锋陷阵，一往无前。但另一方面，激情也有很大的破坏性和危害性。激情中的人有时任性而为，不计后果。

积极的激情对安全是一种有利因素。但在消极的激情下，认识范围缩小，控制力减弱，理智的分析判断能力下降，不能约束自己，不能正确评价自己行为的意义和后果。或趾高气扬，不可一世；或破罐破摔，铤而走险，丧失理智，忘乎所以，冒险蛮干。负面激情不仅会严重影响人的心身健康，而且也是安全生产的大敌，导致事故的温床。因此，无论是在生产过程还是在日常生活中都应竭力避免，否则会带来严重后果。

【案例】：农历腊月 28 日晚，正当职工们准备回家过年，出于生产急需，上级通知他们立即出发去执行探井的测试任务。到了井场，大家匆忙动手，摆车、支滑轮架、装仪器、下缆绳，准备快干快完，好连夜往回返，这样不耽误回家过年。仪器下井途中，曾有轻微遇阻现象，但没有引起人们的警惕和重视。上提仪器时，起初各岗位人员还比较认真。但当提到一半高度仍较顺利后，大家都松懈了，纷纷离岗做收工前的各项准备，井口无人监视异常情况。此时井下仪器突然遇卡，高速提升的钢丝缆绳猛拉测试车，使车身猛退，结果将正在擦车的司机压死。在这一案例中，人们的情绪几起几伏，先是准备回家时突然来了任务(对立意向冲突)，带着情绪上岗工作；在工作中开头很顺利，大家立即兴奋起来，认为胜利在握，很快就可以“打道回府”，因而提前收拾工具、擦车，全队忘乎所以，丧失了警惕；突然车身猛退，司机惨死，一阵狂喜变成了一场悲剧。可见在生产劳动中应该提倡热烈而镇定的情绪，紧张而有秩序的工作。

3. 应激与安全

应激是出乎意料的紧张和危急情况引起的情绪状态。如在日常生活中突然遇到火灾、地震，飞行员在执行任务中突然遇到恶劣天气，旅途中突然遭到歹徒的抢劫等，无论天灾还是人祸，这些突发事件常常使人们心理上高度警醒和紧张，并产生相应的反应，这都是应激的表现。

人在应激状态下常伴随明显的生理变化，这是因为个体在意外刺激作用下必须调动体内全部的能量以应付紧急事件和重大变故。这个生理反应的具体过程为：紧张刺激作用于大脑，使得下丘脑兴奋，肾上腺髓质释放大量肾上腺素和去甲状腺素，从而大大增加通向体内某些器官和肌肉处的血流量，提高机体应付紧张刺激的能力。加拿大心理学家塞里(Seley)

把整个应激反应过程分为动员、阻抗和衰竭三个阶段：首先是有机体通过自身生理机能的变化和调整做好防御性的准备；其次是借助呼吸心率变化和血糖增加等调动内在潜能，应对环境变化；最后当刺激不能及时消除，持续的阻抗使得内在机能受损，防御能力下降，从而导致疾病。

应激的生理反应大致相同，但外部表现可能有很大差异。积极的应激反应表现为沉着冷静、急中生智，全力以赴地去排除危险，克服困难；消极的应激反应表现为惊慌无措、一筹莫展，或者发动错误的行为，加剧了事态的严重性。这两种截然不同的行为表现，既同个人的能力和素质有关，也同平时的训练和经验积累有关。如果接受过防火演习和救生训练，遇到类似的突发事故，也能正确及时地逃生和救人。

消极的应激反应是一种减力性应激状态；积极的应激反应是一种增力性应激状态。人在增力性应激状态下，可以最大限度地发挥自己的潜能，做出在通常情况下难以做出的事情。据说，有位住在三楼的老太家里着了火，平时这位提着菜篮上三楼都困难的老人，竟扛起一个上百斤重的木箱跑到楼下，而当放下木箱，救火的人来了后，她连站都站不起来了，可见处于应激状态下，如果能正确处置，可以避免人身伤害，减少损失，并且可以最大限度地提高工作效率。

在应激情绪状态下，究竟是产生增力效应，还是减力效应，具有较大的个体差异性，而且也视具体情境而定。总的说来，它和个人原先心理准备状态、平时的训练和经验等因素有密切关系。

常言道；“凡事须则立，不预则废”。如果平素提高警惕，真正做到常备不懈，注意增强意志锻炼，多想想遇到紧急情况时应该怎么办，到时就会做到遇事不慌，临事不乱，处变不惊，有条不紊，当机立断，化险为夷，转危为安。

二、情绪激活水平、工作效率和安全行为

心理学的研究表明，人们无论从事体力劳动，还是从事脑力劳动，都要有一个适当的情绪激活水平，即保持一定的热情，才能顺利完成工作任务。为了研究情绪激活水平与工作效率之间的关系，心理学家赫布(Hebb)提出了一个描述二者关系的曲线(图 6-7)。

由图可见，当情绪激活水平很低时(即处于深睡状态)，操作效率等于零；随着情绪逐渐被唤醒，操作效率也相应提高；当情绪唤醒到最佳水平时，操作效率最高；情绪激活水平继续提高，开始情绪干扰，操作效率下降，直到过渡到情绪紧张状态，操作无法进行，操作效率趋于零。

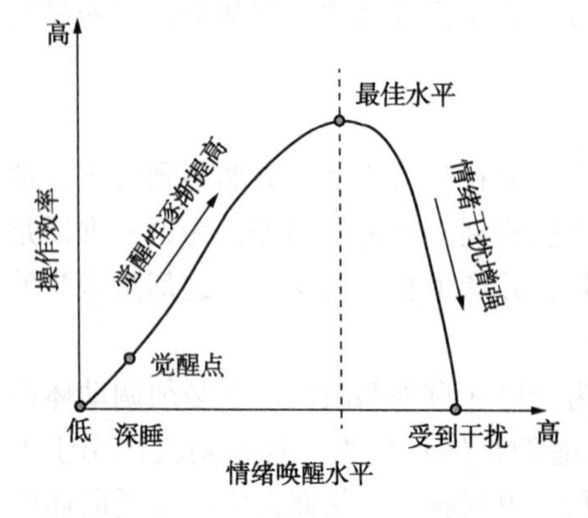

图 6-7　赫布曲线

赫布曲线只反映了二者之间的一般关系，它说明对某一特定工作，有一个最佳的情绪状态，使工作效率最高。为了揭示不同工作所需的最佳情绪状态的差别，心理学家叶克士(Yerkes)和杜德逊(Dodson)进行了专门研究。他们认为情绪的高低需视工作而定，不同的工作达到最高效率所需的情绪水平是不一样的(图 6-8)：对较简单容易的工作，需要较高的情绪水平才能使之达到最高效率；对中等困难的工作，情绪水平处于中等程度是提高工作效率的最佳状态；对于困难复杂的工作，其所要求的情

绪水平偏低。

概括地说，工作难易程度不同，因而要求有与其适应的情绪水干；情绪水平过低(如过度抑郁，缺乏热情)或过高(如过度兴奋，热情过分)都不利于保证工作达到最佳状态。这就是叶克士-杜德逊法则(The Yerkes-Dodson Law)。

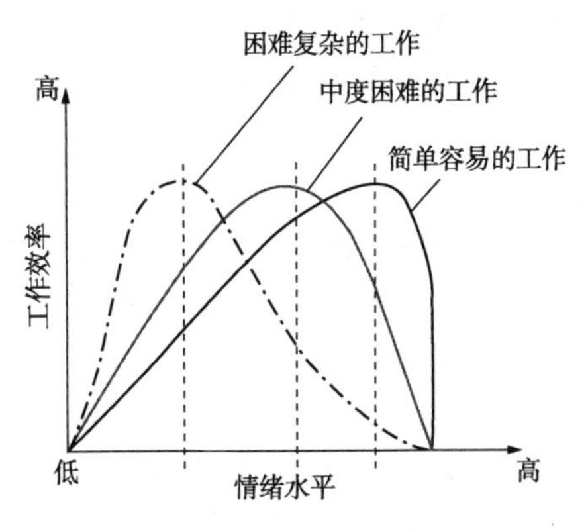

图6-8　叶克士-杜德逊法则

上面讨论的虽然只是情绪激活水平同工作效率之间的关系，但对安全生产也有关系和启发意义。显然，对于较简单的工作，由于掌握起来较容易，相对缺乏刺激因素，使人觉得单调，如果情绪激活水平不够，很难使之维持较长时间。简单单调的工作容易使人发生心理疲劳现象，造成有意注意力降低，从而影响生产的安全性。对于较复杂困难的工作，由于工作本身对人有较强的挑战性和刺激性，维持它情绪激活水平可以低一点，这样就能减少能量的损耗，使之能坚持下去。相反，如果对复杂工作情绪激活水平高，会增加能量的损耗，这无论是对提高工作效率，抑或是保证生产的安全都会带来不利影响，“适度”是非常重要的。

三、情绪的控制与调节

情绪对安全的影响极大，所以如何发挥情绪对安全的积极作用，避免其不利影响，便成为一个十分重要的问题，而解决这个问题使牵涉到情绪的调节与控制。

情绪的调节，其实质是变减力性情绪为增力性情绪。但是，一种情绪、情感究竟对人的活动能力发生增力作用，还是发生减力作用，不能绝对而言，它取决于多种因素，如一个人的理想、信念、世界观、人生观、政治觉悟、道德修养等。有的人即使遇到了忧愁的事，但他能把国家利益、集体利益放在首位，有高度的工作责任心，因而能克制自己的情感，把本来是减力性情绪变为推动自己前进的动力，把工作做得更好。反之，如果一个人只计较个人得失，沾沾自喜于一时之功，并自此自高自大，目中无人，故步自封，到头来反而把增力情感变为减力情感。可见，情绪的调节要以情绪的控制为手段，而控制的目的在于使情绪朝有利于工作的方向转化。

在现实生活中，每个人都会通到高兴的事，也会碰到烦恼的事，既会有成功的喜悦，也会有失败的苦痛，从而引起情绪上的波动。善于控制情绪，不仅可以发挥情绪的积极作用，而且会把坏事变成好事；相反，好事也会变成坏事。俗话说“福无双至”“祸不单行”，造成这种现象的原因，除其他因素外，在很大程度上与情绪的控制与调节有关。碰到高兴的事，整日沉浸在幸福的喜悦之中，思想麻痹，放松警惕，对有可能出现的困难估计不足，心理准备不充分，就有可能乐极生悲；一祸临头，整日闷闷不乐，工作打不起精神，思想包袱沉重，长期得不到精神解脱，就可能导致身心疾病，结果是又来一祸。在生产劳动中，事故的频繁发生或连续发生也常常和领导者或当事人不能有效地控制和调节自己(或引导下属)的情绪有很大关系。

因此，不管是企业的领导者，还是每一个职工，都应该学会控制自己的情绪，做到胜不骄，败不馁，遇到顺心的事，要乐而自持，不能忘乎所以；遇到不顺心的事，要不为逆境所困，丢得开，放得下，及时解脱。只有保持良好的心理状态，才能具有充沛的精力、旺盛的斗志，才能减少工作中的失误，保证安全生产。

1. 情绪调控的方法

关于如何控制和调节自己的情绪，可以从多种途径着手，例如要设法消除引起情绪变化的原因。这里仅从心理学的角度、从自身可为的方面提供几条建设性措施。

我们可以根据在情绪调节过程中情绪调节策略何时发生来对其进行分类，而这种分类可以帮助我们理解为什么不同的策略会对情绪有不同的影响并产生不同的效果。根据研究共分为三种主要的情绪调节策略。

情境关注策略是用来控制情境的，它通过选择情境或在某种程度上改变情境来发挥作用。认知关注策略则是要求我们将注意指向情境中某些特定的方面或是改变我们看待情境的方式来促进某些情绪并/或消除其他情绪。第三种策略则是反应关注策略，一旦情绪产生就要求我们改变情绪的效果。反应关注的策略假定个体已经产生了某种情绪并且想要改变情绪的某些方面。这可能包括：通过谈论这种情绪“将它从个体的系统中移除”；通过睡觉、服药或喝酒等的方式尝试关闭情绪体验；或者尝试压抑情绪的表达让别人看不出来自己的感受。

情绪使我们的生活多姿多彩，同时也影响着我们的生活及行为。当出现不好的情绪时，最好加以调节，使情绪不要给自己的生活及身体带来坏的影响。

① 用表情调节情绪，有研究发现，愤怒和快乐的脸部肌肉使个体产生相应的体验，愤怒的表情可以带来愤怒的情绪体验，所以当我们烦恼时，用微笑来调节自己的情绪可能是个很好的选择。

② 人际调节，人与动物的区别在于他的社会属性，当情绪不好时，可以向周围的人求助，与朋友聊天、娱乐可以使人暂时忘记烦恼，而与曾经有过共同愉快经历的人则能引起当时愉快的感觉。

③ 环境调节，美丽的风景使人心情愉悦，而肮脏的环境会使人烦躁。当情绪不好时可以选择一个环境优美的地方，在完美的大自然中，心情自然而然会得到放松。还可以去那些曾经开心过的地方，记忆会促使你想起愉快事情。

④ 认知调节，人之所以有情绪，是因为我们对事情做出了不同的解释，每件事情不同的人观点不同，则会产生不同的情绪反应。所以我们可以通过改变我们的认知，来改变我们的情绪。比如说在为了每件事儿烦躁时，可以对事情进行重新评价，从另外一个角度看问题，改变我们刻板地看问题的方式。

⑤ 回避引起情绪的问题，如果有些引起情绪的问题我们既不能改变自己的观点又不能解决，就可以选择逃避问题，先暂时避开问题，不去想它，待情绪稳定时，再去解决问题，而且有时候问题的解决方案会在从事其他事情时不经意地想出来。

2. 情绪的认知疗法

认知行为治疗由 A. T. Beck 在 20 世纪 60 年代发展出的一种有结构、短程、认知取向的心理治疗方法，主要针对抑郁症、焦虑症等心理疾病和不合理认知导致的心理问题。

它的主要着眼点，放在患者不合理的认知问题上，通过改变患者对已，对人或对事的看法与态度来改变心理问题。只是单纯的改变自动思维不行，要想彻底放弃一些不合理的认知，还必须从改变核心信念入手。

认知行为治疗需要在行动中识别不合理认知，在行动中替代不合理认知，在行动中改变核心信念，所以行动很重要。认知行为治疗可以用于治疗许多疾病和心理障碍，如抑郁症、焦虑症、神经性厌食症、性功能障碍、药物依赖、恐怖症、慢性疼痛、精神病的康复期治疗等。其中最主要的是治疗情绪抑郁病人，尤其对于单相抑郁症的成年病人来说是一种有效的短期治疗方法。

禁忌证：包括患有幻觉、妄想、严重精神病或抑郁症的病人，受到严重的认知损害，不稳定的家庭系统的病人就不适合进行认知行为治疗。

认知疗法作为一种心理治疗体系，其流派众多，在理论、操作上各有侧重，大概可分为四派：阿尔伯特·艾利斯的理性情绪行为疗法(RET)、唐纳德·梅肯鲍姆的认知行为疗法(CBT)、阿伦·贝克的认知疗法及出现较晚的认知分析治疗(CAT)。其中，认知行为疗法是应用最多最广泛的；而认知分析治疗因结合了认知疗法和精神分析理论，在今后发展中大有潜力。

(1) 阿尔伯特·艾利斯的理性情绪行为疗法(RET)

理论基础：理性情感治疗基于这样的假设，非理性或错误的思想、信念是情感障碍或异常行为产生的重要因素。对此，艾利斯并进一步提出了“ABC 理论”。

在 ABC 理论中，A 指与情感有关系的激发事件(activating events)；B 指信念(beliefs)，包括理性或非理性的信念；C 指与激发事件和信念有关有的情感反应结果(consequences)。通常认为，激发事件 A 直接引起反应 C。事实上并非如此，在 A 与 C 之间有 B 的中介因素。A 对于个体的意义或是否引起反应受 B 的影响，即受人们的认知态度，信念决定。例如，对一幅抽象派的绘画；有人看了非常欣赏，产生愉快的反应；有人看了感到这只是一些无意义的线条和颜色，既不产生愉快感，也不厌恶。画是激发事件 A，但引起的反应 C 各异，这是由于人们对画的认知评估 B 不同所致。由此可见，认知评估或信念对情绪反应或行为的重要影响，非理性或错误是导致异常情感或行为的重要因素。

艾利斯对人的本性的看法可归纳为以下几点：

① 人既可以是有理性的、合理的，也可以是无理性的、不合理的。当人们按照理性去思维、去行动时，他们就会很愉快、富有竞争精神及行动有成效。

② 情绪是伴随人们的思维而产生的，情绪上或心理上的困扰是由于不合理的、不合逻辑思维所造成。

③ 人具有一种生物学和社会学的倾向性，倾向于其在有理性的合理思维和无理性的不合理思维。即任何人都不可避免地具有或多或少的不合理思维与信念。

④ 人是有语言的动物，思维借助于语言而进行，不断地用内化语言重复某种不合理的信念，这将导致无法排解的情绪困扰。

为此，艾利斯宣称：人的情绪不是由某一诱发性事件的本身所引起，而是由经历了这一事件的人对这一事件的解释和评价所引起的。这就成了 ABC 理论的基本观点。例如：两个人一起在街上闲逛，迎面碰到他们的领导，但对方没有与他们招呼，径直走过去了。这两个人中的一个对此是这样想的：“他可能正在想别的事情，没有注意到我们。即使是看到我们而没理睬，也可能有什么特殊的原因。”而另一个人却可能有不同的想法：“是不是上次顶撞了他一句，他就故意不理我了，下一步可能就要故意找我的岔儿了。”两种不同的想法就会导致两种不同的情绪和行为反应。前者可能觉得无所谓，该干什么仍继续干自己的；而后者可能忧心忡忡，以至无法冷静下来干好自己的工作。

从这个简单的例子中可以看出，人的情绪及行为反应与人们对事物的想法、看法有直接关系。在这些想法和看法背后，有着人们对一类事物的共同看法，这就是信念。这两个人的信念，前者在合理情绪疗法中称之为合理的信念，而后者则被称之为不合理的信念。合理的信念会引起人们对事物适当、适度的情绪和行为反应；而不合理的信念则相反，往往会导致不适当的情绪和行为反应。当人们坚持某些不合理的信念，长期处于不良的情绪状态之中时，最终将导致情绪障碍的产生。

如图 6-9 中，A(antecedent)指事情的前因，C(consequence)指事情的后果，有前因必有后果，但是有同样的前因(A)，产生了不一样的后果(C_1 和 C_2)。这是因为从前因到后果之间，一定会透过一座桥梁 B(bridge)，这座桥梁就是信念和我们对情境的评价与解释。又因为，同一情境之下(A)，不同的人的理念以及评价与解释不同(B_1 和 B_2)，所以会得到不同结果(C_1 和 C_2)。因此，事情发生的一切根源缘于我们的信念(信念是指人们对事件的想法，解释和评价等)。

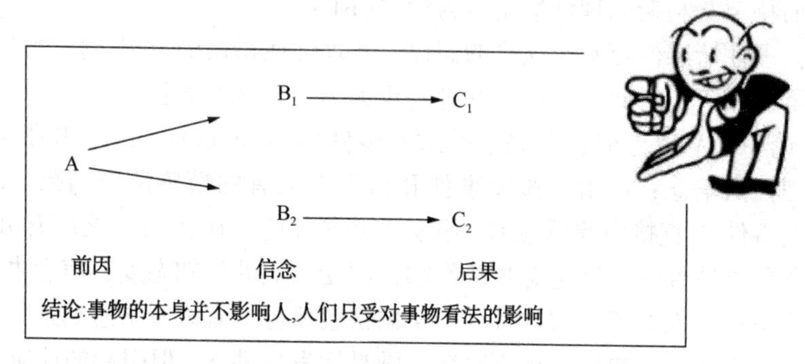

图 6-9　ABC 理论示意图

可见产生不良情绪的人主要有不合理的信念。依据 ABC 理论，分析日常生活中的一些具体情况，我们不难发现人的不合理观念常常具有以下三个特征：

绝对化的要求：是指人们常常以自己的意愿为出发点，认为某事物必定发生或不发生的想法。它常常表现为将“希望”“想要”等绝对化为“必须”“应该”或“一定要”等。例如，“我必须成功”“别人必须对我好”等。这种绝对化的要求之所以不合理，是因为每一客观事物都有其自身的发展规律，不可能依个人的意志为转移。对于某个人来说，他不可能在每一件事上都获成功，他周围的人或事物的表现及发展也不会依他的意愿来改变。因此，当某些事物的发展与其对事物的绝对化要求相悖时，他就会感到难以接受和适应，从而极易陷入情绪困扰之中。

过分概括的评价：这是一种以偏概全的不合理思维方式的表现，它常常把“有时”“某些”过分概括化为“总是”“所有”等。用艾利斯的话来说，这就好像凭一本书的封面来判定它的好坏一样。它具体体现在人们对自己或他人的不合理评价上，典型特征是以某一件或某几件事来评价自身或他人的整体价值。例如，有些人遭受一些失败后，就会认为自己“一无是处、毫无价值”，这种片面的自我否定往往导致自卑自弃、自罪自责等不良情绪。而这种评价一旦指向他人，就会一味地指责别人，产生怨怼、敌意等消极情绪。我们应该认识到，“金无足赤，人无完人”，每个人都有犯错误的可能性。

糟糕至极的结果：这种观念认为如果一件不好的事情发生，那将是非常可怕和糟糕。例如，“我没考上大学，一切都完了”“我没当上处长，不会有前途了”。这种想法是非理性的，因为对任何一件事情来说，都会有比之更坏的情况发生，所以没有一件事情可被定义为糟糕至极。但如果一个人坚持这种“糟糕”观时，那么当他遇到他所谓的百分之百糟糕的事时，他就会陷入不良的情绪体验之中，而一蹶不振。

因此，在日常生活和工作中，当遭遇各种失败和挫折，要想避免情绪失调，就应多检查一下自己的大脑，看是否存在一些“绝对化要求”“过分概括化”和“糟糕至极”等不合理想法，如有，就要有意识地用合理观念取而代之。例如，狐狸吃葡萄的故事(表 6-4)。

表 6-4 狐狸吃葡萄几种情况

事情 A	想法 B	行为 C
1. 吃葡萄	这葡萄真好，我跳起来摘不到，办法总比困难多，我要借个工具想个办法得到葡萄	1. 结果找到一只竹竿，捅了许多葡萄下来，兴奋得满载而归了
2. 吃葡萄	这葡萄肯定是酸的，酸葡萄有什么好吃的，还不如吃冰激凌、喝矿泉水呢	2. 于是哼着小曲，悠悠地走了
3. 吃葡萄	这只狐狸下定决心、排除万难、不怕牺牲，一定要现在凭自己的实力得到葡萄	3. 从下午跳到晚上，从天黑跳到天亮，最后累死在葡萄架下
4. 吃葡萄	这只狐狸下定决心、排除万难、不怕牺牲，一定要现在凭自己的实力得到葡萄	4. 结果被葡萄的主人听到了，主人想偷吃我的葡萄还骂人，于是拿出大木棍把狐狸痛扁了一顿，结果这只狐狸被打得鼻青脸肿地跑了
5. 吃葡萄	这只狐狸也生气，但觉得没有朋友可以信任可以倾诉，也没有地方可以发泄	5. 生气憋在肚子里，不说出来，过了不久去医院检查，结果得了癌症
6. 吃葡萄	这只狐狸心理非常的郁闷：这世上做什么都这么难，想吃个葡萄都吃不到，活着真没意思！	6. 还活着做什么，于是找来一根绳子，在葡萄架下上吊自杀了
7. 吃葡萄	它心里想：我吃不到葡萄，其他人也别想吃到	7. 我把它烧了、毁了，结果这只狐狸被警察逮走了
8. 吃葡萄	觉得的吃不到葡萄身体也不舒服，朋友家人也要取笑，一生气就气急攻心	8. 一下子疯了，不停地在说：吃葡萄不吐葡萄皮，不吃葡萄吐葡萄皮……

艾利斯的 ABC 理论后来又进一步发展，增加了 D 和 E 两个部分，D(disputing)指对非理论信念的干预和抵制；E(effective)指导有效的理性信念或适当的情感行为替代非理性信念，异常的情感和行为。D 和 E 是影响 ABC 的重要因素，对异常行为的转归起着 D 重要的影响作用。是对 ABC 理论的重要补充。

治疗的基本方法：

① 向患者解释说明理性情感治疗的基础，说明认知与情感之间的关系，非理性情感不适或异常行为的联系。

② 通过患者的自我监察和治疗的反馈，识别非理性思想。

③ 直接对非理性观念提出疑问，指出不合理所在，并示范对已有激发事件或不良刺激应如何理性的分析解释。

④ 自我陈述理的观念，用其代替先前的非理性观念，并练习，在心理重复理性的观念。

⑤ 设计和采用某些行为技术，如角色扮演，操作条件，脱敏和一些其他技能训练方法，帮助患者发展理性的反应。

(2) 唐纳德 · 梅肯鲍姆的认知行为疗法(CBT)

理论基础：自我指导训练的理论来自苏联学者鲁利亚(Luria)等人的研究，认为语言——特别是内部语言与行为有着密切的关系，从某种程度上起着影响和控制行为的作用。梅肯鲍姆认为消极的内部语言是产生和影响行为失调的重要因素，并指出通过矫正消极的内部语言，用正面的、积极的自我对话可达到矫正异常行为或心理障碍的目的。

治疗的基本方法：

① 训练患者识别和意识到不适应的思维(内心的自我陈述)。

② 治疗和示范适当的行为，同时用言语表达有效的行动策略，包括对任务要求的评估，自我指导循序渐进的作业，强调个人适应性和战胜克服困难的自我陈述对于成功行为的内在自我强化。

③ 患者在克服目标行为的同时大声用言语自我指导，此后进一步在内心重服强化，治疗家在这一过程中，给予反馈，确保用积极的解决问题的自我对话替代先前异常行为有关的产生焦虑的认知活动，自我对话。

(3) 阿伦·贝克的认知疗法

理论基础：认知疗法的基础理论来自信息加工之理论模式，认为人们的行为、感情是由对事物的认知所影响和决定。例如，如果人们认为环境中有危险，他们便会感到紧张并想逃避。人们的认知建立在自己以往经验的态度和假设基础之上。贝克指出，心理障碍的产生并不是激发事件或有不良刺激的直接后果，而是通过了认知加工，在歪曲或错误的思维影响下促成的。歪曲和错误的思维包括主观臆测，在缺乏事实或根据时的推断——夸大，过分夸大某一事情(事件)和意义。牵连个人，倾向将与己无关的事联系到自己身上；走极端认为凡事只有好和坏，不好即坏，不白即黑。他还指出，错误思想常以“自动思维”的形式出现，即这些错误思想常是不知不觉地、习惯地进行，因而不易被认识到，不同的心理障碍有不同内容的认知歪曲。例如：抑郁症大多对自己，对现实和将来都持消极态度，抱有偏见，认为自己是失败者，对事事都不如意，认为将来毫无希望；焦虑症则对现实中的威胁持有偏见，过分夸大事情的后果，面对问题，只强调不利因素，而忽视有利因素。因此认知疗法重点在于矫正患者的思维歪曲。

认知疗法基本方法步骤如下：

① 帮助患者认识思维活动与情感行为之间的联系。

② 帮助患者认虽消极歪曲或错误的思维，检验支持和不支持自动思维的证据。

③ 帮助改变歪曲的错误的思维方式、内容，发展更适应的思维方式和内容。在以上步骤的实施中，同时采用各种认知技术和行为技术。

第五节　情感与安全行为

情感是比情绪更复杂、更高级的心理状态。它主要包括道德感、理智感、美感等类型，而其中每一类还可以细分。例如，道德感的核心是对祖国的热爱、责任感和义务感等。本节不准备全面阐述情感与安全的关系，只着重讨论与安全关系较大的几种情感。

一、责任感与安全行为

责任感是一个人所体验的自己对社会或他人所负的道德责任的情感。鲁迅在逝世前不久于病中写下的文章《这也是生活》中的有一句话：“无穷的远方，无数的人们，都与我有关。”海明威在《丧钟为谁而鸣》中说过：“所有的人是一个整体，别人的不幸就是你的不幸。所以，不要问丧钟是为谁而鸣——它就是为你而鸣。”你我的安全，就是大家的安全，就是全社会和全人类的安全。

【案例】：每个人只错了一点点。

一水理查德：3月21日，我在奥克兰港私自买了一个台灯，想给妻子写信时照明用。

二副瑟曼：我看见理查德拿着台灯回船，说了句这个台灯底座轻，船晃时别让它倒下来，但没有干涉。

三副帕蒂：3月21日下午船离港，我发现救生筏施放器有问题，将救生筏绑在架子上。

二水戴维斯：离港检查时，发现水手区的闭门器损坏，用铁丝将门捆牢。

二管轮安特耳：我检查消防设施时，发现水手区的消防栓锈蚀，心想还有几天就到码头了，到时候再换。

船长麦凯姆：起航时，工作繁忙，没有看甲板部和轮机部的安全检查报告。

机匠丹尼尔：3月23日13点理查德和苏勒的房间消防探头连续报警。我和瓦尔特进去后，未发现火苗，判断探头误报警，拆掉交给惠特曼，要求换新的。

大管轮惠特曼：我说正忙着，等一会儿拿给你们。

服务生斯克尼：3月23日13点，到理查德房间找他，他不在，坐到他房间里，随手开了他的台灯。

机电长科恩：3月23日14点我发现跳闸了，这是以前也出现过的现象，没多想，就将闸合上，没查明原因。

三管轮马辛：感到空气不好，先打电话到厨房，证明没问题后，又让机舱打开通风口。

管事戴斯蒙：14点半，我召集所有不在岗位的人员到厨房帮忙做饭，晚上会餐。

最后是船长麦凯姆写的话：19点半发现火灾时，理查德和苏勒的房间已经烧穿，一切糟糕透了，我们没有办法控制火情，而且火越来越大，直到整条船上都是火。

最高层次的责任感是社会责任感，即意识到自己的工作和行为后果要对社会负责而产生的情感体验。认识到自己的工作和行为对国家的利益、民族的兴衰、社会的进步负有责任与义务，可以约束自己的行为，使自己始终以社会的利益为思考问题和行为的出发点。

其次是对工作单位(或组织)的责任感，每个社会成员都从属于一定的组织，并在组织内分担一定的工作责任。工作责任感是对组织分配给自己的工作任务应承担的义务的一种认同情感。一个人树立了正确的工作责任感，就会不推诿，不马虎，认真完成自己的职责。相反，没有工作责任感的人则表现为敷衍塞责，工作马马虎虎，对是否完成了或履行了自己的职责抱无所谓态度。

第三是对家庭的责任感，每个人对家庭的兴衰、荣辱等都负有一定的道德责任，家庭责任感强的人，在行动时不仅想到自己，还会想到家庭，想到自己的言行对家庭产生的后果。

第四是对他人的责任感，这里有两种情况：其一是接受组织或他人的委托而对某(些)个人所应负责任的情感体验。例如，作为管理者，有责任管理好自己的下属，关心他们的身心健康、言谈举止、工作业绩、平时表现等；其二是建立在自觉自愿基础上，自发形成要求自己对他人负责的情感体验。例如在上班途中见到受伤或害病的人，并且在四周无人的情况下，自己主动救助他人的行为，就是出自自发地对他人的道德责任感，即受“我有责任救助他”的内在驱动力所使然。这种责任感并不企求别人的回报，他可能出自高尚的道德修养、普通的怜悯心、同情心或“物伤其类”的感受，从而做出相应的行为。

最后是对个人的责任感，自我的责任感是出自维护自己的形象，实现自己理想、信念的追求，保持或期望社会(别人)对自己的积极评价等动机，约束自己行为的情感。

责任感的产生及其强弱，取决于对责任的认识。这包括两方面的内容：其一是对责任本身的认识与认同，例如责任范围、责任内容是否明确，制约着责任感的产生。责任不明，职责不清，不知道哪些事该管，哪些事不该管，不可能产生强烈的责任感。即使明确了责任，如果不被认同，也不能产生责任感。例如，虽然领导委派自己去从事某项工作，但自己心里不愿接受，或者心存疑虑，总想把任务推出去，在这种情况下，不可能产生较强的责任感。其二是对责任意义的认识或预期。责任本身的意义越重大，对责任意义的认识越深刻，对责任的情感体验也就越强烈。

责任感对安全的影响极大，很多事故的发生均与责任心不强有关。一些人上班脱岗、值班时睡觉，领导者对下属疏于管理、监督，对工作拖沓、推诿，作业时冒险蛮干、不遵守操作规程等，都是责任心不强的表现。

安全生产中提倡的“四不伤害”就是责任感的体现，“四不伤害”是指一不伤害自己，二不伤害他人，三不被别人伤害，四保护他人不受伤害。开展“四不伤害”活动的核心和目的是为了增强员工的安全意识，提高职工的自我保护和相互保护能力。“四不伤害”的具体内容为：

一是不伤害自己。就是要提高自我保护意识，不能由于自己的疏忽、失误而使自己受到伤害，它取决于自己的安全意识、安全知识、对工作任务的熟悉程度、岗位技能、工作态度、工作方法、精神状态、作业行为等多方面因素。

二是不伤害他人。他人生命与你的一样宝贵，不应该被忽视，保护同事是你应尽的义务，我不伤害他人，就是我的行为或后果，不能给他人造成伤害，在多人作业同时，由于自己不遵守操作规程，对作业现场周围观察不够以及自己操作失误等原因，自己的行为可能对现场周围的人员造成伤害。

三是不被他人伤害。人的生命是脆弱的，变化的环境蕴含多种可能失控的风险，你的生命安全不应该由他人来随意伤害，我不被他人伤害，即每个人都要加强自我防范意识，工作中要避免他人的错误操作或其他隐患对自己造成伤害。

四是保护他人不受伤害。任何组织中的每个成员都是团队中的一分子，要担负起关心爱护他人的责任和义务，不仅自己要注意安全，还要保护团队的其他人员不受伤害，这是每个成员对集体中其他成员的承诺。

二、挫折感与安全行为

1. 挫折的含义及产生条件

所谓挫折(frustration)，在心理学上是指个体在从事有目的的活动过程中，遇到障碍和干扰，致使个人动机不能实现、个人需要不能满足时的情绪反应。挫折感的产生有一定的条件。

个体从事的是有目的的活动。有目的即指有预期的活动目标，有预期成功的动机。毫无目的去从事一件事，或者根本不指望活动会成功，对活动成功与否抱无所谓态度，成功了是“捡便宜”，即使失败了也不会产生挫折感。目的性越强，成功的动机越强烈，一旦失败，没有达到预期的目的，其挫折感也就越严重。

在活动中，有满足动机、达到目标的手段或行动，即指在活动中自己有了投入(时间、精力、钱财等)。在这种情况下，一旦失败，就觉得划不来，不合算，白费劲，因而产生挫折感。如果只是有想法、有动机，而无真正行动或投入，就不一定会产生挫折感。

有挫折的情境，即在活动中遇到障碍。造成挫折的障碍可来自多方面，大体上可分为两大类：其一是客观上的，即自然因素、社会因素，如政治、经济、法律、宗教、风俗习惯的制约，人际关系、管理不当、教育方法不妥，岗位约束等；其二是主观上的，即个体自身的因素，如个人的生理条件、心理冲突、知识能力、自我认知、抱负水平等，其中抱负水平最重要。所谓抱负水平，是一个人对自己要达到的目标规定的标准。如果一个人自我估计过高，期望水平超过了个人的实际水平，期望值定得过高，自不量力，追求一些无法实现的目标，就很容易造成挫折感。

个人对挫折的容忍力。人们碰到失败或不顺心的事，是否会产生挫折感，还同个人的容忍力有关。容忍力也可称为心理承受能力。人对挫折的容忍力受到个人的生理条件、挫折的经验以及个人对挫折的主观判断等的影响。历尽艰辛和磨难的人，心理承受能力强，遇到挫折时，挫折感不明显；一直生活在顺境中的人，没有挫折经验，承受挫折的能力弱。对挫折的知觉判断也影响挫折感的强弱。如果把事情看得过重，对挫折可能给自己带来的不利影响想得过多，挫折感就强；如果认为无所谓，挫折感就弱。此外，对挫折感的容忍力还取决于一个人是否有坚强的性格。

2. 挫折的情绪行为表现

挫折感一旦产生，便会对人的情绪、行为等发生重要影响。人在遭受挫折后，其情绪、行为表现主要体现在下述方面。

情绪异常。个体遭受挫折会导致情绪的变化，如愤怒、消沉、心境不佳、不愿与人搭话、心情沉重、精神压抑等。一般说，挫折感造成的情绪多是负性情绪或减力情绪。但也有些人表现为增力情绪，或者表面上装作高兴，而把内心痛苦或负面情绪隐匿起来。

攻击。个体受到挫折产生愤怒情绪后，可能对有关人或物直接攻击，甚至转向攻击，对无关的人或物实施攻击。

倒退。个体受挫后会表现出一种与自己年龄、身份、性格等很不相称的幼稚行为。比如一个领导者因自身挫折反而对下级大发脾气，或为一点小事而暴跳如雷，粗暴对待别人。倒退的另一种表现是“受暗示性”，如盲目相信别人，听信传闻或谣言，盲目执行某个人的指示，做出“别人装药，自己放炮”的轻率冲动，缺乏独立思考和自我判断的能力。

固执。所谓固执，是指明知重复进行某种动作(或行为)无结果，但仍坚持。固执不同于习惯。习惯在受到挫折后可以改变，而固执是在受到失败或惩罚时不仅不会改变，反而有可能加强。自暴自弃，破罐破摔，不计后果，一意孤行，不撞南墙不回头，拒绝改正错误，一条道跑到黑等，那是固执的表现。固执不仅不能消除挫折感，反而会接连遭受失败，使挫折感增强。

妥协。人在遇到挫折时，在正视挫折现实的同时，常会找出种种理由为自己开脱，推卸责任。或怨天尤人(推诿)，或自我解嘲(合理化)。如一个人因工作马虎出了事故，却推说机器陈旧，强调客观原因，或别人干扰所造成的，把自己的过失推给别人。自我解嘲也称合理化，实质是一种文饰作用，目的在于自我安慰，其积极意义在于求得暂时心理平衡，对缓解挫折感有一定作用。

替代或升华。当一个人所确立的目标与社会的要求相矛盾，或受到条件限制而无法达到时，会设法制定另一个目标取代原来的目标，这就是取代反应或补偿反应。一个人在一种活动上遭到挫折(如在婚恋上)后，把精力转移到另一活动(如事业)上去，谋求成功，以求得补偿，这种积极的转移，称为升华。因此，挫折对不同的人来说，既可能使某些人心灰意冷，从此一蹶不振，也可能使另一些人进而奋起，变成前进的动力。

总的说来，不同个体对遭受挫折后的反应尽管不同，但基本上可归纳为两大类：积极、建设性的；消极、破坏性的(表6-5)。

表6-5　挫后反应

建设性反应		破坏性反应	
建设性反应	升华：化消极为积极，化悲痛为力量	破坏性反应	反向行为：压抑自己，破罐破摔
	增强努力：鼓起勇气，努力实现目标		幻想：逃避现实，胡思乱想
	模仿：学习崇拜者的思想、信仰、言行		推诿：推卸责任，诿过于人
	补偿：转移目标，以期补偿		退缩：知难而退，意志消沉
	重新解释目标：近期、修订、转化		压制：忘记过去，深藏不露
	折中妥协：两事相抵，采取折中		回归：灰心丧气，退回原点
	合理借口：正视挫折，寻求合理借口		

为了防止或减少挫折感的产生，最基本的措施有两条：从客观上来说，应该尽可能改变产生挫折的情境。在从事有目的的活动之前，要做好物质上、思想上、管理措施上等各方面的准备工作，增大活动成功的把握，减少失败的机会。在活动中遇到困难时，作为执行者要主动寻求别人或领导的支持、帮助；作为领导管理者，要主动关心自己的下属，及时给予鼓励，并切实解决其实际问题。一旦活动失败后，应实事求是地分析产生失败的主客观原因，对由客观因素所造成的失败，要给以正视和承认，不要一味地强调活动者的责任。对活动者应负的责任，要本着总结经验、吸取教训，以利再干的态度，恰当地指出，使之做到心服口服，这样有利于将由挫折而造成的负性情绪转向正性情绪，促进其升华。从主观上来说，作为行为者，在确定活动目标时应该量力而行，切忌好高骛远，期望值要适度。在活动之前，应有周密的计划，对活动中可能出现的困难应有充分的心理准备，平时要加强意志锻炼。一旦活动失败，要理智地接制自己的情绪，必要时可采取心理调运的办法(如精神发泄)，尽快从失败的痛苦中解脱出来，把失败看作成功的代价，变失败的痛苦为进一步奋斗的压力和动力。

三、理智感、美感、荣誉感与安全行为

1. 理智感与安全行为

理智感是一个人在智力活动中由认识和追求真理的需要是否得到满足而引起的情感体验。理智感主要体现为求知欲旺盛、热爱真理、服从科学，这是对安全生产具有积极意义的情感。由于科学技术的飞速发展，现代企业出现了许多新的机器、设备、仪器和工艺手段，单靠传统的经验、技能已无济于事，必须善于学习，不断更新自己的知识储备，加强现代科学理论的修养。凡事不讲科学，仅仅满足于一知半解，固守从老师傅那里得到的陈旧经验，甚至以“大老粗”为荣，遇事冒险蛮干，不懂装懂，认为只要胆大就行，都是一种缺乏理智感的表现，也容易在操作中出错，成为安全生产的威胁。

2. 美感与安全行为

美感是人对能激起或满足自己美的需要的一种情感体验，不同的人，对美的理解是不同的。有的人以对工作负责、技术精熟，因而受到同事敬佩、领导表扬、社会尊重为美，当他们自己做到这些后，心里会感到美滋滋的；有的人则以外表漂亮、打扮入时，会吃会玩为美。前者对生产中的安全是一种有利因素，因为它可以激励人们树立起较强的工作责任感和对技术精益求精，奋发向上的精神；后者则有可能使人沉溺于琐屑细小的日常生活，消磨人的意志，增强人的虚荣心。例如，青年工人不恰当地追求服饰美，认为工作服不美观，不是

扔到一边，就是加以改造，使之失去了劳动保护的作用。一些女工甚至带着戒指、手镯等上岗操作机器，一些男青工喜欢留长发，在工作时不愿戴安全帽，给安全带来隐患，主要是虚荣的爱美之心在作怪。

3. *荣誉感与安全行为*

荣誉感是人在通过自己的努力，达到活动目标，获得别人积极评价和赞许时所产生的一种情感体验，荣誉感是一种催人奋发向上的积极情感。但一个人荣誉的获得，应是自己积极努力的自然结果，由于这样的荣誉来之不易，因而才使人更能珍视它；相反，有的人搞歪门邪道，靠不正当手段窃取荣誉，即所谓沽名钓誉，这样虽也能使自己获得一时的心理满足，但它不能使之成为自己积极进取的动力，到头来还会自食恶果。例如，一个工人或者班组，通过长期的努力，获得了安全生产奖，受到上级部门、同事的赞扬，这本来是好事。但如果从此以后不再努力，而是以安全模范自居，甚至为了维护已得荣誉，隐瞒事故苗头，对上报喜不报忧，这样就有可能走向反面。

总而言之，人的情感是复杂多变的，一种情感究竟对安全是起好作用，还是不好的作用，不能一概而论，需要具体分析，慎重对待。

第六节　意志与安全行为

意志是人心理过程的重要体现，它在保证有目的的活动的达成，减少生产活动中非安全行为的发生等方面，具有重要意义。

一、意志及其作用

人的心理意识，不仅能对客观事物产生认识过程和态度体验，更主要的是，它也能保证人对客观现实进行有意识、有目的、有计划的改造。人的这种自觉确定活动目的，并为实现预定目的，有意识地支配、调节其行动的心理现象，就是意志或称意志过程。

意志，从本质上说来，就是人自身对意识的积极调节和控制，它对顺利有效地完成有意识活动具有重要意义。

首先，人活动目的(目标)的确定需要意志的参与。人在具体活动之前，往往会存在动机冲突或动机斗争，因为动机是由人的需要引起的，在一定时期中，人的需要并不总是单一的，由于主客观的限制，人在具体从事一种活动时并不能同时满足所有需要。当不同需要之间不能兼容而发生冲突或矛盾时，由需要引起的动机之间也必定会出现冲突和矛盾。例如，在生产中，既要提高工作效率，以便尽快完成定额，又要注意安全。在这种情况下，先干什么(即先满足哪类需要)，后干什么，或者干什么、不干什么，有个选择问题，就要有意志的参与。否则就不能将意识集中指向(或偏重于指向)其中的一个具体活动，从而也就难于产生出具体的行为。这样就会变成“布里丹的驴子”，它在两堆距离自己远近一样，并且质量好坏相同的干草堆间，由于决定不下究竟先吃哪一堆，最后把自己饿死了。

其次，为了实现目标，就要始终围绕目标去行动，在约束和强迫自己按规定的目标去行动的过程中，意志也起着重要作用。例如，为了解决一项特定任务或问题，就要将自己的观察、记忆、所思、所想都统筹起来，并且将与解决该问题无关的刺激、引诱、干扰等暂时屏蔽起来或舍弃掉。意志不仅渗透到认知过程，也参与对情绪、情感、注意等心理过程的控制。

第三，在完成特定任务的过程中，总会遇到这样那样的障碍，要克服障碍，也需要意志的努力。障碍主要来自两方面：外部障碍和内部障碍。外部障碍一般是指由客观条件与外部环境所引起的阻力，如物质条件不足（机器、工具、仪器、设备、原材料等）、自然物理环境干扰（温度、湿度、光照、噪声、气味等）、社会压力（如他人的讥讽、人为设置的障碍等）。内部障碍是指行为主体自身的制约因素，如缺乏自信、畏缩不前、害怕失败等。要把行动坚持下去，既要克服外部障碍，又要克服内部障碍。如果没有坚强的意志，不仅会在行动之前望而却步，而且在行动时也难于坚持到底，从而使行动半途而废。

总之，意志通过对意识的自我定向自我约束、自我调节和自我控制，保证人们达到预定目的。因此它对完成既定任务、保障安全生产是必不可少的心理因素。

二、意志品质与安全生产

意志品质主要包括意志的坚定性、果断性、自制性和恒毅性。

1. 坚定性

意志的坚定性是指对自己选定或认同的行动目的、奋斗目标坚定不移地努力去实现的一种品质。意志坚定性品质的树立取决于对行动目标的认识，认识愈深刻，行动也就愈自觉。认识到目标的意义愈重大、影响愈深远（对自己、对集体、对企业、对社会、对国家等），选定目标也愈坚决，而选定之后，坚持目标的意志努力也就愈强烈。不仅一个人的认知影响意志的坚定性，一个人的兴趣、爱好、责任心等也影响意志的坚定性，对自己感兴趣的事情，往往容易坚持做下去。一个责任感较强的人，不会轻易放弃目标和为实现目标而做的努力。此外，意志的坚定性还和一个人的理想、信念等有关。如果行动和自己的信念相符，就可以强化自己行动的意志。否则，就会将信将疑，三心二意；在行动上则表现为左右摇摆，观望不前。

安全生产是以熟练的操作技能为基本前提的，而技能不同于本能，不是先天具备的，而是通过后天学习得到的，要使操作技能达到熟练的程度，不经过意志的努力是很难实现的。缺乏意志的坚定性，员工就不舍得花力气，下功夫，满足于能应付、过得去，不能使自己的操作技能达到熟练的程度，容易引起误操作，而导致事故发生。另外员工长时间从事某个工作或职业，就可能产生职业倦怠，即使本来有兴趣的工作也会感到厌烦，因此能维持职业热情，也要坚定的意志品质来保障。

2. 果断性

意志的果断性即通常所说的拿得起，放得下。它突出地反映在一个人做决定、下判断的情况时。在做决定时，是优柔寡断、犹豫不决，还是敢做敢当，行止果断，反映着一个人的意志品质。缺乏果断性意志品质的人不管大事小事，总是前怕狼后怕虎，想吃又怕烫。果断性集中反映着一个人做决定的速度，但不意味着草率决定，鲁莽从事，轻举妄动。意志果断是指在迅速比较了各种外界刺激和信息之后作出决断，其思想、行动的迅速定向是理智思考的结果。而在信息缺乏甚至是信息错误时，不加分析地做出选择和决定，是感情冲动时一种非理智的决断。

在生产中，有些事故的发生是有先兆的，能否在事故发生前的一刹那，自觉采取果断措施排除险情，和操作者的意念关系很大。如果能在情况紧急时，及时采取果断措施，就能够避免事故发生；相反则可能会延误时机，造成严重后果。例如某钢厂出钢时，天车抱闸失灵，钢包下溜，钢水外泄，遇水发生爆炸，造成多人受伤。如果天车司机在发现天车抱闸失灵后采取果断措施(如打反转)，控制钢包下溜，将钢包安放于平稳之处，或发出信号通知地面人员迅速离开，这次事故就有可能避免。又如，浙江某水泥厂的一位年轻电焊工在操作时，因暴雨引起的焊头漏电，触电后站立不稳，从16m的高处摔了下来。当时，正在距地面8m多高的铁浮梯上干活的一位钳工师傅见状，果断伸出双手去接，结果电焊工正好掉在他怀里，避免了一场人身伤亡事故。而钳工师傅从发现险情到险情排除，前后不过二三秒时间。可见在危急险恶情况下，具有良好意志品质的人，能根据不同条件变化调节自己的行动，敏捷地进行分析判断和决策，消除险情，而意志薄弱者则可能判断犹豫不决，行动举棋不定，以致失去抢险时机而造成重大损失。

3. 自制性(或自律性)

意志的自制性或自律性品质是一种自我约束的品质，意志的自制性表现为控制自己的思想、情绪、情感、习惯、行为、举止在一定的合适范围内，抑制与行动目的不相容的动机，不为其他无关的刺激所引诱、所动摇。自制力好的人能够遵守规定，专心致志，注意力集中，工作一丝不苟，严于律己。缺乏意志自制力的人，表现为大错不犯，小错不断，目标常转换，注意常分散，平时吊儿郎当、马马虎虎，干事不专心，常为外界刺激而分心，容易接受暗示，从众性强，缺乏独立思考，是容易引发事故的人。

为了预防事故，保证安全，企业各个部门都有相应的劳动纪律和安全规章制度，要想保障安全，就要遵章守纪，而要遵章守纪，就必须加强意志自制性品质的培养。只有具有良好的意志自制力才能自觉地按照规章制度办事。在现实生活中不难发现，许多事故的发生是出在违章操作上，尽管造成违章的原因是多方面的，但其中不容忽视的一个原因是某些人将必要的规章制度看作是“管理者专门对付工人的”，从心里就不愿遵守，因而在行动上放纵自己，“我想怎么干就怎么干”，到头来害人害己。

4. 恒毅性

意志的恒毅性也称坚韧性、坚持性。通常我们所说的坚持不懈、坚忍不拔的恒心和毅力等。缺乏恒毅性的人与则虎头蛇尾、半途而废、见异思迁、浅尝辄止。

恒毅性主要体现在行动对既定目标的坚持上，实现目的的方法、手段、途径等具体环节或阶段，则可根据行动过程中的具体情况而调整。意志顽强与顽固是有区别的，顽固是不顾变化了的情况，固执己见；意志顽强则是意识到变化了的情况下仍坚持既定目标，调整具体行动，务求实现。前者是一种消极的心理品质，后者是一种积极的心理品质。

恒毅性是克服工作、生产中的困难，减少事故危害程度的一种可贵的意志品质。最后的胜利常常产生于“再坚持一下”的努力之中，“再坚持一下”的努力就是意志恒毅性的品质。这种品质在遇到紧急情况时特别必要。例如，在某矿山的一台电动机车因中途断电而停止运行。由于司机粗心，没采取安全措施就离车，以致恢复供电后，这台无人驾驶并牵引着一列矿车的电机车便自动地跑起来，由慢而快，在主巷道运输线上狂奔，并直冲竖井：此时，若前面过来对头车，一场车毁人亡的惨剧就会发生。一年轻工人发现险情后，临危不惧，毅然向电机车追去。可是由于车速快、巷道窄，几经努力，都没有成功，反被电机车轧断了两个手指。在这种情况下，他忍着剧痛，迅速奔跑，终于在一段宽巷道上追上了电机车，拉下刹车柄，紧急刹住了电机车。这一事例充分说明坚强的毅力能够克服了伤痛和疲劳等困难，达到遏制事故发生的目的。

三、意志品质的提高

心理学的研究表明，人的意志品质与人的气质、先天的神经类型有一定的关系，但它并非全是天生的，不是不可改变的，坚强的意志品质也是可以通过有意识地训练和培养而得到提高的。

人的意志是否坚强，受多种因素的影响。首先，它取决于人对行动目的和意义的认知，对行动的目的愈明确，对行动意义的认识愈深刻，愈能激发人坚强的意志去对待它。基于此，人在行动之前，就要对行动的目的有一个清醒而深刻的认识，这是培养自己坚强意志的重要途径和方法。其次，坚强的意志还来源于情感的力量。对工作感兴趣，情绪饱满，心情舒畅，对于培养坚强的意志是一种促进剂。因此，要创造一种和谐、融洽的工作气氛，保持良好的心情状态，先从自己感兴趣的事情入手，逐渐变没兴趣或兴趣不高为兴趣浓厚，这样，经过循序渐进，就可以逐步培养起良好的意志品质。最后，重要的在于行动，说千遍不如干一遍。意志品质的提高固然需要加强思想教育，但切忌光说不练，只有在行动中才能真正感受到良好意志品质的重要性和必要件。因此勇于实践，在实践中加强锻炼是提高意志品质的最根本途径。

第七章

个性倾向性与安全行为

据说，在地球上找到四个指纹相同的人的可能性是十亿分之一。因此，根据指纹来识别罪犯就成为刑侦学上一直沿用的古老而又可靠的方法之一。事实上，正如地球上的人在体统上各具特点一样，人们在精神面貌上相互之间也存在差异。地球上的每个人都在以其独有的方式生活和工作，这种独特性正是由人的个性各不相同而决定的。因此，了解人的个性心理对于安全工作来说是非常重要的。

第一节　个性心理与安全行为概述

马克思主义认为，人的个性是一种社会现象，个性的一切品质都起源于社会和历史。在其现实性上，人的本质是其所有社会关系的总和。在西方心理学理论中，个性也被称为“人格”。人格这个术语来自拉丁词 Persona，是面具的意思。把人格定义为面具也意味着把人格视为人的社会自我。总之，按照辩证唯物主义的观点来看，个性是具有一定生理素质的人在社会环境的影响下通过社会实践活动而逐步形成并不断发展的。

一、个性心理概述

心理学上把表现出人与人之间差异的、代表着一个人区别于另一个人的单个人的整个精神面貌，称为个性。个性具有稳定性、整体性、倾向性和独特性等几种基本特性。

人的个性心理结构主要由个性倾向性和个性心理特征两部分组成。个性倾向性主要包括需要、动机、兴趣、理想、信念和世界观等。需要、动机是人活动的根源别动力；兴趣、爱好决定人活动的倾向；理想、信念、世界观关系着人的宏观活动目标和准则。个性倾向性是人活动的基本动力，是个性结构中最活跃的因素。组成个性倾向性的成分又是相互联系、相互影响的，其中，世界观居于最高层次，它影响人的整个精神面貌。

二、个性心理与安全行为

人的个性是通过各种活动中体现出来的，在安全活动中，预防事故、发现事故、处理事故等安全活动的各个环节也会体现出人的个性，个人活动方式、活动水平、活动倾向、活动动机、活动方向不同，产生的结果自然也就不同。

在生产活动中，人为因素是大部分事故的直接原因，大量的研究都证明了这一点。国内有研究表明，企业发生的事故中，86%的事故都是与操作者个人麻痹或违章等因素有关的。

日本的警察机构对日本1969年的全国交通事故作了统计和分析，结果发现，98%的事故都是由驾驶员直接引起的。

人们发现，缺少社会责任感、缺少社会公德、自负、情绪不稳定、控制力差、业务能力差等这些个性上特征，都可以或多或少地在这些肇事者身上找到，这也从实践上证明了人的个性与安全之间存在着内在联系。有些个性品质有助于人做好事故预防，及时发现事故隐患和妥善处理事故等各个环节的工作，而有些个性品质则不利于搞好安全生产。

个性是个人心理活动稳定的心理倾向和心理特征的总和。个性心理结构主要包括个性倾向性和个性心理特征两个方面。个性倾向性是指人从事活动的基本动力，主要包括需要、动机、兴趣、爱好、理想、价值观、人生观和世界观。个性心理特征是指区别于他人、在不同环境中表现出一贯的、稳定的行为模式的心理特征，主要包括能力、气质和性格。下面小节及第八章将详细介绍个性倾向性和个性心理特征与安全行为的关系。

第二节　需要、动机与安全行为

一、需要和动机的概念

人的存在和发展，必然需要一定的资源。像衣、食、住房、劳动、人际交往等，都是作为社会成员的个人及社会存在和发展所必需的。这种必需的资源反映在个人的头脑中就成为他的需要。因此，需要个体和社会生存与发展所必需的事物在人脑中的反映。

人的需要是多种多样的。根据其起源，可把需要分为自然性需要(饮食、婚配等)和社会性需要(劳动、社交等)；根据需要的对象，可把需要分为物质需要(食物、住房等)和精神需要(求知、审美等)。需要的概念包含着这样两个基本含义：第一，人的需要是客观存在的，这是由人与社会的客观存在与发展所决定的；第二，需要是客观需求在人头脑中的反映，因此它必然是人的一种主观状态。

需要同人的活动相联系，是人活动的基本动力。人的活动被某种需要所驱使，需要激发人行动，以求得自身的满足。需要越强烈、越迫切，它所激起的活动就越有力。当人通过活动使原有的需要得到满足时，人和周围的现实关系就发生了变化，又会产生新的需要。

二、需要层次理论

1. 需要层次理论的内容

美国心理学家马斯洛在20世纪40年代提出了需要层次理论。几十年来虽曾遭到各种各样的批评，但同时它也被发现在人们实际生活的各个方面是普遍具有作用的。

马斯洛认为人的需求有以下七个等级构成：生理的需要、安全的需要、感情的需要、尊重的需要、认知的需要、审美的需要和自我实现的需要。

(1) 生理的需要

这是人类维持自身生存的最基本要求，包括饥、渴、衣、住、行的方面的要求，是推动人们行动最强大的动力。如果这些需要得不到满足，人类的生存就成了问题。马斯洛认为，只有这些最基本的需要满足到维持生存所必需的程度后，其他的需要才能成为新的激励因素，而已相对满足的生理需要就不再成为激励因素了。

（2）安全的需要

这是人类要求保障自身安全、摆脱事业和丧失财产威胁、避免职业病的侵袭等方面的需要。马斯洛认为，有机体具有一个追求安全的机制，人的感受器官、效应器官、智能等都可以被看作是寻求安全的工具，甚至科学和人生观也可以认为是满足安全需要的一部分。

（3）感情的需要

这一层次的需要包括两个方面的内容：一是友爱的需要，即人人都需要得到友情和爱情，希望爱别人，也渴望接受别人的爱；二是归属的需要，即人都有一种归属于一个群体、希望成为群体中一员的情感需求。感情上的需要比生理上的需要更细致，它和一个人的生理特性、经历、教育、宗教信仰等有关系。

（4）尊重的需要

人们都希望自己有稳定的社会地位，个人的能力和成能够得到社会的承认。尊重的需要又可分为内部尊重和外部尊重。内部尊重是指一个人希望在各种不同情境中有实力、能胜任、充满自信、能独立自主。总之，内部尊重就是人的自尊。外部尊重是指一个人希望有地位、有威信，受到别人的尊重、信赖和高度评价。马斯洛认为，尊重需要得到满足，能使人对自己充满信心，对社会满腔热情，体验到自身的价值。

（5）认知的需要

这是以好奇心为基础，对神秘和未知事物进行认知、理解和探索的欲望。这一需要使人喜欢分析，探索事物要素；喜欢实验，获得新的发现；喜欢解释，建构理论体系等。

（6）审美的需要

这是追求美的欲望，是对美好事物欣赏并希望周遭事物有秩序、有结构、顺自然、循真理等心理需要，包括对秩序、结构、对称性、规律性和行为完美等的需要。这些需要多与认知需要重叠。

（7）自我实现的需要

这是最高层次的需要，它是指实现个人理想、抱负，最大程度地发挥个人能力的需要。也就是说，人必须干称职的工作，这样才会使他们感到最大的快乐。马斯洛提出，为满足自我实现需要所采取的途径是因人而异的。自我实现的需要是在努力实现自己的潜力，使自己越来越成为自己所期望的人物。

马斯洛认为这七种需要都是人最基本的需要。这些需要都是天生的、与生俱来的，它们构成不同的等级或水平，并成为激励和指引个体行为的力量。需要的层次越低，力量越强，潜力越大。随着需要层次的上升，其力量相应减弱。只有低级的需要得到了满足，才能产生更高一级的需要。而且只有当低级的需要得到充分满足后，高级的需要才显出激励的作用。已经得到满足的需要不再起激励作用。

2. 需要层次理论的价值

关于马斯洛理论的价值，目前国内外尚有各种不同的说法，绝对肯定或绝对否定都是不恰当的，因为这个理论既有其积极因素，也有其消极因素。

（1）马斯洛理论的积极因素

第一，马斯洛提出人的需要有一个从低级向高级发展的过程，这在某种程度上是符合人类需要发展的一般规律的。一个人从出生到成年，其需要的发展过程，基本上是按照马斯洛提出的需要层次进行的。当然，关于自我实现是否能作为每个人的最高需要，目前尚有争议。但他提出的需要是由低级向高级发展的趋势是无可置疑的。

第二，马斯洛的需要层次理论指出了人在每一个时期，都有一种需要占主导地位，而其他需要处于从属地位。这一点对于管理工作具有启发意义。

第三，马斯洛需要层次论的基础是其人本主义心理学。他认为人的内在力量不同于动物的本能，人要求内在价值和内在潜能的实现乃是人的本性，人的行为是受意识支配的，人的行为是有目的性和创造性的。

(2) 马斯洛理论的消极因素

第一，马斯洛过分地强调了遗传在人的发展中的作用，认为人的价值就是一种先天的潜能，而人的自我实现就是这种先天潜能的自然成熟过程，社会的影响反而束缚了一个人的自我实现。这种观点，过分强调了遗传的影响，忽视了社会生活条件对先天潜能的制约作用。

第二，马斯洛的需要层次理论带有一定的机械主义色彩。一方面，他提出了人类需要发展的一般趋势；另一方面，他又在一定程度上，把这种需要层次看成是固定的程序，看成是一种机械的上升运动，忽视了人的主观能动性，忽视了通过思想教育可以改变需要层次的主次关系。

第三，马斯洛的需要层次理论，只注意了一个人各种需要之间存在的纵向联系，忽视了一个人在同一时间内往往存在多种需要，而这些需要又会互相矛盾，进而导致动机的斗争。

三、需要与安全行为

需要和动机是人一切行为的原动力，因此与人在生产和生活中的安全问题有着密切联系。

1. 安全需要是人的基本需要之一

安全需要是人的基本需要之一，并且是低层次的需要。保障人身安全是这一层次需要的重要内容。人们常说身体是革命的本钱，拥有健全和健康的体魄是为社会多做贡献的有效保证。

在企业生产中，建立起严格的安全生产保障制度是极其重要的。如果没有保证生产安全的必要条件，那么这种客观的不安全会使人产生心理上的不安全感。如果某个工作场所曾经发生过事故，而企业领导又没有及时采取必要的安全防护措施，那么人们就认为这个工作场所是个不安全之地，就会担心自己不知何时也会碰上事故，因此影响正常的工作情绪和操作动作的协调，这就有可能导致事故。因此，企业领导应时刻把职工的安全放在首位，尤其是对于生产设备的选用、安装、检测、维修，操作规程的制订执行等关键环节，更需要严加关注，切不可因追求效益而忽视安全，以致酿成对国家、企业和个人的利益都造成严重损害的生产事故。

2. 低层次的需要与安全行为

在人的各类需要中，安全需要继生理需要之后处于第二个层次，这并不意味生理需要未获得实质性的满足人就会不顾安全了，但生理需要的满足若存在某些欠缺，会对关联着其他层次需要的活动有所干扰。尤其是现实社会中，人们对于住房、工资收入等与生理需要相关的问题总是进行横向比较，究竟住房、工资收入等达到什么程度才能满足及满足到何种程度，是因人而异，很难有统一的标准，这就使很多人容易因此产生压力感、挫折感、愤世嫉俗和心理不平衡。这样的心理状态显然对安全生产是十分不利的。

对员工个人来说，应该从现实出发，以辩证的态度对待诸如住房、经济收入等生活的物质基础问题，善于调整自己的心理状态。应该想到，凡事总有其两面性，有了钱固然是好，但是钱也可能给人带来烦恼。此外，人与人的能力不同，发展环境不同，人要有知人之明，更要有知己之明。人应善于分析自己的愿望是否能现实，是否合理。改变生活状况的唯一正确途径是要靠自己的劳动，美好生活的真谛也正是在于以自己的辛勤劳动创造更多的社会财富。企业管理者应关心职工生活，在可能的条件下尽量解决职工生活中的困难，为他们排忧解难，解除后顾之忧，使他们能以更饱满的精力积极投入生产；对于一时解决不了或不太现实的问题，也应向员工说明，并做好他们的思想工作，让他们心情舒畅地投入到生产中去，这对企业的安全生产和效益的提高都是非常有益的。

此外，更为重要的还是要在企业内部实施科学合理公平的分配机制，充分调动员工的积极性，重视安全的劳动积极性，让员工能够凭自己的聪明才智和辛勤劳动换取更高的经济收入。

3. 高层次的需要与安全行为

高层次需要的满足更能激发起人的进取心，更能使人自豪和快乐。那么相反，高层次需要未得到满足较之低层次需要的未满足也就给人以更严重的打击。有些企业许多制度还不够完善，在晋职、评奖、奖金分配等这些关系着高层次需要方向的工作，往往还不能做得尽善尽美。有一些人，特别是那些工作能力较强、较有抱负的员工就容易受到挫折，产生强烈的不满情绪，这种情绪对于保证生产安全是十分不利的。

可见，在企业建立起健全的公平竞争、人尽其才的制度和措施是非常必要的。一方面，提倡企业员工工作受到挫折时要善于调整自己的情绪；另一方面，企业领导要采取有效措施尽量消除员工产生这种挫折的根源。一般来说，每个人都渴望自己的价值被社会承认，渴望能把自己的价值贡献给社会，这是一种积极的心理倾向，是人高层次的需要。企业领导者要善于利用这种倾向，尽量根据每个人的能力安排给他有意义的工作，并使每个人的工作都具有挑战性，使工人工作之后能够引以为傲、能够看到自己劳动的价值和意义。实践证明，领导强调的“有意义”的工作和对员工具有挑战性的工作，往往能够激发员工的激情，工作积极主动，情绪高昂饱满，态度认真负责，也会十分注意生产安全。

第三节　动机与安全行为

动机是在需要的基础上产生的，当人的某种需要没有得到满足时，它会推动人去寻找满足需要的对象，从而产生活动的动机。例如，正常人体需要一个稳定的内在环境，保持正常的体温，维持细胞内水与盐分的适当平衡等。当这些平衡发生变异或者破坏时，人体内的一些调节机制会自动地进行校正。但这样的行为还不算是动机，只有当需要推动人们去活动，并把活动引向某一目标时，需要就成为人的动机。

一、动机的概念

1. 动机的含义及与需要的关系

动机是指以一定方式引起并维持人的行为的内部唤醒状态，主要表现为追求某种目标的主观愿望或意向，是人们为追求某种预期目的的自觉意识。美国心理学家武德沃斯 1918 年最早把动机应用于心理学，认为动机是激发和维持有机体的行动，并将使行动导向某一目标的心理倾向或内部驱力。从哲学层面上讲，人类的行为是个体自身与外界环境互动的关系；从心理活动层面上来讲，所谓“个体自身”是指人的心理特征，“个体与外界环境互动反映”，也就是个体对客观事物的反应这一心理过程。由此，行为也就是个体的心理特征与其心理过程相互作用的过程与结果，由于心理特征和心理过程相互作用与反应的结果是形成心理状态，所以行为动机实际上是属于心理现象中的心理状态。

需要是人活动的内在基础和根源，而动机是活动的直接原因和动力。一般来说，需求是从心理学角度讲，动机更多的是从行为学角度讲，二者之间存在着一个过渡阶段，可以说需要不一定会导致动机，但是动机一定有需要存在。需要更多强调身心的一种缺乏、不平衡状态；而动机是指向具体目标和对象的，激发并维持具体行为的心理动力。先要有需要，然后内外环境中有能够满足这种需要的对象，人才会有一定的行为动机。

2. 动机的功能

激活功能：动机会推动人们产生某种活动，使个体由静止状态转化为活动状态。动机是需要的发展，当人的某种需求意识激起并维持人的一定活动时，需要便成为活动动机。如果人的需求意识仅停留在头脑里，不把它付诸实际行动，那么这种需要还不能成为活动的动机。

指向功能：动机使个体进入活动状态之后，指引个体行为指向一定的方向。动机是一个发动和维持活动的心理倾向，动机使人的活动具有明确的方向。

调节与维持功能：动机会决定行为的强度，动机越强烈，行为也随之越强烈。有动机的人较之无动机的人，其活动水平更高。动机也与人活动的结果联系在一起，活动的结果如何，主要决定于人的能力如何以及动机及其强度。没有能力或没有动机，活动都不可能维持。但需要注意的是，如果动机过于强烈，反而会抑制人的活动，使活动的结果受到损失。

二、动机的理论

动机理论是指关于动机的产生、机制、动机与需要、行为和目标关系的理论。动机领域非常复杂，不仅存在多种观点，而且在这一领域还具有许多论题，有许多不同的研究方面，因此可以用多元性而非包罗万象的理论来描述。然而有许多心理学者正努力寻找一种普遍的动机理论，把人是机器的比喻与人是神的比喻相结合，既注重人的身体方面，又注重人的心理方面；既注重外在诱因、社会环境的影响，又注重个体自身的内在原因；既注重人的认知，又注重人的情感，总之是要寻求一条整合的动机理论途径。但要建立一种普遍的动机理论是很困难的，甚至是不太可能的。目前动机理论主要有本能理论、驱力理论、唤醒理论、诱因理论、认知理论（期望理论、归因理论、自我决定理论、自我功效理论、成就目标理论）、逆转理论等。

1. 本能理论

本能理论是最早出现的行为动力理论。本能理论的基本观点是，人的行为主要是受人体内在的生物模式驱动，不受理性支配。最早提出本能概念的是生物进化论的创始人达尔文（C. Daywin）。而在动机心理研究方面进行深入研究的则是詹姆斯、麦克杜格尔（W. McDougall）和弗洛伊德。其中麦克杜格尔系统提出了动机的本能理论，认为人类的所有行为都是以本能为基础的；本能是人类一切思想和行为的基本源泉和动力；本能具有能量、行为和目标指向三个成分；个人和民族的性格及意志也是由本能逐渐发展而形成的。

本能论过分强调先天和生物因素，忽略了后天的学习和理性因素。实际上，本能在人类的动机行为尤其是社会动机行为中不起主要作用。虽然本能对自然动机起着主导作用，是自然动机的源泉，但由于自然动机不具有重要的社会意义，而且在现实生活中人类纯粹的自然动机几乎是不能独立存在的，它无一不受社会因素的影响或社会动机的调节，所以，本能论只具有从理论上对自然动机进行解释的意义，而不具有重要的社会意义。例如，社会发展到今天，人们的吃饭行为已不纯粹是一种本能行为，人们一般是定时定点在食堂就餐，而不是饿了就吃。在很多情况下，吃饭行为并不是由躯体的饥饿感引起的。因此，我们说本能论者没有把握住人类行为的社会本质。用本能这种不具有重要社会意义的动机来解释人类广泛的复杂的社会行为，必然会犯生物决定论的错误。

2. 驱力理论

驱力理论由霍尔最早提出，由伍德沃斯提出行为因果机制的驱力概念，以代替本能概念；而让驱力理论得以大力推广的是赫尔(C. L. Hull)。赫尔提出驱力减少理论，他假定个体要生存就有需要，需要产生驱力，驱力是一种动机结构，它供给机体的力量或能量，使需要得到满足，进而减少驱力。人类的行为主要是由习惯来支配的，而不是由生物驱力支配的，他强调经验和学习在驱力形成中的作用，认为学习对机体适应环境有重要意义。驱力为行为提供能量，而习惯决定着行为的方向；有些驱力来自内部刺激，不需要通过学习得到，称为原始驱力，有些驱力来自外部刺激，是通过学习得到的，称为获得性驱力。

3. 唤醒理论

赫布和柏林等人提出唤醒理论，认为人们总是被唤醒，并维持着生理激活的一种最佳水平，不是太高也不是太低。对唤醒水平的偏好是决定个体行为的一个因素。它提出了三个原理：

① 人们偏好最佳的唤醒水平，刺激水平和偏好之间的关系是一条倒 U 形曲线，见图 6-7；

② 简化原理，即重复进行刺激能使唤醒水平降低；

③ 个人经验对于偏好的影响，研究表明，富有经验的个体偏好于复杂的刺激。

4. 诱因理论

20 世纪 50 年代以后，许多心理学家认为，不能用驱力降低的动机理论来解释所有的行为，外部刺激(诱因)在唤起行为时也起到重要的作用，应该用刺激和有机体特定的生理状态之间的相互作用来说明动机。例如，吃饱了的动物看到另一个动物在吃食，将会重新吃食物，这时的动机是由刺激引起的，人类经常追求刺激，而不是力图消除紧张使机体恢复平衡。

诱因理论强调了外部刺激引起动机的重要作用，认为诱因能够唤起行为并指导行为。诱因论关注外界诱因(目标刺激、奖惩等)在行为激起中的作用，如何引导行为的发生。诱因论主要包括巴甫洛夫行为主义的有关研究，特别是斯金纳的强化理论。

诱因是个体行为的一种能源，它促使个体去追求目标。诱因与驱力是不可分开的，诱因是由外在目标所激发，能够激起有机体的定向行为，并能满足某种需要的外部条件或刺激物。只有当它变成个体内在的需要时，才能推动个体的行为，并有持久的推动力。

正诱因：凡是个体趋向或接受它而得到满足时，这种诱因称为正诱因；

负诱因：凡是个体因逃离或躲避它而得到满足时，这种诱因称为负诱因。

动机是由需要与诱因共同组成的。因此，动机的强度或力量既取决于需要的性质，也取决于诱因力量的大小。

实验表明，诱因引起动机的力量依赖于个体达到目标的距离。距离太大，动机对活动的激发作用就很小了。人有理想、有抱负，他的动机不仅支配行为指向近期的目标，而且能指向远期的目标。动机的社会意义与动机的力量也有直接的关系，成就理论告诉我们，除了目标的价值以外，个体对实现目标的概率的估计或期待也有重要的意义。

5. 认知理论

现代认知理论认为：认知具有动机功能。动机的认知理论主要有：期待价值理论、动机的归因理论、自我功效论和成就目标论。

期待价值理论把达到目标的期待作为行为的决定因素，期待帮助个体获得目标。

动机归因理论认为动机是思维的功能，采取因果关系推论的方法从人们行为中寻求行为内在的动力因素(积极的归因是把成功归因于能力，把失败归因于努力不够)。

自我功效论：班杜拉认为人对行为的决策是主动的，人的认知变量如期待、注意和评价在行为决策中起着重要的作用。期待分为结果期待和效果期待，结果期待是指个体对自己行为结果的估计，效果期待是指个体对自己是否有能力来完成某种行为的推测和判断，这种推测和判断就是个体的自我效能感。

三、动机的种类及社会性动机的作用

1. 动机的分类

按照动机的起源分，动机可分为生理性动机和社会性动机。

生理性动机也称原始动机，是以生物需要为基础，也称“内驱力”，如饥渴、性欲、睡眠、排泄等动机。社会性动机也称习得性动机，它是以社会需要为基础，如权力需要、社交需要、成就需要、认识需要，因此产生了相应的动机。

按照动机影响范围、持续作用时间分，动机可分为近景性动机和远景性动机；

按照动机的正确性和社会价值分，动机可分为高尚动机和低级动机；

按照对动机内容的意识程度不同分，动机可分为意识动机和潜意识动机；

按照动机的起因不同分，动机可分为外在动机和内在动机；

按照动机对象的性质分，动机可分为物质性动机和精神性动机。

2. 社会性动机的含义

下面主要介绍下社会性动机及作用。

(1) 成就动机

成就动机指个体在完成某种任务时力图取得成功的动机。麦克莱伦认为，各人的成就动机都是不相同的，每一个人都处在一个相对稳定的成就动机水平。阿特金森认为，人在竞争时会产生两种心理倾向：追求成就的动机和回避失败的动机。

影响成就动机的因素有：①成就动机的高低与童年所接受的家庭教育关系密切；②教师的言行影响学生成就动机的强弱；③经常参加竞争和竞赛活动的人比一般人的成就动机强；④学生的学习成绩与其成就动机呈正相关；⑤个人对工作难度的看法影响成就动机；⑥个性因素影响成就动机；⑦群体的成就动机的强弱与自然环境和社会文化条件有关。

(2) 工作动机

工作动机是最有效能、最为复杂的社会性动机之一，是一种使个体努力工作，高质量创新并不断完善自己工作的动机。工作动机理论基于不同的人性观，它涉及一个问题，人为什么工作？回答这个问题有四个理论：X 理论、Y 理论、V 理论和 Z 理论。

X 理论认为人工作是为了钱，个人的工作动机来自物质利益的驱动，并且常被外来刺激(诱因)所吸引。

Y 理论则把人看作是负责、有创造力的，人们工作不是为了外在的物质刺激，而是出于一种要将工作做好的内驱力。根据这种观点，在工作激励中不应将物质利益的吸引力放在第一位，而应创造一个自由的工作环境，让工作者有充分的空间发挥他们的创造力，满足他们对工作的内在需求。

V 理论认为，个体的工作动机水平取决于为实现自身的价值观而付出的努力，有雄心的人，个人价值观比较高，并且会努力在工作中寻求实现和证明。

Z 理论认为当个人价值观与组织的目标协调一致时，个体的工作动机、士气和忠诚度都会得到提高。

(3) 交往动机

交往动机指个体愿意与他人接近、合作、互惠，并发展友谊的动机。

3. 社会性动机的作用

人的动机的性质是各种各样的，不同性质的动机，对人具有不同的意义，具有强度不同的推动力量。行动的方式、行动的坚持性和行动效果，在很大程度上受动机性质的制约。

有一个实验研究了不同动机对儿童行为的影响。学前儿童活泼好动，要他们长时间地站着不动是很困难的。但实验者安排了一种游戏的情景，儿童所扮演的角色要求他长时间地保持不动的站立姿势。这时情形就明显不同。比之成人单纯地提出要求，游戏情境中保持站立的时间要长 3~4 倍。这里，除了游戏带来的情绪方面的有利因素以外，儿童的活动动机显然起着重要的作用(马努依连柯的实验)。

在活动动机中，社会性因素起着重要作用。社会性动机所产生的力量可能如此之大，以致会超过和压制人的生物学本能。比如一些社会活动家，为了政治斗争的需要，可以抑制进食的自然需要，长期绝食达十几天之久。

在实验室里，也见到类似结果。有人报道，要求三组成人(大学生)尝试用右手食指拉起测力计上悬挂的重达 3. 4kg 的砝码。对第一组被试不说明任何理由；对第二组被试，要求他们表现自己的最高能力；对第三组被试，则告之这种活动与一种社会性的重要任务有直接关系(拉砝码的动作同电力输送到工厂、住宅的效果有关)。结果显示，在三种不同的活动动机之下，社会性最丰富的动机能表现出最大的力量(费约的实验)。

四、动机与安全行为

叶克士-杜德逊法则(Yerkes-Dodson Law)是心理学家耶克斯(R. M Yerkes)与多德森(J. D Dodson)经实验研究归纳出的一种法则，用来解释心理压力、工作难度与作业成绩三者之间的关系。动机水平与工作效率之间的关系不是一种线性关系，而是倒 U 形曲线，见图 6-8。中等强度的激动水平最有利于任务的完成。动机水平的最佳水平不是固定的，依据任务的不同性质会有所改变。在完成简单的任务中，动机水平高，效率可以达到最佳水平；在完成难度适中的任务中，中等的动机水平效率最高；在完成复杂和困难的任务中，偏低动机水平下的工作效率最佳。

叶克士-杜德逊法则表明，学习内容越困难，学习效果越容易受到较高激动水平的干扰。激动水平处于适宜强度时，工作效率最佳；激动水平过低时，缺乏参与活动的积极性，工作效率不可能提高；激动水平超过顶峰时，工作效率会随强度增加而不断下降，因为过强的激动水平会使机体处于过度焦虑和紧张的心理状态，干扰记忆、思维等心理过程的正常活动。

人的各种行为都是由其动机直接引发的，为了克服生产中的不安全行为，人们应自觉地把安全问题放在首位，建立起安全生产、避免因发生事故而给个人和人民的生命财产带来损害的良好动机。但是在实际生产中，也有少数人出于个人私利或侥幸心理违章操作，这种错误的动机往往可能导致严重的后果，是安全生产大敌。

建立安全生产的良好动机是十分必要的，但同时也要注意，如果动机过于强烈，反而会造成心理过分紧张甚至恐惧、操作时容易慌乱、动作不协调，更易导致事故发生。

第四节　兴趣与安全行为

在生产和生活中，人们对于不同的事物往往有着不同的兴趣，兴趣决定着活动的倾向，因而与活动的结果有密切关系。

一、兴趣及其种类

兴趣是人积极探究某种事物的认识倾向，它是人的一种带有趋向性的心理特征。这种倾向性能使人对某事物格外关注，并具有向往的心情。

兴趣是多种多样的，可用不同的标准对它们进行分类。根据兴趣的内容，可分为物质兴趣和精神兴趣。根据兴趣的倾向性可把兴趣分为直接兴趣和间接兴趣。

直接兴趣是对活动过程本身的兴趣。一般新奇的东西，与需要直接相符合的事物容易引起人的直接兴趣。由活动的目的或结果引起的兴趣称为间接兴趣。如人可能对活动本身没有兴趣，但对于从事这种活动所追求的目的，像某种名誉、地位、成果等感兴趣，这种兴趣就属于间接兴趣。直接兴趣和间接兴趣都可以促使人们积极从事某种活动，调动人的积极性和创造性。

二、兴趣的特征

不同人的兴趣有很大的差异，这种差异可以从以下几个方面来加以分析。

（1）兴趣的倾向性

兴趣总是指向于一定的对象和现象，人们的各种兴趣指向什么，往往是各不相同的。由于兴趣指向的内容具有社会制约性，所以人的兴趣有高尚和低级之分。

（2）兴趣的广度

人们的兴趣范围有大小，有人兴趣广泛，有人兴趣狭窄。兴趣广泛者往往生气勃勃，广泛涉猎知识，视野开阔。兴趣贫乏者接受知识有限，生活易单调、平淡。

人应该培养广泛的兴趣，可是还必须有中心兴趣，否则兴趣博而不专，结果只能是庸庸碌碌，一无所长。中心兴趣对于人们能否在事业上做出成绩起着重要作用。

（3）兴趣的持久性

人对各种事物的兴趣，既可能是经久不变，也可能是变幻无常，人在兴趣的持久性方面会有很大差异。有的人缺乏稳定的兴趣，容易见异思迁，喜新厌旧；有的人对事物有稳定的兴趣，凡事力求深入。稳定而持久的兴趣使人们在工作和学习过程中表现出耐心和恒心，对于人们的学习和工作有重要意义。

三、兴趣与安全行为

1. 兴趣在安全生产中作用

在生产操作过程中，一个人对所从事的工作是否感兴趣，与他在生产中的安全问题密切相关。

人若对所从事的工作感兴趣，首先会表现在对兴趣对象和现象的积极认知上。对兴趣对象和现象的积极认知，会促使人对所使用的机器设备的性能、结构、原理、操作规程等作全面细致的了解和熟悉，以及对与其操作相关的整个工艺流程的其他部分作一定的了解。在操作过程中，他会密切关注机器设备等是否处于正常状态，如果机器设备、工艺流程或周围环境出现异常情况，就会及时察觉，及时作出正确判断，并迅速采取适当行动，从而往往能把一些事故消灭于萌芽状态。

对所从事的工作感兴趣，还表现在对兴趣对象和现象的喜好上。对于本职工作的喜好，可以使人在平淡、枯燥中感受到乐趣，因而在工作时容易情绪积极，心情愉快。良好的情绪状态有助于保持精力旺盛，减少疲劳感，以及准确地操作和及时察觉生产中的异常情况。

在劳动场所中还可以发现，对工作感兴趣员工，操作台往往是整齐干净，工具放置井然有序，让人一看就心情舒畅。而对工作不感兴趣的员工，他的台前则往往乱七八糟，有时候连急需的工具都找不到。这种“脏、乱、差”的工作环境会把员工的心境搞乱、情绪变差，容易导致操作动作不规范及失误，更不要说在发生紧急情况时及时采取正确行动了。这样就很容易发生事故。

对所从事的工作感兴趣，也表现在对兴趣对象和现象的积极求知和积极探究上。曾经有人说过，热爱是最好的老师，兴趣可促使人积极获取所需要的知识和技能，达到对本职工作的知识和技能的熟练掌握，而且工作能力能够不断提高。这样，不但可以提高工作效率，而且有助于对操作过程中出现的各种异常情况都有能力采取相应措施，防止事故的发生。

这里所说的兴趣，指的是稳定持久的兴趣、有效能的兴趣，而且最好还是直接兴趣。

那种因一时新奇而产生的短暂而不稳定的兴趣，不仅对生产与安全无益，而且往往还有害。因为新奇感过后，人更容易产生疲劳和厌倦的感觉，从而最终影响到工作中的安全。

2. 兴趣的培养

培养对本职工作的兴趣，首先要端正劳动态度。职业无贵贱，只有分工的不同。员工可以根据自己的条件和能力选择适宜的职业。只要有理想，有抱负，肯付出辛勤劳动，任何职业都可以做出好成绩。

培养员工的职业兴趣，还要有赖于企业管理者的努力。除采取一定的思想教育手段外，更主要的要搞好企业的经营管理，提高企业效益，让职工更多地看到并得益于自己工作的成绩和意义，促使他们激起并保持高度的工作积极性，产生对本职工作的兴趣。

第八章

个性心理特征与安全行为

人的个性心理结构包括个性倾向性和个性心理特征，个性心理特征表明一个人稳定的类型特征，主要包括气质、性格、能力。气质主要表现人的自然性的类型差异，性格是人稳定的心理风格和习惯的行为方式，能力是保证活动顺利进行的潜能系统。气质决定了人活动的方式，性格则决定人活动的方向，能力决定了人的活动水平。

第一节　气质与安全行为

在日常生活中，我们经常可以看到有的人活泼好动，反应灵活；有的人安静稳重，反应缓慢；有的人火暴脾气，一点就着，情绪溢于言表；有的人喜怒不形于色……。人与人在这些方面的差异，是由气质的不同所决定的。

一、气质及其类型

1. 气质的概念

气质是一个人生来就具有的心理活动的动力特征：所谓心理活动的动力是指心理活动的程度(如情绪体验的强度、意志努力的程度)、心理过程的速度和稳定性(如知觉的速度、思维的灵活程度、注意力集中时间长短)以及心理活动的指向性特点(如有的人倾向于外部事物，从外界获得新印象；有的人倾向于内心世界，经常体验自己的情绪，分析自己的思想和印象)等。人们气质的不同就表现在心理活动的动力特征上的差异。

气质的形成有较多的先天因素成分。每个人生来就具有一种气质，它仿佛使一个人的全部心理活动都染上了个人独特的色彩。有某种气质类型的人，常常在内容很不相同的活动中都会显示出同样性质的动力特征。

人的气质具有极大的稳定性。它很早就表现在儿童的各种活动中。但是，环境和教育的影响也可能会使气质发生变化。当然较之于其他的心理特征，它的变化要缓慢得多，改变起来也较困难。

2. 气质的类型

人的气质是由其神经类型决定的。巴甫洛夫在研究高等动物的条件反射时，确定人的神经系统具有三个基本特性：强度、灵活性和平衡性。人的气质的差异是由其神经系统的特性不同所决定的。

第一，人与人的神经系统的强弱不同。神经系统的强度是指神经细胞和整个神经系统的工作能力和界限。在一定限度内，神经细胞的兴奋能力与刺激的强度是相对应的，强的刺激引起强的兴奋，弱的刺激引起弱的兴奋。强型的神经与弱型的神经对于强弱刺激所能承受的界限和做出的反应不同，强型的人，对强烈的刺激仍能做出反应，形成条件反射；弱型的人，在强烈的刺激下不能做出反应，反而出现抑制，“呆若木鸡”所描述的就是这种情况，但弱型的人对细微刺激却很敏感，能够感受到那些强型的人所不能觉察的刺激。

第二，人与人的神经系统的灵活性不同。所谓灵活性，是指一个人改变旧的条件反射和形成新的条件反射的速度。灵活型的人，可以较快地“弃旧换新”；不灵活的人，改变起来就比较慢。

第三，人与人神经系统的平衡性不同。所谓平衡性，是指神经系统兴奋和抑制两种能力间的相对关系。平衡型的人兴奋和抑制的能力差不多；不平衡的人，或是兴奋能力强，抑制能力弱；或是容易抑制而不容易兴奋。

这三种特性的不同组合，就构成了人的不同的神经类型。巴甫洛夫根据自己的实验结果和观察，认为人的神经活动类型主要有四种，这四种神经类型决定了人的四种气质类型，见表 8-1。

表 8-1　高级神经活动类型及气质类型

神经类型(气质类型)	强度	均衡性	灵活性
兴奋型(胆汁质)	强	不均衡	
活泼型(多血质)	强	均衡	灵活
安静型(黏液质)	强	均衡	不灵活
抑制型(抑郁质)	弱		

神经系统的特性是人的气质的生理基础。气质无好坏之分，任何气质类型的人，都可以形成良好的性格，锻炼出坚强的意志，都可以成为一个卓有成绩的人。但明显表现出一种气质类型的人是相当少见的，比较常见的个体气质则是不同类型气质的复杂交错。如果在非常情况下，尤其是在情况很急时，其中一种类型的特征表现得更加充分和明晰，可以说某个人的气质接近于这种气质类型(图 8-1)。

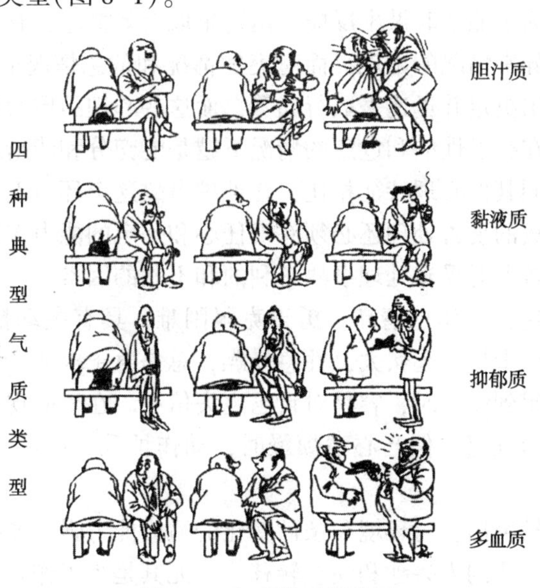

图 8-1　气质类型说明图

二、气质的测定

人的神经系统的特性可以在心理学家的实验室里进行测定，但目前这种方法还远未普及。目前普遍采用观察法判断一个人的气质。这种方法的根据是：人的气质特点总是与同一定的活动联系在一起的，并外化为一定的行为。因此我们可以通过观察人的行为来分析其气质特点。这样就可以不求助于心理学家的实验室而搞清观察对象的气质了。

气质的测定的方法主要有问卷法、观察法、条件反射法等。

（1）问卷法

给被试提出一系列标准化的问题，然后分析他们对问题的回答，从中做出气质特征的判断。如：斯特里劳的气质量表。

（2）观察法

观察法是指在日常生活中观察、记录一个人的行为特征、智力活动特征、言语特征以及情绪特征，经过对它们的分析、判断、归纳、组合，然后对照各种类型的指标，确定一个人属于何种类型的气质。

（3）条件反射法

在实验室用一定的仪器对被试形成或改造条件反射的过程中，观察他们的神经过程特性，借以了解其气质特征。

在生产实际中，如果有必要，很多职业都可以在心理学家的指导下，结合本职业的特点，制订气质测量的标准。

三、气质与安全行为

1. 气质在安全生产中的作用

保证安全生产，防止事故发生，这是安全工作最希望达到的目的。然而在生产实际中，各种事故是很难被完全消灭的。事故总是在人意想不到的时候发生，并且总是和危险性联系在一起。事故出现后，为了能及时做出反应，迅速采取有效措施，有关人员应具有这样一些心理品质：能及时体察异常情况的出现，面对突发情况和危急情况能沉着冷静，控制力强，应变能力强，能独立作出决定并迅速采取行动等，而这些心理品质大都属于人的气质特征。

人的气质特征越是在突发性的和危急的情况下越是能充分和清晰地表现出来，并本能地支配人的行动。因此，同其他心理特征相比，在处理事故这个环节上，人的气质起着相当重要的作用。当然，对事故的妥善处理还必须有责任心和一定的能力作保证。

各种气质类型都包含着对妥善处理事故有利的和不利的因素。

胆汁质的人行动迅速，工作热情高，勇于克服困难，具有主动精神。这种人自控能力差，情绪和行动易受外界干扰，起伏大，性急暴躁，总是急于求成，喜欢冒险，易忙乱。尤其是在行动受挫，并且感到疲惫时，容易对自己丧失信心。在事故现场，胆汁质的人可以不惧危险，行动快速，精力旺盛；但当心情烦躁时，动作忙乱，还可能做出一些不合适的举动，导致不良后果。

多血质的人灵活性较突出，对环境和条件变化的适应能力强，能很快地投入工作，精力充沛，精神乐观。但多血质的人兴趣和注意转移快，尤其是当工作要求细致和耐心，或者总是十分单调时，容易使其很快感到疲倦。多血质的人喜欢具有挑战性和新奇性的事物，因而在事故现场，这种人可以表现出很强的工作能力。多血质的人在复杂的情况下能迅速作出反应，很快确定方向，情绪也不易受外界影响。他们在困难的情况下能很好地控制自己，应变能力强，能主动采取合理的行动，表现机警。他们在受挫的情况下也不易心慌意乱和茫然失措。

黏液质的人，其主要特征是缓慢稳定。这种人喜欢遵守习惯，总是按照既定的秩序和节奏有条不紊地工作，因而严谨细致，意志顽强。这种人还善于控制自己，做事有始有终，情绪也很稳定。在事故现场，黏液质的人不容易立即进入工作状态，应变能力较差，行动速度不快。但他们做出的判断和决定却往往是深思熟虑，有根有据。他们头脑冷静，情绪镇定，在失利时也不丧失信心，控制力和韧性都很强。

抑郁质的人多愁善感，羞怯多疑。这种人往往孤僻，心情隐讳，对环境的适应能力差，容易受到伤害。抑郁质的人一般敏感性很强，有责任心，在习惯的环境中勤奋工作，办事可靠。在事故现场，抑郁质的人作出决定十分缓慢或者根本予以回避。精力不充沛，缺乏主动精神，在紧急情况下工作往往发生失误，甚至失去自控力。有研究表明，抑郁质的人在危急情况发生时有可能记忆力急剧下降。抑郁质的人员不善于处理事故，而善于感知工作对象和周围环境的各种变化，对细小的变化，也很敏感。他们能感受到强型神经系统的人所不易感受的弱刺激。这对于及时发现异常情况是有益处的。

可见，为了妥善处理事故，各种气质类型的人都需“扬长避短”，善于发挥自己的长处，并注意对自己的短处采取一些弥补措施。比如，抑郁质倾向明显的人显然不适于处理事故。那么在发现异常情况后，如自觉没有把握处理好，应尽早求助于其他人员。

在预防事故发生方面，也应注意对气质特性的扬长避短。比如，具有较多胆汁质和多血质特征的人应注意克服自己工作时不够耐心、情绪或兴趣容易变化等问题，发扬自身热情高、精力旺盛、行动迅速、适应能力强等长处，对工作认真负责，避免操作失误，并注意及时察觉异常情况的发生。黏液质的人应在保持自己严谨细致，坚韧不拔的特点的同时，注意避免流于瞻前顾后应变力差。抑郁质的人应在保持自己细致敏锐的观察力的同时，防止神经过敏。

不同气质类型人的行为特征及适合的职业可参考表 8-2。

表 8-2　气质类型的行为特征与适宜的职业

气质类型	行为特征	适宜的工作
多血质	活泼好动，敏捷，喜交往，注意力易转移，兴趣易变换，具有外倾性	适宜从事社交工作、外交工作、管理人员、律师、记者、演员、侦探等需要有表达力、活动力、组织力的工作
黏液质	安静、稳重，沉默寡言，情绪不易外露，注意稳定难转移，善于忍耐，具有内倾性	适宜从事自然科学研究、教育、医生、财务会计等需要安静、独处、有条不紊以及思辨力较强的的工作
胆汁质	直率、热情、精力旺盛，易冲动，心境变化剧烈，具有外倾性	适宜从事社交、政治、经济、军事、地质勘探、推销、节目主持人、演说家等工作
抑郁质	孤僻，迟缓，情绪体验深刻，善于觉察的细节，具有内倾性	适宜从事研究工作、机要秘书、检查员、打字员等无须过多与人交往但需较强分析与观察力以及耐心细致的工作

2. 特殊职业对气质的要求

某些特殊职业，如大型动力系统的调度员、机动车及飞机驾驶员、矿井救护员等，具有一定的冒险性和危险性，工作过程中不确定和不可控的干扰因素多，从业人员负有重大责任，要承受高度的工作压力，因为这些职业关系着从业人员及更多人的生命和财产安全。这类特殊的职业要求从业人员冷静、理智、胆大心细、应变力强、自控力强、精力充沛，对人的气质提出了特定要求。因此在选择这类职业的工作人员时，必须测定他们的气质类型，把是否具有该种职业所要求的特定气质特征作为人员取舍的依据之一。

飞机驾驶员就是一种特殊职业，飞行员的培训和淘汰都是很严格的。有人对空军某部的部分战斗机飞行员和因不适应飞行工作而由飞行员改为地面工作的参谋人员的气质类型做了调查，调查对象共175人，其中飞行员87名，参谋人员88名。调查结果，87名飞行员中，多血质占45.31%，胆汁质占19.8%，胆汁质与多血质混合型占5.81%，没有发现一个抑郁质类型。在88名参谋人员中，黏液质占29.90%，抑郁质占28.74%，黏液质与抑郁质混合型则占23.00%，以上三项合计占总人数的81.64%，说明在这些参谋人员中，神经系统不灵活或弱型的占主要成分。这些人员正是因空中反应迟钝，不灵活，注意力分配转移慢，空中紧张，模仿能力差，发现和修正飞行偏差不及时、不准确而被停飞的。

结果表明，空中飞行这种特殊的职业，具有与地面活动截然不同的特点，因而对飞行员的心理品质，特别是对气质类型特征提出了很高的要求。强型、平衡而灵活的神经类型是适应于空中飞行的特点的，因此要求飞行员的气质特征更多地倾向于多血质，这与调查结果相吻合。反之，具有较多的黏液质和抑郁质倾向的人不适合从事飞行工作，这也与调查结果相吻合。

第二节　性格与安全行为

性格是体现人的个性的最重要的心理特征。由于性格的差异，生活中的人千姿百态，以各自不同的态度和方式进行着各种活动。

一、性格概述

1. 性格的概念

性格是个人对现实的稳定的态度和习惯化了的行为方式。性格贯穿在一个人的全部活动中，是构成个性的核心部分。人对现实的稳定态度和行为方式，受到道德品质和世界观的影响。因此人的性格有优劣好坏之分。

还应当注意的是，并不是人对现实的任何一种态度都代表他的性格。在有些情况下，对待事物的态度是属于一时情境性的、偶然的，那么此时表现出来的态度就不能算是他的性格特征。同样，也不是任何一种行为方式都表明一个人的性格。只有习惯化了的，在不同的场合都会表现出来的行为方式，才能表明其性格特性。

2. 性格的结构

性格是十分复杂的心理现象，具有各种不同的特征。这些特征在不同的个体身上组成了不同的结构模式，使每个人都能在个性上独具特色。对性格结构的分析，可从性格的静态结构和动态性两方面着手。

性格的静态结构：

第一，性格的理智特征。性格的理智特征是指在感知、记忆、想象和思维等认识过程中所体现出来的个体差异。如观察是否精确，是否能独立提出问题和解决问题等。

第二，性格的情绪特征。性格的情绪特征是人的情绪活动在强度、稳定性、持续性及稳定心境等方面表现出来的个别差异。

第三，性格的意志特征。性格的意志特征表现在人对自己行为的自觉调节及水平方面的个人特点。性格的意志特征集中体现了个体心理活动的能动性。人的行动目的是否明确、人是否能使其行为受社会规范约束、在紧急情况下是否勇敢和果断、在工作中是否有恒心、是否勇于克服困难等，都属于意志特征的内容。

第四，性格的态度特征。这一特征主要指在处理各种社会关系方面所表现出来的性格特征。如对待个人、社会和集体的关系，对待劳动、工作的态度，对待他人和自己的态度等。

性格结构的动态特性：

每个人的性格并不是各种特征的简单结合，各种性格特征在每个人身上总是相互联系，相互制约，并且还会以不同的组合表现于人的不同活动中。因此，人的性格结构还具有动态性。

性格结构的动态性，第一表现在各种性格特征之间彼此密切联系、相互制约，使人的性格在结构上有一个相对的完整性。例如，一个情绪总是乐观开明的人，与人交往时往往表现得大方直爽；一个虚怀若谷的人，常常伴随有平易近人的性格特点；一个利欲熏心者，常表现出对他人、对工作不负责任，刻薄、吝啬等特点。

第二，人的性格具有对完整性，但在相对完整的性格中，也有矛盾性。例如《三国演义》中的曹操，既有勇猛、果断、坚强的特点，又有多疑、敏感、优柔寡断的特点；张飞性情粗暴，但粗中有细。性格矛盾性的存在说明人的性格是异常复杂的。

第三，性格结构的动态性还表现在性格的可塑性上。人的性格具有相对稳定性，但又不是一成不变的，环境的变化、经历及自身的努力，都可以改变一个人的性格特征。当然，一个人已有的性格越是深刻、稳定，改变他的性格就越不容易。

二、性格的形成与发展

人性格的形成主要受以下几个因素的制约。

(1) 人的生理素质

性格是以一定的生理素质为前提的，没有素质这个生物学的前提，性格就无从产生。此外，人的身高、体形、外貌等生理上的特点，由于经常暴露于大众审美和社会习俗的品评之中，无疑会影响个人性格的形成。还有人的智力也影响着某些性格特征的产生。

(2) 经历和环境

人的性格的发展很大程度上取决于经历和环境，马克思曾说过，人的意识来自环境的刺激，不同的家庭环境、教育环境、社会环境、文化环境，都会在人的性格发展中打下烙印。同样，人在一生中的经历也会影响到他性格的发展，一般短暂的、刺激性不强的经历，对人性格的正常发展影响较小；而长时间或刺激强烈的经历，则可能改变一个人的某些性格特征的发展轨道。

(3) 教育

人对教育的态度和实际受教育的状况，是影响其性格形成的又一个重要原因。家庭教育、学校教育和社会教育培养或影响着人的理想、信念和世界观。教育者的言行和观念，可直接灌输给受教育者。

成年性格的改变可依赖于他的自我教育。通过个人的主观努力，可以使自己的性格中一些不符合其世界观或社会要求的特征加以改变，并可以根据需要不断地调整自己对现实的基本态度和行为方式。

三、性格的类型

性格类型是在一类人身上所共有的性格特征的独特结合，许多心理学家试图对性格进行类型分类，形成了各种各样的性格类型学说或性格类型论。但由于性格问题的复杂性，至今还没有公认的一致意见。

性格是个性心理特征中的核心部分，人与人的个性差别首先表现在性格上，它是一个人稳定的态度系统和相应习惯了的行为风格的心理特征。性格是在社会生活实践过程中逐步形成的，由于各人所处的客观环境不一样，先天的素质不同，形成了各种各样类型的性格。

人的性格分为很多类型，不同心理学家有不同的分类，心理学家按照一定的原则对性格所做的分类。

（1）心理学所划分的性格类型

心理学所划分的性格类型主要有：

根据知、情、意三者在性格中何者占优势，把人们的性格划分为理智型、情绪型和意志型。理智型的人，通常以理智来评价、支配和控制自己的行动；情绪型的人，往往不善于思考，其言行举止易受情绪左右；意志型的人一般表现为行动目标明确，主动积极。

根据人的心理活动倾向于外部还是内部，把人们的性格分为外向型和内向型。

根据个体独立性程度，把人们的性格划分为独立型和顺从型。独立型的人善于独立思考，不易受外来因素的干扰，能够独立地发现问题和解决问题；顺从型的人，易受外来因素的干扰，常不加分析地接受他人意见，应变能力较差。

根据人的社会生活方式以及由此而形成的价值观，把人们的性格类型分为理论型、经济型、审美型、社会型、权力型和宗教型。

根据人际关系，把人们的性格划分为 A、B、C、D、E 这 5 种类型。

A 型性格具有情绪稳定特点，社会适应性及向性均衡，但智力表现一般，主观能动性一般，交际能力较弱；

B 型性格具有外向性特点，情绪不稳定，社会适应性较差，遇事急躁，人际关系不融洽；

C 型性格具有内向性特点，情绪稳定，社会适应性良好，但在一般情况下表现被动；

D 型性格具有外向性特点，社会适应性良好或一般，人际关系较好，有组织能力；

E 型性格具有内向性特点，情绪不稳定，社会适应性较差或一般，不善交际，但往往善于独立思考，有钻研性。

此外，也有按人们的体型、血型对性格进行分类。

（2）MBTI 的性格类型

MBTI(Myers-Briggs type indicator)的理论来源于瑞典心理学家荣格(Carl Jung)有关知觉、判断和人格态度的观点为基础发展而来。后来，布里格斯和迈尔斯发展了荣格的理论研究发展成为心理测评工具(图 8-2)。根据四个维度考察个人的偏好：

能量倾向：	Extroversion	(E)	vs.	Introversion	(I)	外向/内向
接受信息：	Sensing	(S)	vs.	Intuition	(N)	感觉/直觉
处理信息：	Thinking	(T)	vs.	Feeling	(F)	思考/情感
行动方式：	Judging	(J)	vs.	Perceiving	(P)	判断/知觉

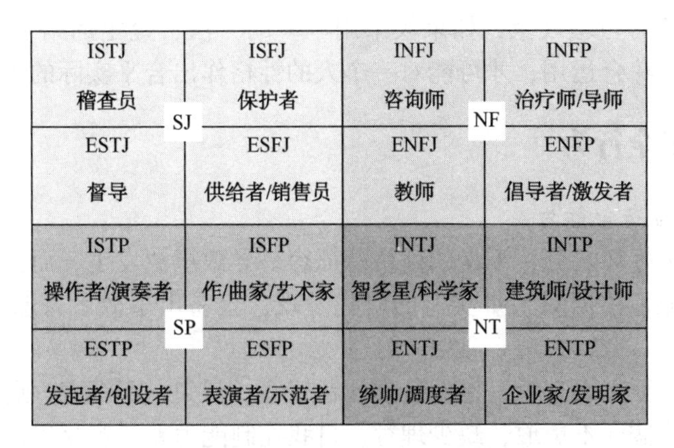

图 8-2　MBTI 的性格类型示意图

SP——天才的艺术家。“适应的现实主义者”有冒险精神，反应灵敏。在任何要求技巧性强的领域中游刃有余，常常被认为是喜欢活在危险边缘寻找刺激的人。喜欢处理大量的事情和紧急事件，解决具体问题和面对压力。为行动、冲动和享受现在而活着。

NF——理想主义者、精神领袖。“热心而有洞察力”在精神上有极强的哲理性，善于言辩、充满活力、有感染力、能影响他人的价值观并鼓舞其激情。帮助别人成长和进步，具有煽动性，被称为传播者和催化剂，用“教导”的方式帮助他人。

SJ——忠诚的监护人。“现实的决策者”有很强的责任心与事业心，喜欢解决问题，忠诚、按时完成任务，关注细节，强调安全、礼仪、规则、结构和服从，喜欢服务于社会需要。坚定、尊重权威和等级制度，持保守的价值观。充当着保护者、管理员、稳压器、监护人的角色。

NT——科学家、思想家的摇篮。“有逻辑性且机敏”天生有好奇心，喜欢梦想，有独创性、创造力、洞察力、有兴趣获得新知识，有极强的分析问题、解决问题的能力，产出高质量的新观点，关注自己的观点和成就被他们所尊重的人看重。是独立的、理性的、有能力的人。人们称 NT 是思想家、科学家的摇篮。

四、性格的测定

性格这种心理现象是通过人的言语、行为和外在风貌表现出来的。性格的外部表现，为研究性格提供了依据，通过对一个人各种外部表现的研究，可以判断他的性格。

心理学家已经发明出许多办法来进行性格测定。常用的有以下几种。

投射法：这是一种利用某些图画材料提出问题回答时，自然地流露出自己的心理特点。

观察法：这是一种通过观察和分析一个人的日常言行、外表来判断其性格特征的办法。可以是长期有计划观察。也可以是短期有计划观察。

自然实验法：这种方法是让受试者在正常从事某项活动时完成一些实验性的课题，以反映出他的性格。

谈话法：这是一种试图在与受试者进行各种谈话时进行观察和分析，确定受试者性格的方法。

作品分析法：用作品分析法研究人的性格，是通过对受试者的日记、信件、命题作文及其他劳动产品的分析而进行的。

性格是十分复杂的心理现象，如果仅采用单一的方法，鉴定的结果往往有很大的局限性。只有将多种方法综合运用，才可能对一个人的性格作出合乎实际的判断。

五、性格与安全行为

1. 性格的优劣与安全行为

人的性格有优劣好坏之分，不良的性格特征容易导致事故发生，而优良的性格则是安全工作的良好心理保证。根据对大量实例的研究发现，容易出事故者普遍具有如下某种性格特征。

从性格的意志特征方面来看，他们处理问题轻率、冒失、不沉着，遇紧急情况易惊惶失措，优柔寡断胆小怯懦，不勇敢，缺少理智，自我控制能力差，容易气馁、缺少坚韧不拔的精神。

从性格的情绪特征方面来看，感情易冲动，容易兴奋，容易头脑发热，易恼怒，易焦躁，心情易随自然环境的改变而变化无常，易大喜大悲。

从性格的理智特征方面来看，反应迟钝，理解力差，独立作出判断的能力差，思维不敏捷，独立分析和解决问题的能力差，对工作易安于现状，不思进取。

从性格的态度特征方面来看，缺少正义感，自负，喜欢显示自己，缺少责任感，自我要求不严，心胸狭窄。

容易出事故的人，在性格上往往具有以上某一种或几种特征，这些特征均是导致事故的潜在心理原因。

例如，汽车驾驶员的自我炫耀心理是交通肇事的一个重要成因。不少驾驶员，尤其是青年驾驶员，具有不同程度的自我炫耀心理，主要表现是争强好胜，轻率冲动，容易冒险。他们在驾车行驶过程中，如果遇到同类型的性能低于自己的车从身边超过，就觉得是对自己人格和技术的挑战，于是感情冲动，拼命冲上去，超过对方。有的则是为了显示自己开的车好，驾车技术高，看见同类车就想超；还有的是在驾车行进过程中由于对方违章超了自己的车，不服气，不甘示弱而超过去。

心胸狭隘，报复性强的人也不宜担任驾驶员工作。强烈的报复心理容易使人不顾一切，丧失自控能力。例如，有的驾驶员见别人强行或违章超了自己的车，便觉得对方侮辱了自己，随即产生报复心理，于是在有意超过对方之后，抢占中道，故意放慢速度，压住对方，无论对方怎样鸣笛示意超车，也不让道，激起对方恼怒，强行超车，导致车祸。有的驾驶员遇到不讲理的行人或非机动车辆占道，经多次鸣笛催促让道，对方不理，即起报复之心，逼近对方，企图吓唬对方或迫使对方吃点亏，这样就使得对方惊慌失措，容易撞在车上或倒在车下。更为严重的是极个别的驾驶员在本单位受到某种挫折或压制后，产生强烈报复社会的心理，故意制造车祸，发泄内心的愤怒。

因情感控制能力差而容易产生异常情绪，也是一种潜在的肇事诱因。天有不测风云，生活中使人伤心和烦恼的事随时都可能会出现，如果人的情绪易受各种不如意的事情影响而变化无常，就很可能发生意外事故。美国华盛顿某地区对失事汽车案例的调查中，发现正在办理离婚过程中的开车者，失事率远远高于正常人。在离婚案受理的最初 3 个月，是当事者意外事故发生率最高时期，这主要是由于经历着离婚事件的人注意涣散，情绪不稳，应变迟钝等。

与此相反，如果具有优良性格品质，比如意志坚强，有高度的责任心，有积极的进取精神，冷静沉着等，即使遭受了极大的精神打击或被许多不如意之事所困扰，也仍然会很好地控制自己，做好安全生产工作，不导致意外事故。

2. 性格的可塑性与安全行为

人的性格可以因经历、环境、教育等因素的影响下而改变，在经历、环境、教育因素的影响下，人可以不断地克服不良性格，培养优良的性格特征。

经历，尤其是给人以强烈刺激的经历，对于性格的改变可以产生相当大的作用。重庆某化工厂里，一个制酸工人唐某，以敢冒险、胆大而闻名全厂。他在工作时，经常不遵守操作规程，赤膊抱盛酸的玻璃瓶，同组的工人都不敢与他合伙干活。有一次，他在“大胆”操作时被硝酸严重烧伤双脚，经半年的治疗才基本康复，经过这次事故，唐某总结了经验教训，从此在工作中严格遵守操作规定，小心谨慎生怕出错，前后判若两人，认识他的人都说：唐大胆变成唐小胆了。

当然，在生产活动中，并不是每个人都得亲自“制造”一场事故之后才去注意改变不良性格，应该是把别人的事故当作一面镜子，检讨自己在性格等方面是否与肇事者有相似的不良品质，引以为戒，克服缺点，其实，这也是一种经历。

此外，企业也应对员工进行安全教育，尤其是要善于抓住时机、抓住典型，企业如果能及时抓住事故典型，向全体职工讲明造成事故的性格原因，教育群众接受教训，引以为戒，就可能收到比一般的泛泛教育更好的效果，促进企业进一步搞好安全生产。

3. 性格与安全管理行为

安全管理也需要考虑工人性格的因素，在一些危险性较大或负有重大责任的工作岗位，应认真了解在岗人员的性格，对具有明显不良性格特征的人应坚决调离岗位。对于在岗人员还要常与他们接触，掌握他们的思想状况和性格变化。

应该特别注意的是，像大胆与轻率，果断与武断，谨慎与胆小这类同一倾向的性格特征，不像勇敢与胆怯、慎重与鲁莽这类对立倾向的性格特征那样界限分明而容易区分，企业安全生产管理要重视区分这类同向性格特征的差别，避免因辨识失误而导致严重的后果。

第三节　能力与安全行为

在生产过程中，人们在能力上的差异是普遍存在的。能力制约着人活动的效果，对于人能否顺利完成各项工作任务及能否在工作中取得成绩有重要影响。

一、能力概述

心理学上把顺利完成某种活动所必须具备的那些心理特征，称为能力，能力反映着人活动的水平。

能力总是和人的活动联系在一起的，只有在活动中，才能看出人所具有的各种能力。能力是保证活动取得成功的基本条件，但不是唯一的条件。活动的过程和结果往往还与人的其他个性特点以及知识、环境、物质条件等有关。但在其他条件相向的情况下，能力强的人比能力弱的人更易取得成功。

(1) 能力和知识、技能的关系

能力与知识、技能既有区别又有联系。知识是人类社会实践经验的总结，是信息在人脑的储存；技能是人掌握的动作方式。能力与知识、技能的联系主要表现为两点，一方面能力是在掌握知识、技能的过程中培养和发展起来的；另一方面掌握知识、技能又是以一定的能力为前提的。能力制约着掌握知识、技能过程的难易、快慢、深浅和巩固程度。它们之间的区别在于，能力不表现为知识、技能本身而表现在获得知识技能的动态过程中。

(2) 能力与素质的关系

有机体的某些天生的解剖生理特点，特别是神经系统、感觉器官和运动器官的生理特点，称为素质，素质是能力产生的自然前提。

能力是在素质的基础上产生的，但能力并不是人生来就具有的。素质本身并不包含能力，也不能决定个人的能力，它仅提供人某种能力发展的可能性。如果不去从事相应的活动，那么具有再好的素质，能力也难发展起来。能力是人在后天实践中，某种先天素质同客观世界的相互作用过程中形成和发展起来的，素质制约着能力的发展。

人的能力是有个别差异的，这种差异不仅表现为量的差别，而且表现为质的差别。所谓量的差别，是指人与人之间各种能力所具有的水平不同；所谓质的差别，是指人与人在能力的类型上的不同，比如说有的人擅长音乐，有的人擅长语言等。

(3) 一般能力和特殊能力

人要顺利进行某种活动，必须具有两种能力：一般能力和特殊能力。一般能力是在许多基本活动中都表现出来，且各种活动都必须具备的能力，比如观察力、记忆力、想象力、操作能力、思维能力等，都属于一般能力。这几种能力的综合也称为智力。特殊能力是在某种专业活动中表现出来的能力，例如绘画能力、交际能力等。

人要顺利地进行某种活动，必须既具有一般能力，又具有与这项活动相关的特殊能力。特殊能力是建立在一般能力的基础上的，还可能是一般能力的特别发展。特殊能力的发展同时也能带动一般能力的发展。

二、个性的其他品质与能力的发展

能力的发展在很大程度上取决于人的总的个性特征。

学习动机与能力的发展有密切关系，学习动机明显地影响看儿童智力的发展。兴趣爱好和能力的发展也有着密切联系，并且是事业取得成就的必要条件。对自己的事业没有兴趣和爱好，要想做出成就、发展能力，那是很难想象的。远大的理想和坚定的信念影响着人对生活和活动的态度。有理想、有追求的人总严格要求自己，有事业心、主动精神和克服困难的意志力。这些品质对能力的发展是十分必要的。

优良的性格特征如勤奋、谦虚和坚韧等，对能力的发展有很大的促进作用。勤奋、谦虚和坚韧等优良的性格品质，可促使人勤于学习，勤于实践，不断吸取新的知识和技能，并且在遇到阻碍时能够勇于克服困难，使能力不断地得到发展。而某些消极的个性品质，如缺乏理想、没有事业心、懒散、骄傲、意志力薄弱等．则会阻碍能力的发展。

三、能力的测定

具有一定的专门能力是一个人顺利从事某项工作所必需的，一个人有什么样的能力特长及能力的水平如何，是可以通过一定的方法测量出来的。

心理学家已经提出了很多的能力测验方法，比如各种智力测验法、各种特殊能力以及创造力的测验法等。这里侧重介绍从事某项职业所需特殊能力测验的一般方法。

对特殊能力进行测验的主要目的在于能预见到一个人是否能在某项工作中成功地达到较好的职业水平，因为这一点是求职者自己难以搞清的。

测验的第一步，是派有职业经验的人同被测者谈话，并让他们填写一定的表格。谈话内容和表格都是事先拟定好的。在测验的这一步，首先应该了解被测者的生理状况，他对该职业是否感兴趣以及兴趣是如何产生的，他的业余爱好、受教育的情况和成绩，是否有实际经验。

但是对于职业所需的专门能力，仅靠谈话和表格的了解就不够了。在没有经过一定的实践之前，被测者并不知道自己的专门能力如何，这就需要采用专门的测试法对其专门能力进行短时间的考核。

进行专门能力测试，是向被测试者提出一系列的课题，根据完成情况，可以预测他是否擅长于从事此项职业。测试时，要求被测试者完成一些动作，这些动作蕴含着该职业的专门能力要求。在拟定测试课题时，不应当去追求测试条件同该职业的实际情况在表面上的相似，而应当努力做到内在的相似。

能力测验也有一定的局限性，信度和效度这两个概念在心理学上被用来评价心理测验的结果。测验的信度是指测验的可靠性。可靠的测验是指假如施以完全相同的方法和手续，不同时间测量的结果应该是相同的。测验的效度是指测验是否准确测量了它所准备测量的东西。

人的能力的成因和成分十分复杂，因此能力测验的效度往往不好确定，测验的结果也往往受多种因素的影响，有些因素能够控制，有些因素则难以控制。此外，测验在估量一个人的潜能方面具有一定的局限性，而潜在的能力却是与一个人未来活动的水平密切相关的。鉴于能力测验的局限性，在根据能力决定一个人的取舍时，测验的结果只能作为参考依据之一，还需根据其他的情况和辅以其他的方法做出较为合理的人员选择决定。

四、能力与安全行为

任何工作的顺利开展都要求人具有一定的能力，能力上的差异不但影响着工作效率，而且也是能否搞好安全生产的重要制约因素。

(1) 特殊职业对能力的要求

特殊职业的从业人员要从事冒险和危险性及负有重大责任的活动，因此这类职业不但要求从业人员有着较高的专业技能，而且要具有较强的特殊能力。选择这类职业的从业人员，必须考虑能力问题。

选择特殊职业的从业人员应该进行能力测验，以确定是否具有该职业所要求的特殊能力及水平。交通肇事是现代社会的一大公害，有研究表明，大部分的汽车交通事故都是由汽车驾驶员直接引起的。有些汽车驾驶员曾不止一次地在驾车途中造成险情。而有的人则在这个岗位上工作得很好。汽车驾驶员是一项有一定危险性和负有重要责任的职业。这一职业要求从业人员具有良好的性格品质和稳定的情绪状态以及一种特殊能力——驾驶能力。

在研究大量实例之后，人们发现，易出事故的驾驶员和优秀的驾驶员在性格、情绪和驾驶能力等方面存在差别。为了确定一个人是否适合从事汽车驾驶这项工作，不少国家都采用了能力测验的办法。

(2) 普通职业对能力的要求

为保证安全生产，普通职业对于特殊能力也有一定要求。

在生产实际中存在着这样的现象：有的工人像“闹着玩似的”可以完成别人数个工作日才能完成的任务，而也有些工人，虽然工作诚恳努力，却费了好大劲才可以完成一个工作日的任务。类似这样的例子在每个企业都可以找到。这种工作成绩的差别是职业技能不同造成的。

技能的形成受能力的影响，尤其是特殊能力、劳动态度、经验和职业培训等因素。美国的心理学家对 99 名织袜工进行了一个根据她们劳动成绩来划分其工作能力的试验。在这种试验里，态度和经验(以工龄来表示)都是可以控制的，受到培训的情况也大致相同。从试验得出的曲线上看，这些织袜工的工作效率存在着非常大的差别。显然，在态度和经验可控制的条件下，试验结果证明了织袜工们在从事这项职业的能力上存在着很大差别。

人的能力上差别，还可以在操作动作方面表现出来。在从事普通职业时，特殊能力上普遍存在着明显的差异。这种差异不但导致劳动生产率的不同，而且在安全生产方面，它也发挥着重要作用。

首先，最容易理解的是，能力的不同导致人体力消耗的不同，工作效率高的人无用动作要少得多。他们善于保持体力，不易感到疲劳，而疲劳正是事故的温床。

其次，从情绪上看，能力强的人在工作上有信心，精神乐观，而能力差的人则会因“不称职”而感到苦恼，情绪低落，而不良情绪也是事故发生的原因之一。

第三，从操作行为上看，能力强的人工作起来从容不迫，注意分配均衡，动作规范；而能力差的人则易紧张，手忙脚乱，拿东忘西，顾头顾不了尾，易产生操作失误，而许多事故的发生就是员工的误操作导致的。

当然，普通职业不像特殊职业那样具有较大的危险和负有重大责任，它对能力的选择也不那么严格，因此，虽然普通职业从业人员之间存在着显著的能力差别，但并不因此就一定要进行人员淘汰。在生产实际中，每种生产活动对人的智力、体力、技能提出了不同的要求。如果一个人现有的能力符合生产要求，那么这个人就能顺利地、高水平地从事生产活动。反之，就会困难多一些，需要他做较大的努力，才能适应生产活动的要求。如果一个人现有的能力不符合生产要求，这时就要求从业人员根据自己的能力特点合理安排自己的生产活动，同时还要特别加强职业技能训练，努力提高自己的技能水平，以求尽快达到生产活动的要求，经过努力仍难以达到要求，就应该考虑调换工种了。

第四节　岗位分析与职业选拔测试

生产系统总是由一定的岗位构成，这些岗位由“岗”和在岗上操作的人员构成，各个岗位协同工作而完成特定的生产任务。要确保生产系统安全，首先必须保证岗位的作业安全。影响岗位作业安全的一个重要因素是作业人员的安全素质以及作业人员的安全特性与岗位的作业特点是否相适应，如果安全素质高，职业适应匹配度高，可降低事故率，否则容易出事故。例如，对于危险性大的岗位或工种，不适合安排那些粗心大意、工作条理性差、责任心不强的人从事这些岗位工作。

安全生产实践表明，为了提高生产的安全程度，消除事故隐患，降低事故的发生率，一个很重要的因素就是要做到人与他所从事的工作或岗位之间要相互适应、相互匹配。怎样才能保证人员安全特性与岗位或工种特点相适应？这就需要进行岗位分析和职业适应性测试。岗位分析就是分析岗位或工种的设备、作业特点、危险性如何？从事该岗位或工种的作业人员应该具备什么样的条件？职业适应性测试，则是具体测定评价哪些人员具备特定岗位或工种的上岗条件，即胜任该岗位的工作。

一、岗位分析的内容

人和岗位的相互匹配包含两重含义：一是“人适其职”，即一个人有能力、有条件从事或做好某一岗位的工作；二是“职适其人”，即根据特定岗位的要求去选择适合从事该岗位的人。前者是以人为核心和出发点，有了人，去选择合适的职业，这属于择业问题；后者是以职业为核心和出发点，有职业，需要去招募合适的人选，这属于招聘的问题。无论是前者还是后者，基本前提都是必须首先对岗位的任务、性质、特点以及要求进行调查、研究和分析，也就是说，要进行岗位分析。通过岗位分析，可以对劳动就业、工种的选择与分配、岗位培训等提供指导和基本依据。

岗位分析包括两个相互联系的内容或阶段：工作定向分析与人员定向分析。

(1) 工作定向分析

工作定向分析是岗位分析的基础阶段，也是人员定向分析的前提。工作定向分析主要是通过观察、谈话、问卷等手段，确定某一岗位的性质、特点，其中包括该岗位的工作任务、环境条件、应用的设备、使用的工具、操作特点、训练的时间、工作的难度、紧张状况、安全要求、体力消耗、身体姿势(坐、站、弯腰)等方面的特性。

(2) 人员定向分析

人员定向分析是分析确定从事该岗位的人员应当具备的基本条件，即对任职者的个性特征要求进行定性和定量分析。一般包括：

责任要求分析：主要分析从事该岗位者对其他人的工作，对生产设备、材料、安全等应该负有何种责任或影响。

知识水平要求分析：分析从事该岗位者最低应需要何等文化程度，需具备哪些方面或学科的专业知识。

技术水平要求分析：分析该岗位需要什么技术？需要哪些基本能力和特殊能力？应达到何种水平？

创造性要求分析：从事该岗位工作是否需要创造性？创造性应属于什么水平？

灵活性要求分析：处理工作是否需要机敏灵活？是否需要能够快速反应？

体力、体质要求分析：需要任职者具备什么样的身体条件？

训练条件要求分析：分析任职者是否应经过训练？训练多长时间？达到熟练或合格水平的标志是什么？

经历要求分析：分析任职者在此之前应具备何种工作经验？或有多长时间的相似经历？

通过以上分析，确定出从事该岗位者应该具备的最低条件、合格条件和理想条件。

二、岗位分析方法

岗位分析需要获取有关岗位及作业过程的详细信息，根据所获取的信息，按一定的方法进行分析。根据信息获取和分析方法不同，岗位分析法可分为观察法、现场访谈法、问卷调查法和计算机辅助分析法。企业在实际分析中，为了取得好的效果，在条件允许的情况下，可同时使用不同的分析方法。

(1) 观察法

岗位分析人员通过实际现场对一个正在工作的员工进行观察，并将该员工正在从事的任务、操作和职责一一记录下来。对每一个岗位工作过程的观察，可以采取较长时间内连续不断观察的方式，也可采用断断续续观察或访察的方式，具体采取哪种方式，应根据该岗位的工作特点而定。

观察方法主要适用于那些岗位明确、操作过程具体、工作重复性较强的岗位，也可以与其他方法结合起来使用。对那些岗位不完整、职责不容易被观察到或者没有完整工作周期的岗位，观察方法效果不好。

（2）现场访谈法

现场访谈方法要求岗位分析者访问各个工作场所，并与从事各种岗位的员工交谈，在交谈中获取岗位及作业过程的信息。现场访谈法通常将所要访谈的内容制成标准化表格，并利用标准化访谈表来记录有关信息。访谈对象一般应包括员工和领导，以便全面、彻底地了解每一个岗位的任务特点、职责和责任。

现场访谈方法的优点是所获取的信息比较真实有效；主要缺点是耗费时间长，尤其是需要与各种不同工作的员工进行交谈时，花费时间很长。专业性和管理性的岗位分析不仅复杂且难度大，因而往往需要更长的时间。因此，现场访谈法主要用作问卷调查法的后续措施，其主要目的是要求员工和有关负责人协助澄清问卷调查中某些信息的确切性及某些术语表达的准确性。

（3）问卷调查法

一个典型的岗位分析调查问卷通常应包括下列问题：

① 该岗位的各种职责以及花费在每种职责上的时间比例；
② 非经常性的特殊职责；
③ 外部和内部交往；
④ 工作协调和监管责任；
⑤ 所用物质资料和仪器设备；
⑥ 所做出的各种决定和所拥有的决定权；
⑦ 所准备的记录和报告；
⑧ 所运用的知识、技能和各种能力；
⑨ 所需培训；
⑩ 体力活动及特点；
⑪ 工作条件。

问卷调查方法的主要优点是获取信息的时间短，费用低，获取信息量大。主要缺点是有些信息尚需要用观察法或访谈法作为后续确认。

（4）计算机辅助岗位分析系统

利用软件化的岗位分析系统，可以大大减少用在与准备岗位说明有关的各种工作上的时间和其他耗费。在这类软件系统中，针对每一项工作，都有成组排列的工作职责说明和关于问卷调查范围的说明。岗位调查问卷中的资料可输入计算机，这些来自员工的资料可用来自动生成按岗位特征分类的岗位说明书。

三、岗位分析程序

不同条件，岗位分析过程也不同，典型的岗位分析程序如图 8-3 所示。各企业实际采用何种分析步骤，应根据所使用的方法和所包括的岗位种类而定。

(1) 确认岗位种类和审查现有文件资料

岗位分析的第一步，是确认被考察的各种岗位的特点和属性。例如，这些岗位作业过程是否危险、是否存在有毒有害因素、是否属于特殊工种、是一个部门内的全部岗位还是整个企业的全部岗位，等等。确认阶段的另一部分工作，是对现有文件资料进行审查，如现存的各种岗位说明书、组织系统图、已往的岗位分析信息，以及其他与岗位有关的资料。该阶段，还应选定参与岗位分析的人员和所要使用的方法，确定列入岗位分析范围的员工。

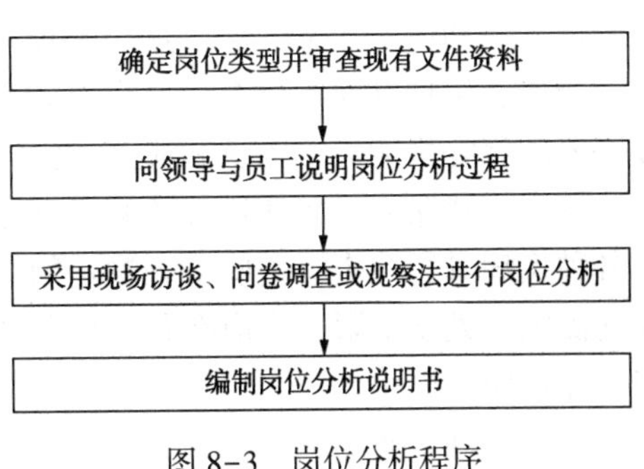

图 8-3　岗位分析程序

(2) 向领导和员工说明岗位分析过程

岗位分析在正式开始调查、访谈、观察前，应向管理人员、将受到影响的员工以及其他有关的人员说明岗位分析的过程，一方面可消除员工的戒备情绪；另一方面可取得他们的理解与支持。所需解释和说明的事项一般包括：岗位分析的目的、采取的步骤、时间安排、管理人员和员工如何参与、谁来进行岗位分析、有问题时应与谁联系等。

(3) 进行岗位分析

接下来的步骤，就是采取行动去获取岗位分析信息，如分发问卷、安排面谈和到现场进行观察。

如果采用问卷和面谈的调查方法，分发问卷后，应及时与有关人员保持联系，以提醒管理人员和员工归还问卷或按时参加面谈。在获取岗位分析信息后，分析人员应进行仔细审阅，分析其是否完整。如果需要，分析人员可安排进一步的面谈，以获取澄清某些问题所需的补充信息。

(4) 岗位要求细则及岗位说明书编制

获取所需信息资料后，应对其进行分类和筛选，这样就可用来起草岗位说明和岗位要求细则。岗位说明和岗位要求细则应分发给有关的经理和员工进行审阅，并根据审阅意见进行修改完善，直到形成最终的岗位说明和岗位要求细则。

四、职业适应性测试

职业适应性测试是岗位分析的继续，它是根据岗位分析说明书中所提出的任职条件要求，按一定的方法，对拟任职候选者或在任职者的知识、能力、生理、心理等素质进行一系列的测定、分析、评价，以评判被测试对象是否与任职条件要求相适应。

职业适应性测试内容依不同职业而异，但一般应包括文化知识基础与能力、生理特征、心理素质和特殊要求等四方面的测试。对文化知识基础的测试，可通过文化考试的方式进行；能力测试一般通过实际操作来考核；特殊要求检查是对某种岗位特别要求的适应性检查，例如打字员应能记住原文，建筑工人应能判断视觉空间关系等，它按照各种岗位的特殊要求，逐个进行检查。生理特性和心理素质测试内容项目较多，职业不同测试要求差别很大，下面论述生理特性和心理素质的测试内容与方法。

(1) 生理特性检查测试

身体或生理检查也可以称之为适应作业条件的可能性检查。其目的是通过检查测试，发现并排除不能胜任作业的身体有缺陷和健康状况不良者，被认为有引起事故危险性的人，或者身体素质和体质异常的人。这类检查应包括体格、体力和有关身体机能的检查。

身体、生理方面的检查，要求有表明体格、体力(肌肉力量、呼吸、循环机能等)及作业必要的感觉机能方面有无缺陷的项目。通常对身体检查要进行身高、体重、胸围、主臂力、握力、背肌力、肺活量等的测定，还要利用步行试验检查循环机能，并对视觉和听觉以及各种疾病进行检查。这些检查测定的结果，只要不是显著的不良，一般是能适应工作的，即使测定值处于下限，也应在各个作业场所中进行试用。倘若身体确有明显缺陷，就不宜担当不相适应的岗位。

(2) 心理素质测查

选择合适的人从事相应的工作，以避免事故的发生，所应测查的心理素质包含极为广泛的内容。尽管不同的职业对人提出了不同的心理素质要求，但是，一般来说主要应测查从业人员以下一些心理素质：智力、注意力、人格特点、反应时间、能力、危险感受性、安全态度、安全动机、安全意识及动作技能等心理素质。在实际应用中有必要根据工作对从业人员的心理素质要求，选择不同的心理素质予以测查。有不少研究证明，机床操作工作和驾驶工作的事故率与人员的视觉，感知技能，选择注意和反应速度等心理素质密切相关。因此，这类人员的选拔，应特别注意这些能力方面的考查。

五、职业选拔测试

选拔就是选择具有资格的人来填补岗位空缺的过程。在大企业，某个部门需要选拔用人时，需求以报告的形式送企业就业办公室或人力资源管理部门。提交报告的同时，还应提交每项岗位的工作说明书，必要时还应附带岗位要求细则。人事部门根据这些岗位说明和岗位要求细则开始启动整个招聘或选拔过程，从前来应聘的人员中，选择某些人来从事有关的岗位。对较小的企业来说，则通常是企业经理本人亲自处理整个过程的各个事项。选拔过程也就是测试过程，通过测试，选拔那些与岗位或工种相匹配的员工。

(1) 选拔测试方法

如图 8-4 所示，正规的就业选拔测试有多种类型。一般大多数测试侧重于测量与岗位有关的各种水平和技能，有些属于笔试(如算术测试)，有些属于动作能力测试，还有一些是使用仪器进行的测试(如协调性测试)。对于考试测试法，企业既可以自己设计试卷，也可以购买使用专门机构所设计的试卷。实践证明，如果运用和管理得当，正式测试可以使选拔工作大大受益。

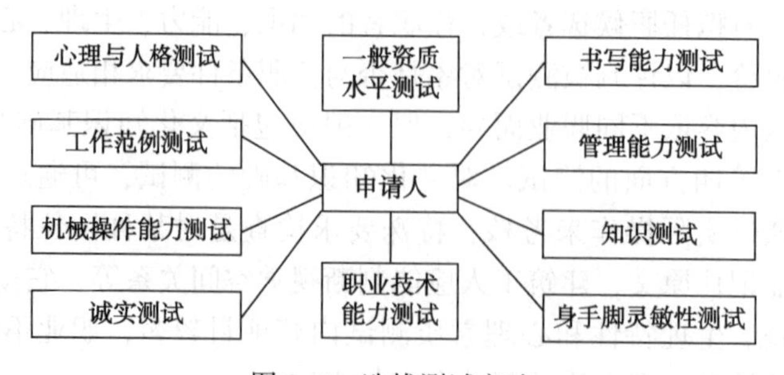

图 8-4　选拔测试方法

(2) 选拔面试

选拔面试用来判断与工作有关的知识、技能和能力并确认来自其他来源的信息资料。深入的面试可对来自申请表、各种测试和推荐材料的信息进行综合性的核对，以便做出最后的选拔决定。由于综合考察的必要性以及面对面了解情况的理想性，面试在选拔工作中被视为最重要的阶段。

虽然面试并不一定是今后工作表现的一个绝对有效的指示器，但它具有很高程度的“表面有效性”。实际上，目前很少有企业未经面试就雇用某个人。

面试是否能成为一种有效的选拔工具，取决于它所得结论是否与被雇人员今后的工作表现相一致。显然，面试的精确性将影响面试这一手段的有效性，而面试的有效性将取决于面试的方式和负责面试者的能力。为了提高面试的有效性，应使面试尽可能规范化。

规范化面试是指采用一组标准化的问题来询问所有的申请人。对每个申请人提问同样的基本问题，这样更容易对申请人进行比较。这一方式容许负责面试的人事部门先准备与岗位有关的各种问题，并在面试后可形成一份标准化的关于被面试者的评价表。

(3) 背景考察

背景考察既可在深入面试之前也可在其后进行。这将花费一定的时间和财力，但还是值得去做。

背景资料可以获自不同的来源，下面所列的背景资料可能比其他一些资料更有参考价值和更与事有关，究竟哪些更有用，取决于企业将向申请人提供什么样的岗位：

① 来自校方的推荐材料；

② 有关原来工作情况的介绍材料；

③ 关于申请人财务状况的证明信；

④ 关于申请人所受法律强制方面的记录；

⑤ 来自推荐人的推荐材料；

⑥ 关于申请人事故、违章方面的记录等。

第九章 ↘

违章行为的心理分析及应对

为了有效地进行生产活动，在各个企业部门、车间、班组，都需要制订一些相应的规章制度。同样，在每一生产岗位，也都有一定的操作要求或注意事项。安全操作规程是一个单位为保证生产设备和人身安全，按照生产的性质和特点而制定的、对人的行为有一定指导和约束作用的规则或工作程序。它是工厂企业诸多规则、章程、制度中的重要组成部分。

在实际生产过程中，是严格遵守安全操作规程. 还是违背它，对生产和人身安全的影响极大。虽然一般事故的发生都带有一定偶然性，即使是严格遵守安全规章制度也未必绝对不会发生事故，但事实表明，员工的“三违”行为往往是导致事故发生的主要原因之一。“三违”是指生产作业中违章指挥、违规作业、违反劳动纪律这三种现象。“三违”行为有时候可以称为违章行为，即生产人员及生产管理人员在生产活动中，违反安全管理制度、规范和章程，违反安全技术措施及交底要求。反违章首先要领导重视，全员参与。要坚持“以人为本、从我做起”的理念，以完善“三项制度”为核心，以杜绝“三违行为”为重点，以实现“三个转变”为标准，以形成先进安全文化为目的。

第一节　违章行为的概述

一、违章行为的含义

违章行为从“三违”的角度看，分为违章指挥、违规作业和违反劳动纪律。

(1) 违章指挥

违章指挥主要是指生产经营单位的生产经营管理人员违反安全生产方针、政策、法律、条例、规程、制度和有关规定指挥生产的行为。违章指挥具体包括：生产经营管理人员不遵守安全生产规程、制度和安全技术措施或擅自变更安全工艺和操作程序；指挥者使用未经安全培训的劳动者或无相应资质认证的人员；生产经营管理人员指挥工人在安全防护设施或设备有缺陷、隐患未解决的条件下冒险作业；生产经营管理人员发现员工的违章行为却不予以制止等。

(2) 违规作业

违规作业主要是指生产员工违反劳动生产岗位的安全规章和制度(如安全生产责任制、安全操作规程、工作交接制度等)的作业行为。违规作业具体包括：不正确使用个人劳动保护用品、不遵守工作场所的安全操作规程和不执行安全生产指令。

(3) 违反劳动纪律

违反劳动纪律主要是指生产员工违反生产经营单位的劳动纪律的行为。违反劳动纪律具体包括：不履行劳动合同及违约承担的责任，不遵守考勤与休假纪律、生产与工作纪律、奖惩制度及其他纪律等。

二、违章行为的类型

违章行为从心理学的角度来看，主要分为两大类，即无意违章和有意违章。

1. 无意违章

顾名思义，是在无意的情况下所造成的违背安全操作规程的动作或行为。按其产生的原因，无意违章操作也可分为两种情况。

(1) 行为者或操作者在意识不清醒的状态时发生的违章行为

例如，突发性癫痫患者、精神病人、夜游症患者在发作期间，其意识混乱，神志不清，在这种状态下发生的操作行为，往往是不由自主的，无行为责任能力。对这种情况，预防的唯一办法是加强岗前的医学、生理检查。患者自己绝对不能隐瞒病情，讳疾忌医，否则将带来严重后果。而对一些工作性质本身就带有一定危险性的行业部门，也应该严格用人制度，千万不能靠托人情、走后门的方式把本来不合要求的人硬塞给企业。

(2) 操作者或行为人处在清醒状态下，但由于某种生理、心理缺陷或无知造成违章

例如，一个患有红绿色盲症的行人因无法分辨红绿灯而闯红灯，造成违章行为，对他本人来说可能是无意的。在无意违章中，最常见的是由无知而造成的违章。每一种生产设备都具有一定的性能，并且对操作都有一定的要求。有的机器转动有先有后，若把应该先启动的变后，后启动的改先，违反安全操作程序，就可能造成机器毁损、人员伤亡的事故发生。无知违章表面看是无意的，但深入分析，其中有很多是包含着有意的因素。一般造成对操作规程无知的主要原因有三：一是因缺乏安全知识教育而无知。例如有的工厂、部门忽视对新进厂员工的安全教育，或只教技术、技能，不教安全操作要领和必要的注意事项。二是上岗操作前未看操作说明书，或因知识水平低而看不懂、漏看、错看。比如对外国进口机器设备，如果没有中文译文，而自己外语水平又不高，结果盲目操作，造成违章。三是有些人自恃经验丰富，忽视对安全操作规程的再学习和反复练习，只凭在老的机器设备上获得的老经验，对付新的机器设备或新机型，无意间造成违章。上述不管是哪一种原因造成的无知，实际上都并非纯粹无意，而是和缺乏安全意识有关。这种在缺乏安全意识的状态下盲目进行操作的行为本身就是一种有意违章。对此，不能以“不知者不怪罪”的态度简单处理之，而应该深挖造成无知的背后原因。只有这样，才能有针对性地提出预防措施，做到防微杜渐。

2. 有意违章

又可称为故意违章。这里也应分两种情况：

一种情况是操作规程或注意事项本身订得不合理、不科学，但又没有及时修订、完善。例如有些安全操作规程订的过于烦琐，甚至有重复和矛盾之处。操作者在实际工作中逐渐摸索出一套更加安全可靠的操作要领、操作程序，因而在操作中不再遵守老的安全规范，这种故意违旧章(与原有的规范不符合)不仅是允许的，而且应该鼓励并加以推广。这是使安全操作规范不断进步的契机。

另一种情况是安全操作规程本身没问题是正确而合理的，就是说，不是因为安全规章制度的原因造成的，而是其他原因。这就是通常所说的“明知故犯”。在实际生产过程中，这

种故意违章行为也是比较常见的。例如，在汽车驾驶中司机和司机之间相互斗气，开"英雄"车，就是一种明知故犯的违章行为。

第二节 违章行为的心理分析

在实际工作中，造成违章行为的具体原因可能是千差万别的，但从心理学来看，都和人的心理状态有关。因为人的行为，包括违章行为在内，都是由人的心理活动发动、调节和控制的。换句话说，人的心理状态是人的外显行为的内在根据。因此，分析违章行为的原因应该和人的心理状态联系起来。

根据安全工作的实际经验以及安全心理学的研究，一般认为，下述的一些因素引起的心理状态容易导致违章行为的产生，并且是造成事故的重要隐患。

由预期因素引起的心理状态：侥幸心理、冒险心理、麻痹心理等；

由成本因素引起的心理状态：惰性心理、逐利心理、爱美心理等；

由群体因素引起的心理状态：从众心理、凑趣心理、逞能心理、逆反心理、帮助心理等；

其他心理状态：无所谓心理、好奇心理等。

一、预期因素导致违章行为的心理分析

1. 侥幸心理

所谓侥幸，是指人在偶然中意外的收获，或者是避免了意外的灾祸。心理学和行为学认为：侥幸心理是指行为人为了追求个人目的，对自己的行为所要达到的结果，过于自信，而不负责的、放纵的、投机的一种心理状态。侥幸心理是许多"三违"人员在行动时的一种重要心态。有这种心态的人，不是不懂安全操作规程、缺乏安全知识，也不是技术水平低，而多数是"明知故犯"。有些员工认为在现场工作时，严格按照规章制度执行太过于烦琐或机械，因此未严格按照规章制度执行或执行没有完全到位，不是违章行为。况且还认为即使偶尔出现一些违章行为也不会造成事故。在他们看来，"违章不一定出事，出事不一定伤人，伤人不一定伤己"，这实际上是把出事的偶然性绝对化了。

在日常工作中，在作业现场，以侥幸心理对待安全操作的人，时有所见。例如，干活应该采取安全防范措施而不采取；特种作业需要作业人员持证作业，却使用无证人员去操作，或者自己违章代劳；该回去拿工具的不去拿，就近随意拿其他工具代替，如此等等，都属于故意违章行为。大量的事故实例说明，侥幸心理害死人。例如某厂一起重工为了图省事，不去取适用的钢丝绳，而是随意就近拣起一根短而破的钢丝绳起吊重物，结果吊绳断裂，重物坠落，砸伤了员工，造成脾摘除的严重后果。某矿山工程技术人员，在一次天井深孔的爆破科研试验中，当试验进行到最后阶段时，由于急于想看试验结果，未采取任何防范措施，就抱着侥幸心理进入未通风的工作面，致使3人中毒死亡。

【案例：强令作业 罪责自负】

(1) 事故经过

某年4月27日，张某向某市建筑公司经理张某某提出：工期紧，要上水泥空心板的事。张某某问："空心板啥时间打的"；张某回答，是本月22日打的；张某某明确答复："不能上，最快也得过半个月以后才能上"。4月29日下午，张某在工地向施工负责人郭某安排上

水泥空心板，郭某当时提出4月22日打的板，才一个星期，时间短，不能上。随即张某叫工人陈某带撬棒到打板场作了简单检查，回到工棚后对郭某说，“板硬棒着哩，质量还可以，再保养两天就可以上了”。4月30日下午，张某又到工地催郭某抓紧上板，延长工期要罚款。5月1日8时，郭某根据张某的决定派李某、王某等五人在房顶安装水泥空心板，当上到第二块板时，挂有水泥空心板的拖车一个车轮压到上好的第一块板上，该板突然断裂下落，在房顶施工的王某随断折的板掉下地面，拖车车把将李某从房顶打落到地面上，导致一亡一伤的严重后果。

(2) 事故原因

不听劝告，强令冒险作业。张某作为建筑队的技术工人，工程栋号长，有章不循，违反规定，特别是领导和施工人员提出刚打了一个星期的水泥空心板不能上的正确意见后，置若罔闻，为赶工程进度，竟强令工人盲目蛮干，冒险作业，造成了一死一伤的严重后果。

防止同类事故的措施：

必须严格遵守规章制度，增强安全意识。对于心存侥幸、盲目蛮干，强令冒险作业的行为要坚决给予抵制，以确保安全施工顺利进行。各级领导要坚持原则，认真监督检查，发现不利安全施工的因素和苗头，要及时劝阻和制止。

【案例：员工违章作业致死】

(1) 事故经过

6月14日15时，该厂备煤车间3号皮带输送机岗位操作工郝某从操作室进入3号皮带输送机进行交接班前检查清理，约15时10分，捅煤工刘某发现3号皮带断煤，于是到受煤斗处检查，捅煤后发现皮带机皮带跑偏，就地调整无效，即向3号皮带机尾轮部位走去，离机尾约5~6m处，看到有折断的铁锹把在尾轮北侧，未见郝某本人，意识到情况严重，随即将皮带机停下，并报告有关人员。有关人员到现场后，发现郝某面朝下趴在3号皮带机尾轮下，头部伤势严重，立即将其送医院，经抢救无效死亡。

经现场勘察，皮带向南跑偏150mm，尾轮北部无沾煤，南部有大约10mm厚的沾煤，铁锹在机尾北侧断为3截，人头朝东略偏南，脚朝西略偏北，趴在皮带机尾轮下方，距头部约200mm处有血迹，手套、帽子掉落在皮带下。

从现场勘察情况推断，郝某是在清理皮带机尾上沾煤时，铁锹被运行中的皮带卷住，又被皮带甩出，碰到机尾附近硬物折断，郝某本人未迅速将铁锹脱手，被惯性推向前，头部撞击硬物后致死的。

(2) 事故原因

事故发生后，当地有关部门组成调查组对事故进行了分析，认为：

① 操作工郝某在未停车的情况下处理机尾轮沾煤，违反了该厂“运行中的机器设备不许擦拭、检修或进行故障处理”的规定，是导致本起事故的直接原因。

② 皮带机没有紧急停车装置，在机尾没有防护栏杆，是造成这起事故的重要原因。

③ 该厂安全管理不到位，对职工安全教育不够，安全防护设施不完善，是造成这起事故的原因之一。

2. 冒险心理

冒险心理也是引起违章行为的重要心理原因之一。冒险有两种情况：一种是理智性冒险，这种冒险心理通常发生在明知有危险，但又必须去干的情况下，明知山有虎，偏向虎山行。例如由于某些本身带有危险性的特殊作业的要求，或是由于突发事件，必须立即采取措施，而安全保障条件又不具备的情况下，不得不违章作业。这种理智冒险是一种无畏的勇气和不怕牺牲的精神，是一种高尚的行为。另一种是非理智性冒险，这种心理往往受激情的驱使，或者本人有强烈的虚荣心。例如有的人本来就比较胆小，害怕登高，但为了不使自己在众人面前“露怯”，硬充大胆，做出一些非理智的行为。这种非理智性冒险常是惹祸的根苗。

在生产过程中，可能会出现生产现场的条件较为恶劣的情况，如果严格按有关规程制度执行确实有困难，我们的作业人员不是针对实际情况，采取必要的安全措施，而是往往冒险去工作，导致事故的发生。

【案例：汽车挂钩折断的重大事故】

(1) 事故经过

某年10月14日下午，某建筑工程队派车员邱某，指派本队汽车司机周某驾驶“跃进”牌货车，由工业品公司住宅楼工地装运钢轨4根(每根长12m、重516kg)，运往某饭庄工地。周某提出用解放牌汽车装运，邱某以“解放车挂着斗车，卸斗费时间”为由未批准。王某等3名装卸工用“跃进”车上仅有的一根钢丝绳(直径6mm、长5m)捆住钢轨中央，将钢丝绳两端分挂在车厢两侧的挂钩上。当晚7时许，周某驾车驶入饭庄建筑工地塔吊路基时，车身突然向右倾斜，造成车厢左侧挂钩折断，致使坐在车上的装卸工刘某、商某和三根钢轨一起甩到车下。刘某被钢轨当场砸死，商某左腿胫骨和内外踝骨骨折。

(2) 事故原因

人民检察院接到报案后，对事故发生的原因及有关人员的责任进行了调查。认为邱某身为派车员，决定用跃进牌汽车装运12m长的钢轨，系违反规章指挥冒险运载，被告人周某身为驾驶员，违反规章，在施工现场冒险拉运超长并捆绑不牢的物品，造成一死一伤的严重后果，二人的行为触犯了《刑法》第114条的规定，已经构成重大责任事故罪，依法提起公诉。人民法院依法判处邱某、周某各有期徒刑1年，缓刑1年。

【案例：违章指挥卸钢管，当场砸死卸车人】

(1) 事故经过

某年6月12日，某发电厂建安公司在灰场改造施工过程中，需由厂车队将厂内9m长的11根钢管运至厂外周源灰场工地。

6月12日8点上班，将厂内每根约长9m、重550kg的钢管11根，分别装在东风50-06361号及50-D6365号车上，运到灰场工地。

公司领导张某及其他9人先后到达施工现场准备卸车。50-D6365号车利用现场地势坡度和管子后滑的作用，松开固定钢丝绳后，车向前开，利用管子后滑的惯性将管子一次全部卸了下来。50-06361号车也想采用同样的办法卸车，由于该车所处位置路基较软且有弯道，在倒车时车身向左侧倾斜，车上6根钢管整体向左侧移动了约40cm，司机怕管子落下时撞坏车身或发生翻车，不同意再采取同样办法卸车。后由司机白某某和张某指挥将车倒至坝基上，车身恢复平稳，司机邵某某提出用绳子向下拉，并提供麻绳一根，由于麻绳被拉断而没有实施成。又改用人力一根一根往下撬，解掉固定绳后，张某、赵某和民工党某先后上了车，三人同时准备用小撬杠撬管子，张某一脚踩在驾驶室顶上，一脚踩在由左向右的第五、六根管子上，民工党某在车中间，赵某在车尾部，车下有人用一根长约4m，直径约50mm的木杠插入管子尾部准备同时用力，赵某和党某站在第五、六根管子上。12时05分大家同时用力撬上边第一根管子，结果使第一、第二根管子先后落地，紧接着其余四根管子全部向左侧滚动。党某发现情况不对，随即翻身跳出车厢，赵某因身体重心失去平衡而随第五根管子掉入车下，被紧接着滚落下的第六根管子砸伤腰部，立即将赵某用汽车送往韩城市医院(时间为12时15分)抢救，至15时30分呼吸、心跳停止而死亡。医院诊断为：创伤性失血性休克，抢救无效死亡。

(2) 事故原因

没有明确的卸车方案。本次卸车作业中，既没有编制《起吊方案》及《安全技术组织措施》，而且参加作业的10人当中，没有一名起重工，安全、技术措施都没有保证，缺乏起码的起重装卸常识，冒险蛮干。

现场卸车中形成的实际指挥人张某不胜任指挥工作，违章指挥，要求员工冒险作业，导致了本次事故的发生。

3. 麻痹心理

麻痹大意是造成违章的主要心理因素之一。有这种心理的人，在行为上多表现为马马虎虎，大大咧咧，口是心非，盲目自信。操作时缺乏认真严肃的精神，对安全工作员明知重要，但往往只是挂在嘴上，而在心里却觉得无所谓，缺乏应有的警惕性。

造成麻痹大意心理的因素主要有：

一是盲目相信自己的以往经验，认为自己技术过得硬，保准出不了问题(以老同志居多)；

二是以往成功经验或习惯的强化，认为多次这么做，也没有出过事，认为以前“违章”是成功经验或习惯的强化，多次做也无问题，我行我素；

三是高度紧张后精神疲劳，例如刚搞过安全工作大检查之后，思想放松，产生麻痹心理；

四是个性因素，如有的人一贯松松垮垮，具有不求甚解的性格特征；

五是因循守旧，抱残守缺，缺乏创新意识，遇到现实中的突发情况，不知如何灵活应对。

麻痹心理多发生在那些有经验的老工人身上，而在新进厂的青工身上则较少发生。在那些多年未发生安全事故或安全模范单位也会产生麻痹思想。因此抓安全教育，提高安全意识，绝不应仅限于个别人，也不能以一时代替长远，只有全员参与，常抓不懈，才能防患于未然。

【案例：临近节日管理松，钢丝绳断汽车砸】

(1) 事故经过

某年1月28日下午，某厂大修车间组织职工吊运43号电解槽的阴极内衬。根据测算，阴极内衬重约6.2t。

14时30分，吊车吊起阴极内衬，当重物被起吊到4m高时，移动到了东风卡车上方。此时，系挂阴极内衬的钢丝绳突然断了，阴极内衬重重地砸在了卡车后厢板上，致使厢板以及汽车大梁严重变形，汽车报废。当时，破碎物四处飞溅，幸亏在场的职工注意力比较集中，四处散开，才没有造成人员伤亡。

(2) 事故原因

43号电解槽进行大修工作时已临近春节，大修车间现场安全生产管理工作十分松懈。

吊运阴极内衬这样吊装作业是属于危险作业，根据国家规定，企业要有现场管理人员监督，作业人员要有资格证书，要有相关的作业措施和制定应急预案，人员作业前要进行培训等。企业既没有按照惯例通知安全管理部门和设备管理部门派人到现场监督，也没有安排起重专业工人到现场进行指挥，竟然让没有从业资格的临时工在现场系挂钢丝绳，指挥起吊。临时工不懂起重专业技术，采用了错误的钢丝绳系挂方法，作业中本应该使用4根钢丝绳，实际却只用了2根，而且钢丝绳之间的夹角也过大，造成应力集中。天车操作工的技术水平也较低，没有能够发现、纠正错误。车间领导疏于管理，对工作细节问题根本没有过问。

所以，当阴极内衬被移动到东风卡车上方时，系挂阴极内衬的钢丝绳承受不了过大的应力，突然断了，造成车辆报废。

不同的工种都有不同的工作服装。在生产工作场所，我们不能像在平时休息那样，穿自己喜欢穿的服装。工作服装不仅仅是一个企业员工的精神面貌，更重要的它还有保护你的生命安全和健康的作用。忽视它的作用，从某种意义上来讲，也就是忽视了你自己的生命。有时我们的操作人员习惯了戴手套作业，即使在操作旋转机械时，也不会想到这样不对，但是操作旋转机械最忌戴手套。因为戴手套而引发的伤害事故是非常多的，下面就是一例。

【案例：旋转作业戴手套，违反规定手指掉】

某年4月23日，陕西一煤机厂职工小吴正在摇臂钻床上进行钻孔作业。测量零件时，小吴思想松懈，麻痹大意，缺乏警惕性，没有关停钻床，只是把摇臂推到一边，就用戴手套的手去搬动工件，这时，飞速旋转的钻头猛地绞住了小吴的手套，强大的力量拽着小吴的手臂往钻头上缠绕。小吴一边喊叫，一边拼命挣扎，等其他工友听到喊声关掉钻床，小吴的手套、工作服已被撕烂，右手小拇指也被绞断。

从上面的例子可以看到，个体防护用品也不能随便使用，并且在旋转机械附近，我们身上的衣服等物一定要收拾利索。如要扣紧袖口，不要戴围巾等，上海某纺织厂就曾经发生过一起这样的事故。一名挡车女工没有遵守厂里的规定，麻痹大意，大大咧咧，把头巾围到领子里上岗作业，当她接线时，纱巾的末端嵌入到平时没有注意的梳毛机轴承细缝里，纱巾被绞，该女工的脖子被猛地勒在纺纱机上，虽立即停机，但该女工还是失去了宝贵的生命。所以我们在操作旋转机械时一定要做到工作服的“三紧”，即：袖口紧、下摆紧、裤脚紧；不要戴手套、围巾；女工的发辫更要盘在工作帽内，不能露出帽外。

二、预期因素引起心理问题的应对

不能否认，事故确实是一种小概率事件。美国安全工程师海因里希(H W Henrich)曾根据55万余件同类事故(其中：死亡、重伤事故1666件，轻伤为48334件，其余为无伤害事故)的统计资料，得出了一重要的比例法则，即：

死亡和重伤事故∶轻伤事故∶无伤害事故≈1∶29∶300。

也就是说，如果发生了330次同类事故，其中造成伤害的仅有30次(1+29)；其余300次虽属事故，但不发生伤害，伤害事故与不伤害的事故，二者的比例为1∶10。

尽管事故的发生常带偶然性，但偶然性里包含必然性的因素。一次违章不一定就发生事故，但多次违章显然就增加了产生事故的概率。而且，一次违章侥幸没出事故，往往给人的违章行为带来一种强化作用，容易使这种行为发展成为习惯，而一旦成为习惯，要改就困难了。久而久之，非出事故不可。偶然性也就变成必然性了。所以不能以事故发生有偶然性为口实，忽视安全操作。安全工作的着眼点应该放在预防上. 不能等到出了事故再注意、再重视。虽然说出了事故，总结经验，也是亡羊补牢，犹未为晚，但那样损失就大了，因此还是未雨绸缪为好。

问题：当事故的发生概率为0.01时，那么对一个习惯性违章的工人，重复多少次这样的行为，可以使事故的发生概率达到10%、20%、50%？

答案：10%　　　10次

　　　20%　　　22次

　　　50%　　　70次

计算公式：事故发生的概率＝1－(1－一次事故的发生概率)^n

三、成本因素导致违章行为的心理分析

1. 惰性心理

惰性心理也可称为“节能心理”，它是指在作业中尽量减少能量支出，干活图省事，嫌麻烦，能省力便省力，节省时间，得过且过，能将就凑合就将就凑合的一种心理状态，它是懒惰行为的心理根据。

在实际工作中，常常会看到有些违章行为就是因为干活图省事、嫌麻烦而造成的。例如有的操作工人为节省时间，用手握住零件在钻床上打孔，而不愿动手事先用虎钳或其他夹具先夹固后再干；有些人宁愿冒点险也不愿多伸一次手、多走一步路、多张一次口；有些人明知机器运转不正常，但也不愿停车检查修理，而是让它带“病”上作业，凡此种种，都和惰性心理有关。

惰性心理存在比较普遍，几乎每个人都或多或少存在这种心理，对安全影响很大。惰性心理常和侥幸心理密切关联着，认为省点事不至于出问题。孰知恰恰是这种心理，常常成为致祸的根苗。例如某单位一个工人在维修一台设备上的分水包时，当他踩着机器护罩，抓住分水包下部接头的闸门准备爬上去，突出闸门掉下来，使他连同护罩一起摔在地上，造成双腿骨折。原来，他前几天在维修设备时，为了图下次拆卸方便，根本没有拧上固定螺栓，只是放上面了事，而这次又把这个茬口忘了，上去前也疏于检查，其结果是为图一时方便，却造成终生遗憾。

【案例：抱省事心理违章作业 不幸被挤压身亡】

(1) 事故经过

某年1月28日0时30分，磷铵车间化工一班值长陈某、班长秦某、尹某、王某等人值夜班，交接班后，各自到岗位上班。陈某、秦某俩人工作职责之一是到磷酸工段巡查，尹某系盘式过滤机岗位操作工，王某系磷酸工段中控岗位操作工，其职责包括对过滤机进行巡查。5时30分，厂调度室通知工业用水紧张，磷酸工段因缺水停车。7时40分，陈某、尹某、王某3人在磷酸工段三楼(事发地楼层)疏通盘式过滤机冲盘水管，处理完毕后，7时45分左右系统正式开车，陈某离开三楼去其他岗位巡查，尹某在调冲水量及角度后到絮凝剂加料平台(距二楼楼面高差3m)观察絮凝剂流量大小，尹某当时看到王某在三楼过滤机热水桶位置处。经过一分多钟，尹某突然听见过滤机处发生惨烈的叫声，急忙跑下平台，到操作室关掉过滤机主机电源，然后跑出操作室看见王某倒挂在过滤机导轨上。尹某急忙呼叫值长陈某和几个工人，一起紧急施救。当时现场情况是：王某面部向上倒挂在盘过导轨上，双手在轨外倒垂，双脚在导轨(固定设施)和平台(转动设备，已停机)之间的空档(200mm)内下垂，大腿卡在翻盘叉(随平台转动设备)与导轨之间，已明显骨折。施救人员迅速倒转过滤机后将王某取出，并抬到磷酸中控室(二楼)，经紧急现场抢救终因伤势过重于8时25分死亡。

(2) 事故原因

经事故调查小组多次现场考证、比较、分析，一致认为致伤原因如下：

死者王某自身违章作业是导致事故发生的主要直接原因。一是王某上班时间个体防护装备穿戴不规范，纽扣未扣上，致使在观察过程中被翻盘滚轮辗住难以脱身，进入危险区域；二是王某在观察铺料情况时违反操作规程，未到操作平台上观察，而是图省事到导轨和导轨主柱侧危险区域，致使伤害事故发生。

王某处理危险情况经验不足，精神紧张是导致事故发生的又一原因。当危险出现后，据平台运行速度和事后分析看，王某有充分的时间和办法脱险。但王某安全技能较差，自我防范能力不强。

车间安全生产教育力度不够，实效性不强，是事故发生的又一原因。王某虽然参加了三级安全教育，现场也有安全规章和安全宣传标语，但针对性、适用性不强，出现危险情况后，王某的处理能力非常薄弱，说明车间安全教育力度、深度和实效性不高，有待加强。

执行规章制度不严是事故发生的又一原因。通过王某个体防护装备的穿戴和进入危险区域作业的行为可以看出，虽然现场挂有操作规程，但当班人员对王某的行为未及时纠正，说明员工在“别人的安全我有责”和安全法规执行上还有死角，应当引以为戒。

2. 逐利心理

企业制定奖勤罚懒制度是为了提高劳动生产率，但是个别作业人员(特别是在计件、计量工作中)为了追求高额计件工资和奖金以及自我表现欲望等原因，将操作程序或规章制度抛在脑后，盲目加快操作进度，而不是科学的改进操作程序。

【案例：违章蛮干脚踝被夹】

(1) 事故经过

某冶炼厂给料系统由一台皮带输送机送料，经腭式破碎机破碎后进入下一工序。某日夜班(零点至早上8点)，职工王某在此岗位负责操作，由于当班所破碎的原料中，大块的较多，破碎机难于吃进，遇到大块的矿石必须停机将矿石取出，人工用大锤先将其砸成小块。按正常给料时的操作完成当班生产任务只要5个多小时，而这次已工作了6个小时，才完成当班工作任务的60%左右。凌晨6时左右，一块大料进入破碎机，操作人员王某看到破碎机只是在不停空转，矿石没有下去，便将皮带输送机停下，径直走到破碎机进料口，左脚踩在操作台边缘，右脚使劲往破碎机进料口踩矿石。石块终于被挤压进去，但由于王某用力过猛，右脚也进入了破碎机，脚踝以下全部夹碎。

(2) 事故原因

直接原因：王某违章操作。为了尽快完成当班生产任务，急于求成。按照该厂破碎机操作规程规定，破碎机被料卡住时，必须停机处理。而王某未采取停机处理措施，而是用脚踩大块矿石，从而导致此次事故发生。

间接原因：① 该厂安全管理松懈。王某未按规定穿防护鞋上班，当班班长发现这一情况也未加制止。

② 职工安全意识薄弱。本次事故中王某如果多一点自我保护意识，完全可以避免此次事故的发生。

③ 重生产不重安全也是导致本次事故发生的原因之一。

3. 爱美虚荣心理

爱美之心，人皆有之。青年人为了追求美，无可非议，但在生产过程中女工不戴工作帽，焊工穿皮鞋不穿绝缘鞋，钻床、车床上工作怕脏戴手套等，都是爱美之心所为，这种爱美之心在年轻人中存在较多，由此而造成的违章作业也时有发生。

四、成本因素引起心理问题的应对

我们知道，当事故发生的概率为 P 的条件下，安全的投入 Safety invest(Si)与事故的损失 Accident losing(Al)之间的比较：

当 $Si>Al\times P$，生产安全的措施难以获得保障

当 $Si<Al\times P$，生产安全的措施将得到保障

因此，为了降低成本因素引发的违章行为，主要是提高事故的损失，让员工知道省事要付出更大的代价，具体的措施是：首先，生命无价，人的生命和金钱无法对比，生命永远大于经济利润。其次，加大对安全事故的处罚力度。

五、群体因素导致违章行为的心理分析

1. 逆反心理

逆反心理是一种无视社会规范或管理制度的对抗性心理状态，一般在行为上表现“你让我这样，我偏要那样”“越不允许干，我越要干”等特征。逆反心理产生的行为是一种与常态行为相反的对抗性行为，它受好奇心、好胜心、思想偏见、虚荣心、对抗情绪等心理活动所驱使。这种心理和行为一般多发生在青年人身上，但在其他工人身上也会发生。在生产活动中，具有逆反心理的人对安全规章制度也容易产生对抗行为，故意不遵守规章制度、不按安全规程进行操作而发生事故的事例也时有发生。由逆反心理造成的对抗性行为，通常表现为两种方式：其一是显性对抗，例如当安全检查人员指出员工违章操作时，他不但不加以改正，反而会大发脾气，甚至骂骂咧咧，当面顶撞，并继续违章；其二是隐性对抗，当受到领导批评后，表面上表示要立即改正，但当领导一走，仍旧我行我素，这就是通常所说的“阳奉阴违”。逆反心理很强的人，往往缺乏理智，不辨是非，对自己认为“讨厌”的人和事盲目地一概加以拒绝或否定，因此容易导致事故。

2. 逞能心理

争强好胜本来是一种积极的心理素质，但如果它和炫耀心理结合起来，且发展到不恰当的地步，就会走向反面，逞能心理就是二者的混合物。在逞能(或逞强)心理的支配下，为了显示自己的能耐，往往会使头脑发热，干出一些冒险愚蠢的事情来。有逞强心理的作业人员自以为技术高人一等，按规定作业前应到现场核实设备，但是自己认为熟悉现场设备和系统，逞能蛮干，凭印象行事，往往出现违章操作、误操作或误调度，造成事故。如某建筑公司一个年轻的员工，不止一次在四楼顶“女儿墙”上“睡过觉”，其实他并非真的能睡着，不过是为了向别人显示自己的胆量。受逞能心理的支配，出事那天，他又在无任何防护措施的情况下，在 30m 高空处的 13cm 单梁上行走，不慎坠落而死。

【案例：未停车调机器，手指被绞伤】

(1) 事故经过

某年 6 月 15 日，某厂车工刘某与郭某谈起零件加工任务，抱怨自己的机床太陈旧，离

合器不灵便，停车位稍有偏差主轴便会反转，跟维修工说了几次也没调合适。郭某听了之后说“这有什么呀，我给你调。”刘某半信半疑，郭一只手拿螺丝刀拨压弹簧，另一只手扭可调瓦螺帽。突然主轴飞转，将郭某两手多指绞成粉碎性骨折。

(2) 事故原因

郭某自恃是老师傅，懂机床结构，进行违章操作，在不停车(马达工作)情况下冒险在离合器停止位置调整螺帽。因身体紧靠床头箱，腿不小心碰到床体前离合器操纵杆，致使主轴瞬间转动，郭某两手被齿轮绞伤。

3. 凑趣心理

凑趣心理也称为凑兴心理。它是社会群体成员之间人际关系融洽而在个体心理上的反映。个体为了获得心理上的满足和温暖，同时也为了对同伴表示友爱或激励，和其他个体凑在一起开开玩笑，说些幽默的话，交换些马路新闻等，如果掌握适度，不失为改进团体气氛、松弛紧张情绪、增强团体内各成员间的情感沟通的一种方法。但是，如果掌握不适度，不但不会起到调节情感、增进团结的积极作用，相反还会伤害到一些群体成员的感情，产生出一些误会或矛盾，导致一些无理智的行为。例如，一些安全意识不强、安全经验不足的职工凑在一起互相取笑，寻开心，甚至在工作时也嬉戏打闹，乱掷东西，相互设赌，鼓吹冒险，怂恿违章等，常常成为引发事故的隐患。

4. 帮忙心理

在生产现场工作中，往往会出现一些意想不到的事情，例如开关推不到位、刀闸拉不动等现象，操作者常常请同事帮忙，帮忙者往往碍于情面、抹不下面子，或是有表现欲望而答应帮忙，但是在不了解设备的情况下，如果盲目帮忙去操作，极容易造成事故。

【案例：擅自上机操作，伤害自己】

(1) 事故经过

某年11月28日，某机修车间，1号Z35摇臂钻床因全厂设备检修，加工备件较多，工作量大，人员又少，工段长派女青工宋某到钻床协助主操作工干活，往长3m直径75mm×3.5 mm不锈钢管上钻直径50mm的圆孔。28日10时许，宋某在主操师傅上厕所的情况下，独自开床，并由手动进刀改用自动进刀，钢管是半圆弧形，切削角矩力大，产生反向上冲力，由于工具夹(虎钳)紧固钢管不牢，当孔钻到2/3时，钢管迅速向上移动而脱离虎钳，造成钻头和钢管一起作360°高速转动，钢管先将现场一长靠背椅打翻，再打击宋某臀部并使其跌倒，宋某头部被撞伤破裂出血，缝合5针，骨盆严重损伤。

(2) 事故原因

造成事故的主要原因是宋某违反安全生产管理规定，不是自己分管的设备、工具不能擅自动用。因为直接从事生产劳动的职工，都要使用设备和工具作为劳动的手段，设备、工具在使用过程中本身和环境条件都可能发生变化，不分管或不在自己分管时间内，可能对设备性能变化不清楚，擅自动用极易导致事故。

宋某参加工作时间较短，缺乏钻床工作经验，对钻床安全操作规程不熟：

①“应用手动进刀，不该改用自动进刀”；

② 工件与钢管紧固螺栓方位不对，工件未将钢管夹紧；

③ 宋某工作中安全观念淡薄，自我防范意识不强。

5. 从众心理

从众是指个人在群体中由于实际存在的或头脑中想象到的社会压力与群体压力，而在知觉、判断、信念以及行为上表现出与群体中大多数人一致的现象。从众心理是从众行为内在驱动力和根据。

从行为来看，从众有两种情况；一种是自觉地从众，即心悦诚服、甘心情愿地与群体中多数人在行为上保持一致。例如，矿工都懂得下井戴口罩是预防硅肺的有效措施，但看到别人都不戴，所以自己也不戴。年轻工人看到有经验的专业人员有时也违反安全管理规定，他们就有样学样，也开始违章操作起来。他自己也许并未实际受到同伴的压力(如自己戴，就受到别人的指责)，只是别人的行为对他起了一种暗示的作用。另一种是被迫地从众，即使他心里并不同意大多数人的行为，但自己在行为上还是跟着走。这是一种违心的从众行为。例如在一个“纪律”严明的非正式小团体中因怕不与大多数保持一致，就会遭到打击、报复时的从众行为。

从众心理和从众行为有两重性，究竟是起积极作用还是消极作用，不能一概而定。就安全的角度看，如果大多数人都重视安全，这对那些个别不重视安全的人会产生一种无形的压力，迫使他也会跟着重视安全工作，这样的从众心理及从众行为引起的效果是积极的；反之就是消极的，有害的。这就是通常所说的：跟着好人学好，跟着坏人学坏。总之，从众行为与所在团体(如班组)的性质、规模、个体在团体中的地位、个体的年龄、智力、性格、自制力等许多因素有关。因此，在一个团体中注意抓作风建设，抓安全规章制度的落实，抓领导成员的模范带头作用，抓执行安全措施的自觉性等，都具有十分重要的意义。在劳动纪律差，安全规章制度不健全，执行不严格的单位，有害的从众心理与从众行为会像传染病一样迅速蔓延，极大地危害着安全生产(图 9-1)。

图 9-1　行人违法闯红灯

六、群体因素引起心理问题的应对

1. 群体心理产生的原因分析

(1) 群体心理产生的源头——群体动力

群体动力是指群体活动的动向及其对个体行为的推动力量。群体动力学则是要研究影响群体活动动向的诸因素，即群体内部力场内，内部场与情境力场相互作用的情况与结果，研究群体中支配行为的各种力量对个体的作用与影响。

(2) 群体动力的作用机制

一是群体感受。群体感受是指群体内部成员们共同的认知和情绪状态，有消极和积极之分。其作用在于能够影响群体成员的心境，进而影响群体工作效率。

二是群体舆论。群体舆论又称为公众意见，它是群体中大多数人对其共同关心的事情，用富于情感色彩的语言所表达出来的态度，意见的集合。群体舆论所反映的，往往是人们共同的需要和希望。群体舆论的作用是指出行为方向，强化合群的个人行为，改变个人对自己行为的认识等。

三是群体风气。群体风气是指在共同的目标下，在认识一致的基础上，经过全体成员长期努力，逐渐形成并表现出来的一种突出的行为作风，是集体形成的一种比较稳定的精神状态。

群体风气是一种无形的力量和无声的命令，对群体成员的行为具有一种强大的约束力，并对每个成员发生着经常性的教育影响，良好的群体风气给人以巨大的推动和激励力量，使人经常处于一种强烈的气氛感染之下，不知不觉中接受它的教育和感化，使自己的行为举止与它的要求相适应。

2. 群体因素引起的心理问题的解决措施

一是持续引导群体感受，树立正确的安全意识；二是充分利用群体舆论，营造良好的安全氛围；三是逐步优化群体风气，建立特色的安全文化。

七、其他因素导致违章行为的心理分析

1. 无所谓心理

无所谓心理常表现为遵章或违章心不在焉，满不在乎。这里也有几种情况：

一是本人根本没意识到危险的存在，认为规章制度都是管理者用来卡人的，这种问题出在对安全、对章程缺乏正确认识上。

二是对安全问题谈起来重要，干起来次要，比起来不要，在行为中根本不把安全管理规定等放在眼里。

三是认为违章是必要的，不违章就干不成活。无所谓心理对安全的影响极大，因为他心里根本没有安全这根弦，因此在行为上常表现为频繁违章，有这种心理的人常是事故的多发者。

【案例：私自开车，大祸临头】

耿某在入厂后对其驾驶技术进行考核，结果不合格，决定不准其驾驶企业车辆。某年2月20日14时30分，耿某跟车完成任务后，趁司机不在，违章私自开车回车库，途中将汽车左侧保险杆撞弯。耿某隐瞒撞车事故，便把车开到车队修理班自己修车未成，在开车返回

车库时，将停放在下口工序的无水氟化氢槽罐车撞出2.93m，致输酸管拉断，使罐内980kg无水氟化氢全部喷出，造成15名工人中毒，其中1名女工抢救无效于当时死亡，中毒轻者的住进医院治疗。

【案例：一起钢丝绳夹手的重伤事故】

(1) 事故经过

某年7月21日14时，动力厂机修班班长李某安排机修工卜某、王某到动力厂煤渣场维修断裂的7号吊车升降钢丝绳。煤场起重装卸机械工黄某配合卜、王两人工作。经检查确认安全措施落实后，卜、王两人开始维修。14时50分左右，卜、王两人装好钢丝绳，随后调节滚筒钢丝绳排列和平衡杆。卜某站在吊车对面观察，在黄某点动吊车调节滚筒钢丝绳排列和平衡杆的过程中，王某突然用手去调整钢丝绳，被钢丝绳夹中右手手指(包括小指、无名指、中指、食指)，后被急送往医院做手术，小指被截肢两节致重伤。

(2) 事故原因

直接原因：王某违章作业戴手套，机器在运转过程中，用手代替工具调整钢丝绳。

间接原因：

① 卜某作为现场安全监护人，对现场工作缺乏检查，监护不力；

② 检修作业过程参与人员联系、协调、配合不到位；

③ 班组安全教育、培训不足。

2. 好奇心理

好奇心人皆有之，它是人对外界新异刺激的一种反应。有的人违章，就是好奇心所致。例如刚进厂的新工人来到厂里，看到什么都新鲜，于是乱动乱摸，造成一些机器设备处于不安全状态，其结果或者直接危及本人，或者殃及他人。有的人好奇心很重，周围发生什么事都会引起他的注意，结果影响正常操作，造成违章甚至事故。

3. 疲劳心理

作业者因身体状况、精神状态欠佳而引起身体疲劳和精神疲劳，如连班作业体力不支，因喝酒造成大脑昏睡或兴奋，因吵架而引起的心烦、注意力不集中等。在这种情形下进行作业时，操作者对自己的行为无法控制，对操作的危险性意识不到，是一种极危险的心理状态，最容易导致事故发生。

除以上所谈到的以外，像紧张心理、厌烦心理等等也都会引起违章。关于疲劳与安全行为的关系将在后面的章节中再做详细介绍。

第三节　违章行为心理问题的解决措施

一、教育

对违章作业人员进行安全教育，是预防和减少违章作业的有效方法。要求对经常违章人员建立个人档案，进行重点教育。一方面通过违章事故案例教育，提高操作者的安全意识，对作业人员开展经常性危险性预知训练，提高操作人员的事故防范能力；另一方面要加强新技术培训，突出新工艺、新技术的特点，以减少旧经验的干扰，从而可减少习惯性的违章。对一些青工要经常进行技术培训，提高其操作技能，避免盲目性、克服无知心理所产生的违章作业是非常有效的。

二、激励

在企业生产中对作业者实行物质奖励和精神激励相结合的方法，如通过奖金、提升、表扬、信任、特殊待遇(外出学习、旅游等)等形式，有助于人们形成积极的工作态度，构建一种大家认同的融洽的安全环境，从而使操作者良好的安全行为得到认可，使违章作业行为得到有效控制。同时要求安全激励机制长期坚持，而且要求通过外部激励能够产生内部激励，使职工能够自觉抵制违章，安全行为建立在自觉自愿的基础上，从而达到自我控制、自我指导、自我进取的目的。

三、治理

主要指对作业环境进行有效治理和构建一种良好的社会环境、生活环境。针对作业环境中的一些不利因素，如照明、噪声、粉尘等进行积极治理，采取有效措施，使其达到国家的安全卫生标准，为职工创造一个良好(清洁、卫生、舒适)的工作环境，使工人的心理处于最佳状态，以减少不良作业环境对作业者所产生的不利影响，从而达到减少违章作业的目的。

构建良好的社会环境、生活环境，形成良好的班组、车间、工厂安全氛围，对减少违章作业是非常重要的。实施科学的劳动组织，减少连班作业以及对职工重大家庭困难进行跟踪解决，并实行经济援助，做到家访、病访、事访，使企业员工生活在一个人际关系和谐、集体观念较强的工作环境中，这样便可以调动职工参与安全生产的积极性和遵章守纪自觉性，对减少违章作业搞好企业安全生产大有裨益。

第十章
身心健康与安全行为

身心健康是指健康的身体和健康的心理，世界卫生组织对健康的定义：身体、心理及对社会适应的良好状态，身心健康对安全工作具有重要的意义。

第一节　员工身心健康的现状与安全行为

我们以公交驾驶员为例来说明身心健康对安全的重要意义。近年来公交驾驶员在行车过程中突患疾病后用生命践行责任的事件被频繁报道，出现了“最美司机”的称呼，但因驾驶员患病而造成惨剧的事件也可见一斑，给驾驶员自身、公交企业以及社会带来了巨大损失和负面影响。据统计，目前公交驾驶员队伍中高血脂、高血糖、甲状腺等问题较为普遍，为进一步了解其身心健康状况，有研究者 2016 年对宁波公交驾驶员进行了健康状况问卷调查。

此次健康状况问卷调查随机抽取了 986 名驾驶员，回收有效问卷 935 份，占目前驾驶员总人数的 23. 1%。调查内容包括驾驶员对自身健康状况的自我评价、突发疾病时的应急处置、自我保健意识评价等。同时本文也分析了年龄因素对身心健康的影响，进而分析对安全行车的影响。

一、健康状况自我评价

从表 10-1 可以看出，有 63. 5%的驾驶员认为自己处于亚健康状态，有 8. 9%的驾驶员认为自身健康较差或很差，只有 27. 5%的驾驶员认为自己很健康。同时，在健康状况方面，驾驶员对心理方面的困扰高于身体方面的，分别占比 60. 1%、39. 9%，也有 37. 8%的驾驶员认为自己可能患有自己都不知情的疾病。在问及“运营中是否有过不舒服经历”中，有 31. 1%的驾驶员表示有过此类经历，近三分之一。而在自我保健意识方面，32. 1%的驾驶员表示对自我身心健康十分关注，大部分人表示是偶尔关注，也有 6. 4%的人表示几乎不关注。

从调查分析大致可以看出，驾驶员对自我身心健康状况评价不高，对心理困扰的疏导需求较大，行车过程中疾病对安全的影响也有所呈现，近三分之一的人在行车过程中有过身心难受的经历，驾驶员的自我保健意识也有待进一步提升。

表 10-1　驾驶员自我身心健康状况评价

序号	内容	选项	人数/人	占比/%
1	针对近期身心健康状况的自我感觉	很差	19	2.0
		较差	64	6.9
		亚健康	591	63.5
		很健康	256	27.5
2	近期对健康方面困扰比较大的是	身体上	313	39.9
		心理上	472	60.1
3	是否认为患有自己不知情的疾病	有	334	37.8
		没有	550	62.2
4	运营中是否有过不舒服经历	没有	637	68.9
		有	287	31.1
5	是否有锻炼身体、关注保健	十分关注	297	32.1
		偶尔关注	569	61.5
		几乎不关注	59	6.4

二、突发疾病的应急处置状况

具体内容见表 10-2。在运营过程中表示有过不舒服经历的驾驶员，问及其“感觉难受后，是否有靠边停车、确认身体状况”时，有 53.6 的驾驶员表示没有靠边停车。在问及所有驾驶员“假设在运营中感觉难受时会如何处置中”，只有 16.7%的驾驶员表示会继续运营，83.3%的驾驶员表示会靠边停车。

表 10-2　驾驶员对突发疾病的应急处置方式

序号	内容	选项	人数/人	占比/%
1	感觉很难受时，是否有靠边停车，确认身体状况	有	123	46.4
		没有	142	53.6
2	假设运营中突发大冒冷汗、头晕，会采取什么措施	感觉不会出问题，忍着继续运营	70	7.6
		担心会出问题，但还是忍着继续运营	84	9.1
		靠边停车休息	160	17.4
		靠边停车，上报单位	594	64.5
		其他	13	1.4
3	若自身疾病对安全行车造成严重不良影响，是否会主动上报	不会	70	7.8
		会	826	92.2
4	对职业禁忌证的了解	一点不了解	209	23.1
		知道一些	649	71.6
		十分了解	48	5.3

这一调查结果表明，在假设情境中，驾驶员对突发疾病时应该采取怎样的应急处置认知很准确，应该靠边停车休息或上报单位，总之应该是要确认好身体状况。但从实际经历的驾驶员反映中可以看出，在实际情境中，因考虑到其他因素，一半以上的驾驶员在突发疾病时并没有采取正确的应急处置方式，认知和行为间存在一定差距。此外，在问及“若自身疾病严重影响运营安全时，是否会主动上报”中，大部分的人表示会主动上报，只有7.8%的人表示因担心被开除、单位制度多等为由，拒绝主动上报。但在问及驾驶员对驾驶职业禁忌证的了解时，只有5.3%的人表示十分了解，23.1%的人表示一点不了解，从其对禁忌证的举例情况来看，大部分人对“什么样的情况不能开公交车”确实不了解。两者结合，在一定程度上反映出驾驶员认为疾病会对安全产生影响，但具体影响有多大还没有清楚的认识，也对哪些疾病对安全有严重影响、如何影响的相关知识了解不够，风险危机意识不强，导致普遍出现“有病但不重视、不上报”的现象。

三、年龄因素对身心健康的影响

此次调查的企业共有驾驶员4055名，其年龄结构分布见图10-1。从图可以看出，当前企业驾驶员队伍的年龄分布基本是正态分布，31~45岁是主力军，31~35岁、36~40岁、41~45岁三个年龄段分布大致相同，均占25%左右，其总和占据了驾驶员总数的76.4%。其次是30岁以下占13.5%，46岁以上占10.1%，其中50岁以上的占1.8%。

从整体情况来看，自2010年始企业大量招收新驾驶员后，驾驶员队伍“老龄化”现象不是很明显，50岁以上的驾驶员总数不多，但老龄化现象还是不能忽视。随着年龄的增长，视力减退、反应速度降低，三高、心源性疾病等普遍存在，高龄驾驶员对身体的困扰也就较大，相反，年轻驾驶员则对心理的困扰较大，此次调查也对这一现状提供了数据支持。总体来看，驾驶员对心理的困扰较大（60.1%），但相比较而言，45岁以下驾驶员中，61.8%的驾驶员表示对心理的困扰要高于对身体的困扰，而45岁以上的驾驶员中，58.9%的驾驶员则表示对身体的困扰要高于对心理的困扰。由此可以反映出，身体疾病对高龄驾驶员的影响。

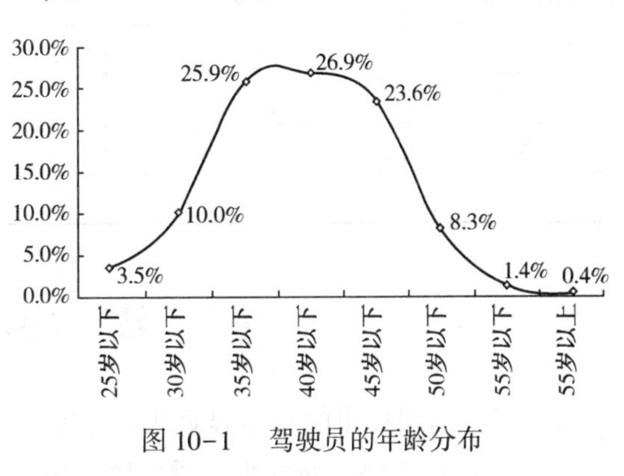

图10-1　驾驶员的年龄分布

同时，通过分析事故发生年龄段，也可以看出身心健康对安全的影响。该调查中的事故统计时间是从2010年1月1日至2014年4月20日。

表10-3呈现了驾驶员队伍年龄结构分布及事故发生年龄段，通过分析各年龄段的事故比例与人数比例之差，可以发现事故易发驾驶员的年龄分布。其中，40岁以下驾驶员的事故发生比例都要高于其人数比例，属事故易发人群，尤其是26~35岁的驾驶员；而41岁以上的驾驶员，其事故发生比例要低于其人数比例，相对来说事故不易发，但随着年龄的增长，这一比例差越来越小。这一结果表明，41岁以上的驾驶员，在经验、技能等保持稳定的情况下，随着年龄增长，身体因素对安全的影响逐步显现。而40岁以下的驾驶员，则因

技能、经验不足，以及心理素质不佳等因素，造成事故易发。

但应引起注意的是，年龄因素与职业禁忌证间没有发现必然的规律。通过网络查阅2013~2015年媒体报道的公交驾驶员运营中突发疾病的案例，共发现15起，其中1起与精神类疾病有关(车祸致人死亡)，4起与脑部疾病有关(1起驾驶员抢救无效死亡)，3起与心脏类疾病有关(1起连撞11车)，4起与天气有关(主要为春季天气变化导致疾病和夏季闷热导致疾病发生)。这些案例中的驾驶员年龄分布很广，在年龄因素上没有显著特征。同时，职业禁忌证中除了视力、听力等随着年龄增长容易发生质变外，高血压、心脏病人群也逐步年轻化，而癫痫、癔症及其他精神病的发生虽然和年龄有一定的关系，但是是“不同的年龄段可发生不同的精神疾病”的关系。因精神疾病都有一定的潜伏期，若患上了精神疾病，其发病时间也多发于青壮年期，即30岁左右。综上所述，企业对驾驶员队伍身心健康应进行差异性监护，但全员、全年龄段的都应十分重视。

表10-3 驾驶员队伍年龄结构分布及事故分析 %

年龄	驾驶员比例	事故比例	事故比例与人数比例差
25岁以下	3.5	4.7	1.2
26~30岁	10.0	12.4	2.4
31~35岁	25.9	29.8	3.9
36~40岁	26.9	27.3	0.4
41~45岁	23.6	19.3	-4.4
46~50岁	8.3	5.0	-3.3
51~55岁	1.4	1.2	-0.2
56岁以上	0.4	0.3	-0.2

第二节 身心健康概述

世界卫生组织提出的身心健康八大标准：“5+3”标准：即“五快”“三良”。

“五快”：食得快、便得快、睡得快、说得快、走得快。

“三良”包括个性、处世能力和人际关系。

良好的个性：性格温和，意志坚强，感情丰富，胸怀坦荡，心境达观。

良好的处世能力：沉浮自如，观察问题客观，有自控能力，能应付复杂环境，对事物的变迁保持良好的情绪，有知足感。

良好的人际关系：待人宽厚，珍惜友情，不吹毛求疵，不过分计较，能助人为乐，与人为善。

世界卫生组织确定的身体健康十项标志：

① 有充沛的精力，能从容不迫地担负日常的繁重工作；

② 处事乐观，态度积极，勇于承担责任，不挑剔所要做的事；

③ 善于休息，睡眠良好；

④ 身体应变能力强，能适应外界环境变化；

⑤ 能抵抗一般性感冒和传染病；

⑥ 体重适当，身体匀称，站立时头、肩、臂位置协调；
⑦ 眼睛明亮，反应敏捷，眼和眼睑不发炎；
⑧ 牙齿清洁，无龋齿，不疼痛，牙龈颜色正常且无出血现象；
⑨ 头发有光泽，无头屑；
⑩ 肌肉丰满，皮肤富有弹性。
本节主要是介绍心理健康。

一、心理健康的含义及标准

心理健康是一种持续的、积极的心理状态，即个体具有良好的适应力，生命充满活力，能最大限度地发挥内在的潜能。

世界卫生组织提出了心理健康的七条基本标准和六大标志。

世界卫生组织提出的七条基本标准：
① 智力正常；
② 善于协调与控制情绪，心境良好；
③ 有较强的意志品质；
④ 人际关系和谐；
⑤ 能动地适应和改善现实环境；
⑥ 保持人格完整和健康；
⑦ 心理、行为符合年龄特征。

世界卫生组织确定心理健康的六大标志：

① 有良好的自我意识，能做到自知自觉，既对自己的优点和长处感到欣慰，保持自尊、自信，又不因自己的缺点感到沮丧。

② 坦然面对现实，既有高于现实的理想，又能正确对待生活中的缺陷和挫折，做到“胜不骄，败不馁”。

③ 保持正常的人际关系，能承认别人，限制自己；能接纳别人，包括别人的短处。在与人相处中，尊重多于嫉妒，信任多于怀疑，喜爱多于憎恶。

④ 有较强的情绪控制力，能保持情绪稳定与心理平衡，对外界的刺激反应适度，行为协调。

⑤ 处事乐观，满怀希望，始终保持一种积极向上的进取态度。

⑥ 珍惜生命，热爱生活，有经久一致的人生哲学，有一种一致的定向，为一定的目的而生活，有一种主要的愿望。

二、心理不健康的分级

心理不健康的现象是普遍存在，心理不健康是分级的，它是由心理问题→心理障碍→心理疾病，这是一个递进的过程(图 10-2)。

心理问题具有普遍性，一般可以自我调整，或借助社会支持体系来解决，不用打针吃药，只需谈话交流式的心理咨询。

心理障碍包括神经症与人格障碍以心理治疗为主，药物治疗为辅。

精神疾病必须找精神科医生进行针对性治疗，以药物治疗为主，心理治疗为辅(图 10-3、图 10-4)。

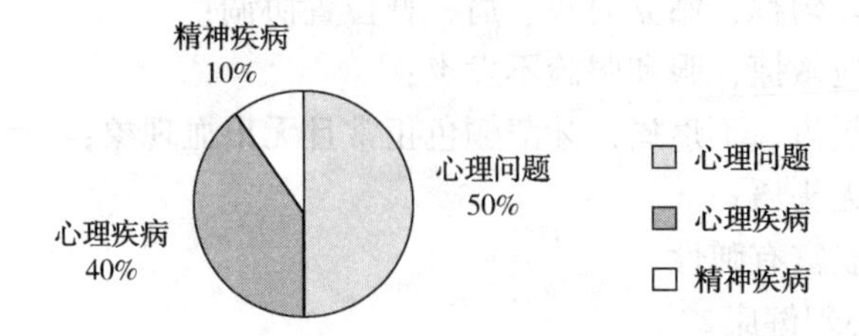

图 10-2　心理不健康分层次比例图

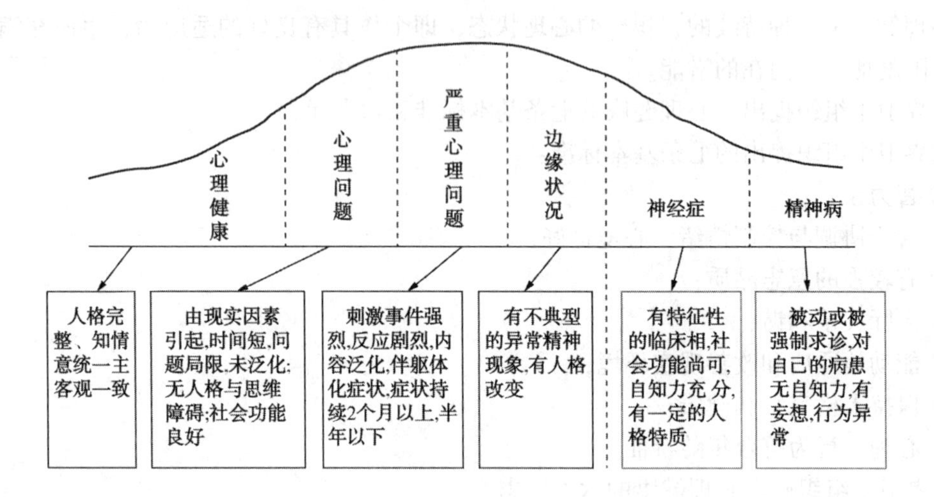

图 10-3　心理不健康层次分布比例及说明

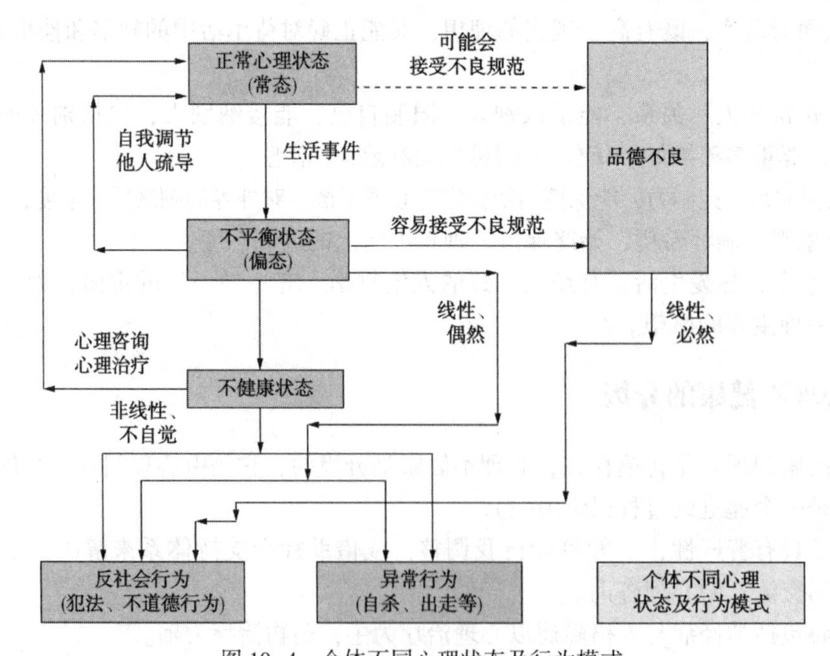

图 10-4　个体不同心理状态及行为模式

三、与心理不健康的相关概念

（1）心理疾病

心理疾病也称为心理障碍，是指人的整体心理活动的某些方面受到损害。大脑一般未见器质性损害，仅有高级神经机能活动失调，病人心理活动各方面协调性受到一定影响，与周围环境的关系也出现某种程度的失调。与精神病人不同的是心理病人能够主动寻找改善自身不正常状况的办法和措施。

（2）精神疾病

是精神疾病中最严重的一类，与其他疾病最大区别在于自知力的缺陷与丧失，对自己精神症状丧失判断能力，不能应付日常生活要求。

（3）神经症

亦称神经官能症。它是指非器质性的、大脑神经机能轻度失调的心理疾病。它与神经病最大的区别在于没有器质的、病理的改变。

（4）精神疾病

精神疾病是在各种生物学、心理学以及社会环境因素影响下人的大脑功能失调，导致认知、情感、意志和行为等精神活动出现不同程度障碍的疾病精神疾病，包括属轻度性质的神经症、人格障碍、身心疾病和重度的精神病。

精神疾病的分类：

① 精神病性障碍(精神分裂症、偏执性精神病、反应性精神病、器质性精神障碍、精神活性物质或非成瘾物质所致的精神障碍)；

② 心境障碍(情感性精神病)；

③ 神经症(恐怖症、焦虑症、强迫症、疑病症)；

④ 反应性精神障碍(应激相关障碍)、癔症；

⑤ 人格障碍（偏执、反社会性、冲动性、表演性、强迫性)；

⑥ 心理生理障碍(心身性疾病、神经性厌食、失眠、性功能障碍)。

（5）神经疾病

神经疾病不等于精神疾病，它是指人的神经系统(包括中枢神经和周围神经)发生器质性疾病。常见的神经系统疾病有脑血管疾病、癫痫、中风、坐骨神经痛、三叉神经痛等。

第三节　不良情绪及情绪障碍与安全行为

本节主要介绍不良情绪及相关的心理障碍对安全行为的影响。常见的心理障碍有四种，逆反心理、情绪障碍、人格障碍和性心理障碍。常见的不良情绪有自卑、抑郁、焦虑、恐惧，而与不良情绪相关的情绪障碍主要有焦虑症、抑郁症、强迫症、恐怖症等神经官能症或神经症。

神经症患者一般神志清楚，没有严重的行为紊乱，病程较长，有自知力，要求治疗。如有人将神经症定义为“持久的心理冲突，病人觉察到这种冲突，并因之而精神上十分痛苦，但没有任何可证实的器质性病变作为基础”。持久的冲突在 3 个月以上，3 个月内可以完全恢复称神经症性反应。

产生心理问题后，一定不要讳疾忌医，要及早咨询、治疗，抓住最佳治疗期，否则，可能会很难治愈，并引发严重行为。严重行为主要是指向自己的自杀、自残，也有指向他人的报复行凶。

一、抑郁情绪及抑郁症与安全行为

1. 抑郁情绪及抑郁症含义

抑郁是一种过度忧愁和伤感的情绪体验，常感到无力应付外界压力，表现为情绪低落、苦闷、心境悲观等，它与焦虑常常同时出现。

感情上受到强烈打击，自尊心和自信心受挫，产生强烈的失落感，以及不良性格和遗传等因素的影响，都容易使人产生抑郁情绪和抑郁症。

抑郁心境是一种非常常见的情绪状态。临床病例证明，越是对自己定位高、要求完美的人，越容易产生抑郁症。

其基本特征可以再简单概括为“三低”“三无”和“三自”[情绪低、思维迟滞(低)、意志低；无助、无用、无望；自责、自罪、自杀]。

在我国，抑郁症已成为最常见的精神疾病，人群中发病率达 17%。与此同时，我国每年约有 20 万人自杀，其中 80% 自杀者患有抑郁症。伴随越来越多自杀事件的出现，抑郁症已形成了一个社会问题。轻则情绪低落，不愿与别人多交流；重则悲观失望，自我评价过低乃至产生厌恶这个世界的心理直到选择自杀。抑郁症就像隐藏在患者潜意识里的“主宰者”，时刻将患者引向痛苦的深渊。一直以来在很多人心中形成的传统观念：“抑郁症属于精神疾病，而患上精神疾病是件不光彩的事”，使得抑郁症患者有意无意地躲避着正规且必要的治疗。如果能在此前得到精神专科医师的诊疗，必要时辅以住院观察，也许遗憾就不会发生。

2. 抑郁症报警信号

① 人逢喜事而精神不爽。经常为了一些小事，甚至无端地感到苦闷、愁眉不展。

② 对以往的爱好，甚至是嗜好，以及日常活动都失去兴趣，整天无精打采。

③ 生活变得懒散，不修边幅，随遇而安，不思进取。

④ 长期失眠，尤其以早醒为特征，持续数周甚至数月。

⑤ 思维反应变得迟钝，遇事难以决断。

⑥ 总是感到自卑，经常自责，对过去总是悔恨，对未来失去自信。

⑦ 善感多疑，总是怀疑自己有大病，虽然不断进行各种检查，但仍难释其疑。

⑧ 记忆力下降，常丢三落四。

⑨ 脾气变坏，急躁易怒，注意力难以集中。

⑩ 经常莫明其妙地感到心慌，惴惴不安。

⑪ 经常厌食、恶心、腹胀或腹泻，或出现胃痛等症状，但是检查时又无明显的器质性改变。

⑫ 有的病人无明显原因的食欲不振，体重下降。

⑬ 经常感到疲劳，精力不足，做事力不从心。

⑭ 精神淡漠，对周围一切都难发生兴趣，也不愿意说话，更不想做事。

⑮ 自感头痛、腰痛、身痛，而又查不出器质性的病因。

⑯ 社交活动明显减少，不愿与亲友来往，甚至闭门索居。

⑰ 对性生活失去兴趣。

⑱ 常常不由自主地感到空虚，自己觉得没有生存的价值和意义。

⑲ 常想到与死亡有关的话题。

以上 19 条，假若有一条特别严重，或数条同时出现，就很可能是抑郁症发作的征兆，一定要提高警惕。

3. 抑郁症易患人群五类人群

一是中年人由于已经取得一定的社会地位，责任比较大，因此患抑郁症的比例最高，主要集中在 35~50 岁之间。

二是癌症患者长时间患病，尤其是癌症患者最容易得抑郁症。患上癌症后容易造成性格孤僻，进而患上抑郁症，而抑郁症会降低免疫力，从而使病情更加恶化。

三是教师因为从事这类职业的人大多比较认真负责，而教师的工作又非常琐碎，如果心理调节不当，很容易被抑郁侵袭。

四是孕妇或初为人母的女性这是因为很多女性还没有做好当妈妈的心理准备。通常这样的抑郁症状不会持续很长时间，因为只要在治疗中让她们体会到做妈妈的喜悦，就很容易治愈。

五是发生婚外恋的人因为他们通常瞒着配偶和家人，心理上很容易进入疲惫期，而一旦被发现，家庭出现矛盾却又不能处理，这时就很难支撑起自己。

其实成功人士更容易患上抑郁症。一般来说，一个人要成功，除了要比较聪明，有丰富的知识之外，还必须有充沛的精力、不知疲倦、热情奔放、勤奋努力、坚韧顽强等品质，通常我们称具有这些特点的个性为“精力旺盛型”人格特征。但是，精力旺盛型人格特征也可以称为躁狂型人格特征，也就是说他们长期处于一种非常轻微的躁狂状态，在这种状态下其能力达到超水平发挥，往往会获得较大的成功。

躁狂的反面就是抑郁，也就是说有躁狂症的人发生抑郁的可能性比常人大很多。而如果发生抑郁，专业上称为“双相障碍”，就是“躁狂抑郁症”，躁狂与抑郁接替发生，抑郁发作严重时就会有自杀念头。而且这类人他们的自杀念头往往十分隐蔽，家人和朋友很难发现，一旦发生自杀，成功率很高。一般来说，轻微躁狂状态调整得好，不会向躁狂抑郁症发展，但有些人因为事业成功而忽略了这种精神上的亚健康，往往在外界不良因素的刺激下进展为抑郁。

另外一种性格的人也容易成功，这种人为人谦和、做事沉稳、一旦目标确定，就会坚定不移地走下去，然而与此同时，他们往往情感细腻，内心感情丰富，但不易向外人透露心声，性格较为内向，多思虑，这种也属于“性格抑郁型”人格。这是种偏向悲观的人格特征，遇事容易往坏处想，顺境时悲观情绪被掩盖起来，但碰到负面消息多时，他们容易在这种人格的基础发生重型抑郁发作。

还有一种性格叫作“环性人格”，也就是精力旺盛型人格与抑郁型人格相互交替，也容易发生双相障碍，出现抑郁发作导致自杀。环性人格的人时而表现得思维敏捷、精神焕发、雄心勃勃，这种积极的心态和向上的动力都能使人容易获得成功；但他们在另一些时候就显出性格的另一个极端，表现为沉默寡言、犹豫不决、萎靡不振、终日愁眉不展、甚至悲观抑郁。这两种看起来差距极大的性格同时存在这些人身上。“环性人格”也属于人格障碍的一种，许多有天赋和创造力的成功人士都有这种表现，他们应当注意在抑郁悲观情绪出现的时候，想方法进行排解。

此外，除了人格类型，成功路上的“风霜雨雪”也是诱发抑郁症的外界因素。成功之路不是一帆风顺的，是不平坦的。现代社会瞬息万变、竞争激烈，因此成功人士在向上攀登的路上无不时刻都会承受巨大的心理压力。这些长期的、巨大的压力以及各种社会心理因素，都可能诱发或者加重抑郁症。

4. 消除抑郁症14法则

美国学者托尔认为，不同的人进入不同的抑郁状态，只要遵照以下14项规则，抑郁的症状便会很快消失。这14项规则包括：

① 必须遵守生活秩序，与人约会要准时到达，饮食休闲要按部就班；从稳定规律的生活中领会自身的情趣。

② 留意自己的外观，自己身体要保持清洁卫生，不得身穿邋遢的衣服，房间院落也要随时打扫干净。

③ 即使在抑郁状态下，也决不放弃自己的学习和工作。

④ 不得强压怒气，对人对事要宽宏大度。

⑤ 主动吸收新知识，依照“活到老学到老”的格言，尽可能去接受新的知识。

⑥ 建立挑战意识，学会主动解决矛盾，并相信自己成功。

⑦ 即使是小事，也要采取合乎情理的行动。即使你心情烦闷，仍要特别注意自己的言行，让自己合乎生活情理。

⑧ 对待他人的态度要因人而异。具有抑郁心的人，显得对外界每个人的反应态度几乎相同。这是不对的，如果你也有这种倾向，应尽快纠正。

⑨ 拓宽自己的情趣范围。

⑩ 不要将自己的生活与他人的生活比较。如果你时常把自己的生活与他人做比较，表示你已经有了潜在的抑郁，应尽快克服。

⑪ 最好将日常生活中的美好的事记录下来。

⑫ 不要掩饰自己的失败。

⑬ 必须尝试以前没有做过的事，要积极地开辟新的生活园地，使生活更充实。

⑭ 与精力旺盛又充满希望的人交往。

5. 抑郁症的治疗

抑郁症可分为药物治疗和心理治疗两种：

药物治疗主要是通过药物改变脑部神经化学物质的不平衡，包括使用抗抑郁剂、镇静剂、安眠药、抗精神病药物等，来达到控制病情的目的。

心理治疗主要是改变病人不适当的认知、思考习惯或行为习惯，帮助病人分析问题的来源，教会他们如何应对生活中的各种诱发抑郁症的事件，减少导致抑郁的行为。

二、焦虑情绪以及焦虑症

1. 焦虑的定义

焦虑情绪及焦虑症。焦虑是由紧张、不安、焦急、恐慌、忧虑等感受交织而成的情绪状态，是一种没有明确对象和内容的恐惧，即预期到一些可怕的事情要发生，但又不知如何预防和应对，可以用“杞人忧天”的感觉去形容它。

2. 焦虑情绪

焦虑情绪和洋葱头的皮一样，是有不同层次的。同时，它们还有一个共同点，就像是不论哪一层洋葱皮都可以让你泪流满面一样，不论是哪种程度的焦虑，都会对你幸福造成影响，让你很不爽。

一般程度的有焦虑情绪者，大多会产生痛苦、担心、嫉妒、报复等情绪，而且还会对自己产生怀疑；而有严重焦虑情绪者则往往非常激动，非常痛苦，他们喊叫、发噩梦、报复心极强、食欲不振、消化和呼吸困难、过度肥胖，而且容易疲劳。最严重时，生理也会受到影响，如心脏加速、血压升高、呕吐、冒冷汗、精神紧张、肌肉硬化。

根据不同的特征，细致划分起来，焦虑情绪可以分为四个层次：

第一层身体紧张：常常觉得自己没有办法放松，全身紧张，眉头紧锁，表情严肃，长吁短叹。

第二层自主神经系统反应强烈：交感和附交感神经系统常常超负荷工作。易出汗、晕眩、呼吸急促，心跳过快，身体时冷时热，手脚冰凉或发热、胃部难受、大小便频繁、喉头有阻塞感。

第三层对未来产生无名的担心：常常为未来担心，担心自己的职位、自己的工作、亲人、财产和健康。

第四层过分机警：每时每刻都像一个站岗放哨的士兵对周围环境的每个细微动静和人类的言行充满警惕。

3. 焦虑症的表现

焦虑症状包括三方面：

① 与处境不相称的痛苦情绪体验。典型形式为没有确定的客观对象和具体而固定的观念内容的提心吊胆和恐惧。文献中常称为漂浮焦虑(free-floatinganxiety)或无名焦虑；

② 精神运动性不安。坐立不安，来回走动，甚至奔跑喊叫，也可表现为不自主的震颤或发抖；

③ 伴有身体不适感的植物神经功能障碍。如出汗、口干、嗓子发堵、胸闷气短、呼吸困难、竖毛、心悸、脸上发红发白、恶心呕吐、尿急、尿频、头晕、全身尤其是两腿无力感等。只有焦虑的情绪体验而没有运动和植物神经功能的任何表现，不能合理地视为病理症状。反之，没有不安和恐惧的内心体验，单纯身体表现也不能视为焦虑。

4. 焦虑产生的原因

焦虑产生的原因主要有社会原因和个体原因。

社会原因比较多元化，比如社会环境(社会转轨期的仇富替罪羊)、工作环境(工作狂变成了过劳死、职场如战场的晋升压力)、家庭环境(上有老下有小的家庭顶梁柱)。

个体原因主要是一般心理承受能力较弱，遇事总是放心不下，过低估计自己能力，过高估计客观困难，因而总是对还未发生的事丧失信心，对现实采取回避态度。焦虑症患者也有明显的个性特点。一般来说，易于紧张、焦虑，对躯体微小的不适应容易引起很大注意，遇到挫折易于过分自责，谨小慎微、优柔寡断、多愁善感、依赖性强的人，易于患焦虑病。常见情况是：

(1)完美主义倾向过度

追求十全十美的人因为要求自己所做的每一件事都要是完美无缺的，所以把全副精力都放在事物上，其实他想要做的未必都是有用的事，从另一个角度而言即有很强的占有欲、控制欲，临床上常称这些人具有强迫倾向，尚礼崇德的行为特质就可明显地呈现。

比如说在清洁方面，有些人喜欢让自己周围保持绝对的干净，于是乎为了要符合自己这种标准，他整天都得忙着打扫、擦拭，做这些反复的工作，甚至连枕头套、床罩都得每天清洗，每天不知道要花多少时间在这些清洁工作上。

也有些人是把注意力放在煤气开关、抽屉及门的上锁方面，他们所要求的是绝对安全，因此要防范所有具有危险性的事物，当然在超过了一定的程度之后这种人就会发生反复关煤气开关、关门这一类的动作，而这种反复动作的结果就是形成了强迫症状，而当事者本身也会发现这种动作并不见得会有什么实际上的效益可言，甚至有时连与他生活在一起的人也会对如此“吹毛求疵”的人受不了。

（2）自卑倾向

自卑感，有强烈的不安全感，有些人深信自己的容貌、身体上的特征、口才、表情、学业成绩、体能状况处处不如人，由于坚信不疑以致这种观念根深蒂固，每当跟别人在一起时这种想法就蜂拥而出，使其无法放轻松来跟人交谈或交往，总觉得差人及我处处不如人。由于这种人过分强调自己的缺点而同时拿别人的优点来跟自己比较，因此他永远也无法去除掉这种自卑感及不安全感。

然而每个人从小都或多或少有一些自卑感，也正因为有自卑感的存在才激励着大家想要努力，但是如果变成神经质个性的人，其思考方式常倾向极为负面，常自我挫败，自我设限，也因为自己的错误信念而吃许多亏了。

在人际关系与交往中彼此的视线接触是很重要的动作，因为人与人接近时最初是靠眼睛来彼此交往的，而某些神经质的人最担心的就是接触到别人的视线，如果投向他的视线愈来愈多，他会觉得非常害羞不安，结果在大家的面前变得不敢看人、说话，甚至不敢走动。

有些人在感觉到别人投过来的视线时，脸上的肌肉就会马上僵硬起来，嘴巴张不开，甚至连喉咙也会发生阻塞感。

也有些人特别注意自己在别人面前因为害羞而发生的脸红与耳朵的泛红且非常怕被别人看出来自己的脸红，严重的甚至于会变得怕别人看他的视线而形成了对人的恐惧。

有些神经质的人很不习惯于别人面前表现自己或表达自己的意见，常觉得那将会“出丑”，他们其实并不很内向可是让外界以为他的人际关系不佳，朋友少是内向个性，其实并不然，很多情况是缘于自卑及不安全感所致。

（3）过度关心自己

有些人跟上面所说的情形正好角度相反，也就是说他们把那些用在挂虑外界事物上的精神转向自己身上，最常表现出来的就是担心自己的身体状况、工作表现等。

另外，爱插话是心理焦虑的表现。

5. 如何摆脱焦虑症

目标转移法：把注意力从不良心境中引开，对消除焦虑是有帮助的。目标转移法可以这样运作：其一是体力上分配，当你紧张焦虑的时候，不妨适当做些体育活动；其二是转移注意方向，从事一种自己最有兴趣的活动，如听听音乐、读一本自己喜欢的书等。

坦然面对法：其实有些焦虑是机体固有的、具有保护和适应功能的防卫反应。适度紧张有利于个体潜力的充分发挥。只要不过度，大可不必忧心忡忡。

心理暗示法：如大声说“我这次一定能做好”“我对自己充满信心”，以鼓舞斗志，发挥水平。

自然放松法：自然放松法即调整姿势、呼吸、意念，先用力深吸气，尽力屏气至能忍耐限度为止，再用力呼气，并放松全身肌肉，从而达到精神和躯体的放松状态。

三、恐惧情绪及恐怖症

1. 恐惧情绪及恐怖症的定义

心理学上的恐惧是指对常人一般不害怕的事物感到恐惧，或者恐惧体验的强度和时间远远超出常人的反应范围。这种恐惧情绪伴有各种焦虑反应和逃避行为，如紧张不安、出冷汗、颤抖以致晕厥等。

由恐惧情绪导致的恐怖症有很多种类，如特殊境遇恐怖症(恐高症、广场恐怖、利器恐怖、黑暗恐怖及对雷电、风雨的恐惧等)、动物恐怖症、疾病恐怖症和社交恐怖症等。恐怖症带有明显的强迫性特点，即自知这种恐惧是过分的、不必要的，但却难以抑制和克服。

2. 恐惧情绪及恐怖症产生的原因

恐怖症产生的原因未明，可能与下列因素有关：

遗传因素：Slater 等(1977)报道患者的一级亲属中，20%的父母和10%的同胞患神经症，认为遗传因素可能与发病有关。也有人指出：至今尚无证据表明遗传在本病的发生中起重要作用。

性格特征：病前性格偏向于幼稚、胆小、含羞、依赖性强和内向。

精神因素：在发病中常起着更为重要的作用。例如某人遇到车祸，就对乘车产生恐惧。可能是在焦虑的背景上恰巧出现了某一情境，或在某一情景中发生急性焦虑而对之发生恐惧，并固定下来成为恐怖对象。

对特殊物体的恐怖可能与父母的教育、环境的影响及亲身经历(如被狗咬过而怕狗)等有关。

心理动力学派认为恐怖是被压抑的潜意识的焦虑的象征作用和取代作用的结果。条件反射和学习机理在本症发生中的作用是较有说服力的解释。

3. 恐惧情绪及恐怖症的表现

【临床表现】

恐怖症通常急性起病，以面对某一物体或处境爆发一次焦虑发作为先驱，患者虽知这种恐怖是过分和不必要的，但不能克制，不接触或脱离恐怖对象时，则表现正常，因此，常伴有回避行为。恐怖对象可归纳为三类：

处境恐怖：对街道、广场、公共场所、高处或密室等处境恐惧，因此不敢出门，而回避这些场所。

社交恐怖：对需要与人交往的处境感到恐怖而力求避免，如与人交谈等。产生社交恐怖症的主要原因是与人交往时心理负担太重，太在意自己在别人心目中的形象。心理压力增大，而社交经验不足，在交往和讲话时难免心情紧张、心慌意乱。如果一次交往失利，这种不愉快的交往经历就会在他们追求完美的心理上投下阴影。

单纯恐怖：如对针、剪、刀、笔尖等物体发生恐怖时称锐器恐怖；对猫、狗、鼠、蛇等动物发生恐怖称动物恐怖。

【诊断依据】

① 某些特定对象可引起强烈恐怖或焦虑不安，并竭力回避。患者认识到这种回避反应是不合理和不必要的，但不能摆脱。

② 自知力良好，要求治疗。

③ 妨碍了工作、学习或日常生活的正常进行。

④ 病程可长可短，研究病例病程至少为 3 个月。

⑤ 排除精神分裂症、抑郁症、强迫症及伴发于其他精神疾病和躯体疾病的恐怖症状。

4. 恐惧情绪及恐怖症的治疗

行为治疗：行为矫正是主要治疗方法之一，常用方法有系统脱敏疗法、骤进的暴露疗法、计划实践法和生物反馈疗法。

药物治疗：抗焦虑药与抗抑郁药能消除患者的焦虑和抑郁情绪，有利于行为矫正。常用的有苯二氮类抗焦虑药。如阿普唑仑等；近年报道丙咪嗪即有抗抑郁作用，也有抗恐怖作用。

四、强迫情绪及强迫症

1. 强迫症的定义

患者为减轻强迫思维引起的焦虑，会作出强迫行为；反复检查；不断地洗手；为了使自己放心，不断地向别人询问要求得到保证；做事要求按一定的顺序，如出门必须先迈左脚，否则就不吉利；看书时，需反复地看和写。患者明知很可笑，但不做又担心。可是做了，如此折腾，耗费了大量时间和精力，自己很累，别人也有意见，严重影响了学习、生活和工作。所以患者非常的痛苦。

部分强迫症患者在个性上还有以下特点：胆小谨慎、循规蹈矩、做事一丝不苟、追求完美。另外，不是所有有强迫症状者都是强迫症，其他一些疾病也可以出现强迫症状。

2. 强迫症的症状

(1) 强迫观念

即某种联想、观念、回忆或疑虑等顽固地反复出现，难以控制。

强迫联想：反复回忆一系列不幸事件会发生，虽明知不可能，却不能克制，并激起情绪紧张和恐惧。

强迫回忆：反复回忆曾经做过的无关紧要的事，虽明知无任何意义，却不能克制，非反复回忆不可。

强迫疑虑：对自己的行动是否正确，产生不必要的疑虑，要反复核实。如出门后疑虑门窗是否确实关好，反复数次回去检查，不然则感焦虑不安。

强迫性穷思竭虑：对自然现象或日常生活中的事件进行反复思考，明知毫无意义，却不能克制，如反复思考："房子为什么朝南而不朝北。"

强迫对立思维：两种对立的词句或概念反复在脑中相继出现，而感到苦恼和紧张，如想到"拥护"，立即出现"反对"；说到"好人"时即想到"坏蛋"等。

(2) 强迫动作

强迫洗涤：反复多次洗手或洗物件，心中总摆脱不了"感到脏"，明知已洗干净，却不能自制而非洗不可。

强迫检查：通常与强迫疑虑同时出现。患者对明知已做好的事情不放心，反复检查，如反复检查已锁好的门窗，反复核对已写好的账单、信件或文稿等。

强迫计数：不可控制地数台阶、电线杆，做一定次数的某个动作，否则感到不安若漏掉了要重新数起。

强迫仪式动作：在日常活动之前，先要做一套有一定程序的动作，如睡前要一定程序脱衣鞋并按固定的规律放置，否则感到不安，而重新穿好衣、鞋、再按程序脱。

此外还可以是强迫眨眼、强迫摇头、强迫咬指甲等。

(3) 强迫意向

在某种场合下，患者出现一种明知与当时情况相违背的念头，却不能控制这种意向的出现，十分苦恼。如母亲抱小孩走到河边时，突然产生将小孩扔到河里去的想法，虽未发生相应的行动，但患者却十分紧张、恐惧。

(4) 强迫情绪

具体表现主要是强迫性恐惧。这种恐惧是对自己的情绪会失去控制的恐惧，如害怕自己会发疯，会做出违反法律或社会规范甚至伤天害理的事，而不是像恐怖症患者那样对特殊物体、处境等的恐惧。

(5) 强迫恐惧

此种恐惧与病人的强迫性思维有联系，病人害怕自己会出现对立思维，而产生强烈的情绪反应。如害怕在某些场合自己会出现强迫，而感到恐惧，从而尽量逃避参加这样的场合。

(6) 强迫行为

具体表现，可以是屈从性强迫行为，如反复检查煤气是否关好、门是否锁上；可以是对抗性强迫行为，如反复在内心告诫自己不要把强迫意向转变成实际行动；也可以是强迫性仪式动作，如进家门必须先跨左腿、出门之前必须按序化装等。

3. 强迫症的诊断

根据 CCMD-2-R 的标准诊断

(1) 诊断标准

① 符合神经症的诊断标准；

② 以强迫症为主要临床相，表现为下述形式之一种或混合：

- 以强迫思想为主的临床相，包括强迫观念、强迫表象、强迫性对立观念、强迫性穷思竭虑、强迫性害怕丧失自控能力等；
- 以强迫动作为主要临床相，表现为反复洗涤、反复核对检查、反复询问或其他反复的仪式化动作等。

③ 排除其他精神障碍的继发性强迫症状，如抑郁症和精神分裂症等。

ICD-10 中将强迫症称之为强迫性障碍，其诊断要点是：必须在连续两周中的大多数日子存在强迫症状或强迫动作，或两者并存，这些症状引起痛苦或妨碍活动。

(2) 强迫症状的特点：

① 必须被看作是患者自己的思维或冲动；

② 必须至少有一种思想动作仍在被患者徒劳地加以抵制，即使患者不再对其他症状加以抵制；

③ 实施动作的想法本身应是令人不愉快的(单纯为缓解紧张或焦虑不视为这种意义上的愉快)；

④ 想法、表象或冲动必须是令人不快地一再出现。

4. 强迫症的自我判断

① 反复思考一些无实际意义的问题。如人的耳朵为什么生长在头颅两侧？

② 经常强迫自己计算毫无意义的数字，如一边走路一边数多少步。

③ 老是强迫自己回忆某些往事。

④ 总担心自己在某一场合失控而做出违法的事。

⑤ 自己不明白也无法控制地反复洗手或换衣服。

⑥ 总怀疑门或抽屉没锁上而反复检查几遍。

⑦ 信寄出后常怀疑地址写错，后悔当初没有反复检查。

⑧ 在某些场合所想的和所做的总有矛盾，如站在桥边就几乎忍不住要跳河。

⑨ 对一些无关紧要的事或现象，追根寻源总想弄明白，结果越弄越"糊涂"。

⑩ 见到或听到某件事总会联想到别的事，如见到车祸即联想自己亲人的意外。

⑪ 为摆脱强迫症状而刻板地、重复地做一些仪式性动作，如摆脱反复洗衣服而不停地搓手。

⑫ 上床后浮想联翩，难以入睡。

⑬ 害怕会演变成精神病，怕无法医治而悲观。

⑭ 明知自己所想的或所做的事是不合理的而又无法摆脱，因而深感痛苦，焦虑不安。

如果你的症状符合上述提示中任何四项或四项以上的话，那么你就可能患强迫症了。

5. 强迫症的治疗

（1）心理动力学的治疗

心理动力学派的治疗强调通过顿悟、改变情绪经验以及强化自我的方法去分析和解释各种心理现象之间的矛盾冲突，以此达到治疗的目的。在治疗的过程中大量地运用阐释、移情分析、自我联想以及自我重建技术。

（2）行为治疗

在对于强迫症的认识上，行为治疗分为两个基本的流派。

第一种观点认为具有强迫症的人是借助于各种行为和仪式动作来缓解焦虑，称为"驱力降低模型"。依照这个模型，治疗者主要集中于通过激发可以减少焦虑的情境来消除不适当行为与仪式动作。

第二种观点是基于操作模型而建立的，强调对强迫行为的后果进行调节，因此在这个模型中大量运用惩罚和示范学习。

驱力降低模型：采用驱力降低模型进行治疗的主要方法是各种降低焦虑的技术，其中最常用的是系统脱敏。

榜样学习技术：榜样学习技术也经常被运用于强迫症的治疗中，主要有参与示范和被动示范，其中参与示范运用最多。和系统脱敏一样，实施参与示范也需要建立刺激等级。从最低等级到最高等级，治疗者逐渐示范暴露在相应的情景中，然后再由患者自己逐渐面对这个情境，知道能够完全独立面对为止。被动示范也是让患者观察治疗者从低到高地接触各种情境，所不同的只是不让患者介入情境。此外，这两种治疗都采用反应阻止法。譬如，在治疗强迫性洁癖的时候，治疗者可以借助于某种协议来阻止儿童的所有洗手行为。从国外现有的资料来看，一般认为参与示范比被动示范的治疗效果更好一些。此外，示范学习经常可以与暴露疗法结合起来加以使用，效果会更好。

暴露疗法：暴露疗法的技术在过去的几十年中被许多人重视和运用，尤其是把患者逐渐暴露于各种无论是想象的还是现实的焦虑情境中，效果都很好。由于暴露持续时间的长短主要依据是否让儿童青少年消除焦虑和回复宁静为准，因此，采用这种方法的治疗时间要比较长一些，大约在 2h 左右。

(3) 家庭人际关系治疗

此种方法强调人际关系的因素，避免单纯研究孤立的个人行为。这种思想注重研究行为问题的整体意义，它强调在治疗患者的同时，为患者的家庭成员提供咨询。具体方法如下：

① 训练家庭成员使之成为患者心理分析的咨询员，或者称为欣慰治疗的助手，协助实施反应阻止训练计划；

② 配合精神分析治疗或行为治疗对于患者进行“自我”强化咨询辅导；

③ 影响并改善家庭关系；

④ 进行家庭交往技能训练；

⑤ 讨论并解决家庭关系当中的冲突。

(4) 药物治疗

主要采用下列药物：氯丙咪嗪；氟西丁等。

五、不良情绪的治疗——森田疗法

焦虑情绪是由紧张、不安、焦急、恐慌、忧虑等感受交织而成的情绪状态，是一种没有明确对象和内容的恐惧，即预期到一些可怕的事情要发生，但又不知如何预防和应对。有焦虑情绪的人，注意力不集中，大多会产生痛苦、担心、嫉妒、易怒、报复等心理，在工作中，有焦虑情绪的员工在工作时，精神高度紧张、心中忐忑不安、如坐针毡、极易产生不安全的行为，从而引发安全事故。

有抑郁情绪的人，首先是心境低落，对待工作缺乏热情，工作时心不在焉；其次是思维迟缓，反应迟钝，思路闭塞，“脑子好像是生了锈的机器”“脑子像涂了一层糨糊一样”；第三是意志活动减退，行为缓慢，不想做事，不愿意与同事沟通；第四是认知功能损害，注意力障碍、反应时间延长、学习困难、空间知觉、眼手协调及思维灵活性等能力减退；另外，抑郁情绪的人一般有睡眠障碍，身体也有不适反应，这些表现给安全带来巨大风险。

有强迫情绪的人会做出强迫行为，如反复检查、不断地洗手等。有强迫情绪的人消耗了大量时间和精力，容易产生心理与身体的疲劳，而可能导致工作的失误。因此，不良情绪的调适对安全工作意义重大。

“森田疗法”又叫禅疗法、根治的自然疗法。日本东京慈惠会医科大学森田正马教授(1874—1938 年)创立，取名为神经症的“特殊疗法”。1938 年，森田正马教授病逝后，他的弟子将其命名为“森田疗法”。

森田疗法主要适用于强迫症、社交恐怖、广场恐怖、惊恐发作的治疗，另外对广泛性焦虑、疑病等神经症，还有抑郁症等也有疗效。森田疗法随着时代在不断继承和发展，治疗适应证已从神经症扩大到精神病、人格障碍、酒精药物依赖等，还扩大到正常人的生活适应和生活质量中。

1. 森田疗法含义及来源

森田认为发生神经质的人都有疑病素质，他们对身体和心理方面的不适极为敏感。而过敏的感觉又会促使进一步注意体验某种感觉。这样一来，感觉和注意就出现一种交互作用。森田称这一现象为“精神交互作用”，认为它是神经质产生的基本机制。

森田疗法的基本治疗原则就是“顺其自然”。顺其自然就是接受和服从事物运行的客观法则，它能最终打破神经质病人的精神交互作用。而要做到顺其自然就要求病人在这一态度的指导下正视消极体验，接受各种症状的出现，把心思放在应该去做的事情上。这样，病人心里的动机冲突就排除了，他的痛苦就减轻了。

森田先生小时候由于家庭强迫学习导致“学校恐怖”。森田正马先生1874年1月18日出生在日本高知县农村一位小学教师的家庭里，他父亲对子女要求很严格，尤其对长子森田正马寄托着很大的期望，望子成龙心切，从很小就教他写字、读书，5岁就送他上小学，一从学校回家，父亲便叫他读古文和史书。10岁时，晚间如背不完书，父亲便不让他睡觉。学校本来功课就很多，学习已经够紧张了，回家后父亲又强迫他背这记那，使森田渐渐地开始很厌倦学习。每天早晨，又哭又闹，缠着大人不愿去上学，用现在的话说，就是“学校恐怖”，这与父亲强迫他学习是有关系的。

森田先生在7岁时，祖母去世，其母亲因悲伤过度，曾一度陷入精神恍惚、默默不语的状态，接着第二年祖父又相继过世。正当家庭连遭不幸时，森田偶尔在日本寺庙里看到了彩色地狱壁画之后，立即感到毛骨悚然。这些可怕的场面在森田幼小的心灵中留下了深深的烙印，一直在他脑海里盘旋，这就是后来森田理论中关于“死的恐怖”一说的来源。

由于经常苦于神经质症状，森田自幼就有明显的神经质倾向，他在《我具有神经性脆弱素质》一书中写道：其表现是12岁时仍患夜尿症而苦恼，16岁时患头痛病常常出现心动过速，容易疲劳，总是担心自己的病，是所谓“神经衰弱症状”。幼年时患夜尿症，为了不弄湿被褥，总是铺着草席睡觉，有人故意问他“铺上草席干什么”，他生气地回答说：“夜里不尿炕!”。这种回答带有对大人的嘲笑挖苦的反抗，但其内心十分难过，后来他在自己的著作中写道“不要谴责孩子的夜尿症，越是谴责挖苦孩子，就会越恶化”，这大概是自己的切身体验吧。因有夜尿症而深感自卑，后来听说当地很有名望的坂本龙马先生小时候也得过这种病，这才聊以自慰，心情稍微好了一点，中学五年级时，他在患肠伤寒的恢复期，学习骑自行车，夜间突然发生心动过速。在高中和大学初期，他经常神经衰弱，东京大学内科诊断为神经衰弱和脚气病，经常服药治疗，大学一年级时，父母因农忙，两个月忘记了给森田寄生活费，森田误以为是父母不支持他上学，感到很气愤，甚至想到当着父母的面自杀，于是暗下决心，豁出去拼命地学习，要干出个样子来让家里人看看，在这期间什么药也不吃了，放弃一切治疗，不顾一切地拼命学习，考完试后，取得了想不到的好成绩，不知什么时候，脚气病和神经衰弱等症状不知不觉也消失了。

这些个人经历，导致他后来提倡的神经质本质论，包括疑病素质论。神经衰弱不是真的衰弱，而是假想的主观的臆断。神经质者本能上是有很强的生存欲望，是努力主义者，症状发生的心因性即精神交互作用，最重要的是森田先生在自己切身体验中发现“放弃治疗的心态”，对神经质具有治疗作用。

由此可以看出，森田疗法理论基础的内容，全都是他自己痛苦体验的结晶。然而仅仅是这些体验是不够的，更加重要的是，他多年来对神经质者的观察，把握其症状的实际表现，密切注意其经过转归，把这些观察自己的体验相对照，阅读国内外文献，将当时认为有较强的治疗神经症的各种治疗方法一一进行实践验证，最后，森田先生把当时的主要治疗方法，如：安静疗法、作业疗法、说理疗法、生活疗法等取其有效成分合理组合，提出自己独特的心理疗法。

2. 疗法特点

(1) 不问过去，注重现在

森田疗法认为，患者发病的原因是有神经质倾向的人在现实生活中遇到某种偶然的诱因而形成的。治疗采用“现实原则”，不去追究过去的生活经历，而是引导患者把注意力放在当前，鼓励患者从现在开始，让现实生活充满活力。

（2）不问症状，重视行动

森田疗法认为，患者的症状不过是情绪变化的一种表现形式，是主观性的感受。治疗注重引导患者积极地去行动，“行动转变性格”“照健康人那样行动，就能成为健康人”。

（3）生活中指导，生活中改变

森田疗法不使用任何器具，也不需要特殊设施，主张在实际生活中像正常人一样生活，同时改变患者不良的行为模式和认知。在生活中治疗，在生活中改变。

（4）陶冶性格，扬长避短

森田疗法认为，性格不是固定不变的，也不是随着主观意志而改变的。无论什么性格都有积极面和消极面，神经质性格特征亦如此。神经质性格有许多长处，如反省强、做事认真、踏实、勤奋、责任感强；但也有许多不足，如过于细心谨慎、自卑、夸大自己的弱点，追求完美等。应该通过积极的社会生活磨炼，发挥性格中的优点，抑制性格中的缺点。

3. 核心思想

森田疗法是治疗强迫症比较好的方法，“顺其自然，为所当为”是森田疗法的精髓所在，而如何正确地理解“顺其自然”这四个字则是治疗是否有效的前提条件。

在现实生活中，很多的患者朋友，对“顺其自然”的理解都是不够深的或是错误的，因而造成森田疗法对他们的治疗毫无效果，甚至使他们对森田疗法本身是否有效都产生了怀疑。究其原因，其实是他们只是从字面上去理解其含义，以为“顺其自然”就“任其自然”，就是对自己的问题不加控制，痛苦就让其自己痛苦下去所造成的。如强迫观念的患者，他可能就会错误地认为“顺其自然”就是让自己一直强迫下去。

要正确地理解“顺其自然”首先我们要弄明白什么是“自然”，既你要知道什么是“自然规律”。比如白天与黑夜的轮回、天气有晴也有雨，这些都是大自然的规律，它是不能人为控制的，人必须遵循、接受这些规律才会过得快乐。倘若人整天都抱怨为什么会有黑夜，或者认为下雨是不应该的，那么就违背的“自然规律”，结果肯定是自找苦吃。

而我们人本身也是存在一定的自然规律的，比如情绪，它就是我们不能人为控制的，它本身有一套从发生到消退的程序。你接受它，遵循它，它很快就会走完自己的程序而结束，反之则不然。

为了能让“顺其自然”对你的问题产生效果，就得结合“为所当为”。也就是说，你在“顺其自然”的同时，你得把自己的注意力放在客观的现实中，该工作就去做工作，该学习就去学习，该聊天就去聊天。做自己应该去做的事情。当然也许刚开始的时候，那些困惑你的观念、杂念仍旧让你感到痛苦，但只要你相信它们是迟早会自然地消失的，并努力地去做好现实生活中你该去做的事情。那么，那些杂念、情绪就会在你认真做事的过程中不知不觉地消失了。

森田认为，要达到治疗目的，说理是徒劳的。正如从道理上认识到没有鬼，但夜间走过坟地时照样感到恐惧一样，单靠理智上的理解是不行的，只有在感情上实际体验到才能有所改变。而人的感情变化有它的规律，注意越集中，情感越加强；听其自然不予理睬，反而逐渐消退；在同一感觉下习惯了，情感即变得迟钝；对患者的苦闷、烦恼情绪不加劝慰，任其发展到顶点，也就不再感到苦闷烦恼了。因此，要求患者对症状首先要承认现实，不必强求改变，要顺其自然，认识情感活动的规律，接受情感，不去压抑和排斥它，让其自生自灭，并通过自己的不断努力，培养积极健康的情感体验。

4. *治疗方法*

该疗法分门诊治疗和住院治疗两种。症状较轻的可让当事人阅读森田疗法的自助读物，坚持日记，并定期到门诊接受医生的指导；症状较重的则需住院。住院生活分四个时期：一是绝对卧床期，4 天到一星期。禁止病人做任何的事情，病人会有无聊的感觉，总想做点什么。二是轻微工作期，3 天到一周。此间除可轻微劳动外仍然不能做其他事情，但开始让病人写日记。三是普通工作期，3 天到一周。病人可开始读书，让他努力去工作，以体验全心投入工作以及完成工作后的喜悦。四是生活训练期，1~2 周。为出院准备期，病人可进入一些复杂的实际生活。

（1）门诊治疗

每周一次，接受生活指导和日记指导，疗程约 2~6 个月。门诊治疗的基本要点是：

① 详细体验以排除躯体疾病的可能，并解除病人疑虑；

② 要求病人接受自身症状，顺其自然，绝不企图排斥；

③ 要患者带着症状去从事日常活动，以便把痛苦的注意转向意识，使痛苦体验在意识中消失或减弱；

④ 告诉患者切勿把症状挂在心上；

⑤ 治疗者按时批阅患者的日记，患者要保证下次再写再交，同时要家属不要对患者谈病，也不要按病人来对待。

（2）住院治疗

经典的森田疗法是住院治疗，也是对于严重的神经症患者的最佳方法。其程序大致分为四个时期。

第一期：绝对卧床期。

开始第一周绝对卧床，禁止会客、交谈、看书报和看电视等一切活动，只能独自静卧，因无事可做，患者会感到十分苦恼，使其能体验“生的欲望”。此期的主要目的是从根本上解除患者精神上的烦恼和痛苦。使之静卧不仅可调整身心疲劳，还可通过对精神状态的观察进行鉴别诊断。让患者任其自然地安静修养，通过情感的变化规律使烦恼和痛苦自然消失。

烦闷解除卧床第二天，多数患者烦恼消失，也不再为此症状担心，便自然出现一些联想，如病的问题、个人问题、家庭问题等，在此治疗前就要告诉患者：如果出现联想或烦闷，不要企图去消除或忘掉它，要任其发展，又必须静静地卧床忍受。这些联想或烦闷，有时可使患者烦躁不安，但当苦恼达到极点时，则有可能在短暂时间内迅速消失，这是由于情感自然变化的结果。多数患者在 2~3 个小时内出现上述结果。然而也有的苦恼时有时无，甚至持续到第四、五天，其中有的是因为没有绝对静卧而延长了这一治疗过程。第三天，患者回忆前一天突然摆脱了苦恼，精神上受到鼓舞，这时向患者说明，所提供的环境及条件的重要性，否则想摆脱苦恼也是不可能的。

无聊期第四天，患者因摆脱了痛苦，开始感到无聊，出现想参加积极性活动的愿想从而形成期望的痛苦。在患者深刻体会没有活动的苦恼之后第二天起，让他起床活动进近第二个治疗期。第一期一般为 4 天至一周。

失眠症静卧期尤其对患者的失眠和焦虑效果明显。对这样的患者嘱咐他：如果想睡觉，不必选择时间，随时可任意地睡。如果睡不着，连续一周不睡也没什么，千万不要勉强睡。这样可很快使之消除对失眠的担忧，经过 3~7 天，大体可解除对失眠的苦恼。

第二期：轻微工作期。

该疗期主要是相对隔离治疗，禁止谈话、交际和游戏等活动。卧床时间每天必须保持7~8h，但白天要求到户外活动，接触好的空气和阳光，晚上写日记以进一步确定患者精神状态、对治疗的体验。有时也做一些简单劳动，目的是回复患者精神上的自发性活动。该治疗期为1~2周。

自发性活动，使患者安静地忍受各种病态体验，又身心感到无聊，以促使其自发性的活动，主动去做那些看来毫无价值的事，并能无论干什么都尽量迅速地着手工作和坚持下去。

超越自我意识，注意避免患者对治疗效果的顾虑。自第二天起，除静卧7-8h外，要连续不断地干些轻活，根据场合、季节或时间等干各种事情。经过这一期患者会渴望做更重的劳动，以此为标准，即进入第三期。

第三期、普通工作期。

住院生活逐渐充实，并积极做恢复正常社会生活的准备。但仍需要病人不与别人谈论症状，只要其专注于当前的生活和工作(可做重体力劳动)，组织一些文体活动，与他人交往，通过这样的实践与体会，让病人自然而然地不再与其焦虑症状作强迫性的斗争，以便让症状自然消失。该治疗期为1~2周。

排除价值观，此期须注意要排除患者对工作或劳动预先考虑价值观，培养他们不论职位高低以及劳动种类等，凡是人可干的事，自己也能做到的信心，激发对工作的兴趣，体会对成绩的愉快感。

体验“并非不可能” 通过劳动或工作以及体验成绩的快感，使患者树立起“人生中没有不能做到的事”这样的信心和勇气，这是在忍受一切痛苦，排除所有困难，在期待心身自发活动的过程中获得的主观体验。此期患者会感到工作太多太忙，以这种忙碌为标志转入第四期。

第四期：生活训练期。

即患者开始打破人格上的执着，摆脱一切束缚，对外界变化进行顺应、适应方面的训练，为恢复其实际生活做准备。该治疗期为1~2周。

读书与外出，读书不要娱乐性或思想性的读物，可利用一切点滴时间，不选择地点不计较数量地随便读，以改变患者希望最有效地读书这种价值观和完美欲。外出只有必要时才允许，使之体验突然接触社会的新鲜感。

发扬朴素的情感，在治疗中注意指导患者去体验和发扬朴素的情感，以克服理想主义的情感。病人从第二期起写治疗日记，主要包括每天的活动、对治疗的认识等。日记由主管医生批阅，指出不良的思想方式及情绪，指导进一步的治疗活动等。森田疗法除上述住院式以外，还有门诊式疗法，每周门诊一次，用森田疗法的原理进行面谈和指导日记。另外，还有通信治疗、集体治疗以及生活会形式的心理健康互助会等。

5. 自我实践

体力劳动——森田疗法实践的钥匙：从寝室或家庭卫生做起，做每天力所能及的劳动。体力劳动是最有效的实践方法，它要比脑力劳动更有效果。

做应该做的事——实践的定位：做应该做的事，坚持日常的工作和学习，无论自己的心情如何，这是森田疗法的最关键措施。但是，如果为了锻炼，强迫自己去做与自己意愿相反的事则不是“为所当为”的真正意义了。

每天要不断地干点什么：实践的强度要减少睡眠时间尤其是尽量不在白天睡觉，白天要不断地干点什么。

禁止消愁解闷的各种活动：消愁解闷的活动不等于娱乐、运动等活动，前者是为了消除某种情绪所进行的，后者是自然的需要。

神经质的症状，用消愁解闷的方法也可以解决。然而，因为那样做只不过是精神上的一种暂时性的转换，时过境迁，立即就会重新恢复原状。

对症状要采取忍受的态度，带着症状坚持实践。对待症状要不过问，不测试，不拘泥。不过问：尽可能不要再谈自己的病情。如果遇到症状缠绕的情况可采取所谓不问疗法，装作不知听之任之。不测试：制止自己测试症状是否好转，情绪是否变好，要听其自然地对待病情。不拘泥：如果感觉"头轻快了，精神爽快了"等时，应当注意这只不过是一种自我感觉，从疾病的角度来看，它和痛苦是同一的东西，爽快之后，作为一种相反的动态往往会出现不愉快，到了完全摆脱愉快与不愉快的感觉之后才是真正恢复了健康。

阅读森田疗法书籍问题：在实践头一周内请不要阅读森田疗法方面的书籍，在实践一周后开始每天晚上睡前抽出半小时左右阅读森田疗法的书籍，请用体会的态度去读。

切莫拘泥于理论：在治疗过程中且莫拘泥，把自己的情况机械地与理论对照，勉强用来矫正自己哪里好，哪里不好，但愿能顺应自然，保持安心经时度日的情绪就很好，要逐渐领会某种体验，在此基础上才能形成正确的理论。

按上面的要求去实践，森田疗法的实践以 1 个月为一个进程，也就是说，只有实践到 1 个月的时候才可能有一定的体验，总的实践时间短则 3 个月长则半年。

6. 新森田疗法

森田的继承者在对传统森田疗法理论继承的同时，又进行了不断地修改，被称之为新森田疗法。其中森田的高徒高良武久是新森田疗法的先驱者。他指出神经质者由于疑病情绪使之对事实的判断失去真实性或歪曲，所以患者的主诉与事实有很大的差距，高良把它称之为"神经质者的虚构性"，高良的学说更易理解。

大原健士郎是高良的弟子，大原等首先尽可能地收集了至今还保留下来的森田的著作、论文、座谈会记录等，由森田的词语形成森田的理论，并用浅显、熟悉的词汇汇集成森田疗法用语。

大原论述了森田理论中最主要的概念，诸如疑病性素质与生的欲望、死的恐怖的关系，他认为疑病性是精神能量的源泉，这种精神能量如果指向建设性的人生目标，发挥出来形成生的欲望就是健康人的状态。如果因某种情况受到挫折，精神能量仅仅指向自己的心身变化，就会由于精神交互作用或思想矛盾等的心理机制产生焦虑，使之注意固定于自己的心身变化，而不再指向外界，森田疗法是把指向自己心身的精神能量转变成指向外界的操作方法。

田代信维也是新森田疗法的代表之一，他从精神生理学角度去探讨新森田疗法，把森田疗法的各个治疗期与人类的社会自我发育相比较如下：

<table>
<tr><th>治疗的各期</th><th>发育过程</th><th>社会的自我发育</th></tr>
<tr><td>一 乳儿期</td><td>活动性</td><td rowspan="2">依赖</td></tr>
<tr><td>二 幼儿期</td><td>自发性</td></tr>
<tr><td>三 学龄期</td><td>自主性</td><td rowspan="2">自立</td></tr>
<tr><td>四 青春期以后</td><td>协调性</td></tr>
</table>

另外田代还引用了 Maslow A. H 的欲望阶段来说明森田疗法使神经症患者烦恼变化的经过，他认为神经症患者由于从认知的评价到意志的过程被心理冲突所中断，加重了不安，促

使欲望变成对死的恐怖，由于对意志的作用，使注意指向情绪影响的行为和症状，通过精神交互作用使患者被症状所束缚，不得不逃避现实问题。森田疗法可影响精神功能的多方面，使之形成良好的认知评价、意志情报，精神活动不再陷于恶性循环中。

森田把住院治疗时间规定为40天，现在森田治疗的实施者根据自己的经验，公认40天时间过短，现代住院时间大致为3个月。森田的继承者们把森田疗法的原则，根据自己的经验，做了各种修改，努力创造出了所谓新的森田疗法。

在现代化社会中，让患者接受治疗的方法，去忍受痛苦常常必须增加解释的次数，甚至并用抗焦虑药。在作业期的内容上，也多数把绘画疗法、音乐疗法、娱乐疗法、体育疗法等应用到作业期中去，使之与现代生活相适应。

森田把第2期至第4期治疗严格区分开，其他多数没有严格的界限，仍然有明显效果。森田提倡“日日是好日”“日新又一新”。对此，森田解释为“工作和学习的一天则是好日，否则就是不好的一天”。不被情绪所束缚，过着对人生有目的的生活。“日新又一新”是说今日比昨日，明日比今日是更有意义的人生。今日是新的一天，它包含着无止境的创造性。

新森田疗法不仅限于治疗神经症，而适应证在不断地扩大。例如，药物依赖、酒依赖、精神分裂症、抑郁症等，都得到治疗效果(对于后两种疾病的患者，主要是进入缓解期以后)。这些患者采用森田疗法，不是正规地由绝对卧床开始，而是从作业期开始。

住院式森田疗法，首先由单人病室内的绝对卧床开始，在此期的7天中，一个人卧床，除进食、洗漱、大小便之外应安静地躺着，禁止一切消遣的活动。由护士对患者进行监护。每天主管医生有一次短暂的查房。绝对卧床后进入轻作业期，此间仍禁止使用肌肉的活动。主要是对外界的观察及小组活动的见闻以及诸如扫地、散步等轻体力活动，同时由主管医生指导写日记。轻作业期为3~7天。此期一结束，即进入重作业期，从这时参加全部的活动安排。在采用森田疗法的过程中，还应用家庭治疗，在调整家庭成员的关系上下功夫。因为新森田疗法学派认为，神经症的病因与家庭内动力有关，这样既提高了疗效，又扩大了森田疗法的应用范围。新森田疗法住院式的四期为：

第一期：绝对卧床期

第二期：轻作业期

第三期：重作业期

第四期：社会康复期

第四节　作业疲劳与安全行为

对一些企业伤亡事故进行分析，发现作业疲劳对伤亡事故的影响不容忽视，甚至存在一定的因果关系。因此分析疲劳及其产生的原因、揭示疲劳与安全生产的关系、改善企业安全管理、减轻因疲劳导致事故发生的概率，具有重要而现实的意义。

一、作业疲劳概述

1. 疲劳的概念

疲劳是一种非常复杂的生理和心理现象，它并非由单一的、明确的因素构成，目前对疲劳的定义也有很大的差异。一般来说，在生产过程中，劳动者由于连续不断消耗能量中产生一系列生理和心理状态的变化，导致某一个或某些器官乃至整个机体力量的自然衰竭状态而引起作业能力下降的现象，称为疲劳。疲劳感是人对于疲劳的主观体验，而作业效率下降是疲劳的客观反映。无论脑力作业、体力作业、技能作业、还是人机系统中人的效能和健康都会因疲劳而受到影响。疲劳是一种生理现象，也是一种心理现象，从本质上讲，疲劳是机体的一种正常生理保护机制。这是由于人在生产过程中身心状态产生多种变化而推定的一个概念。迄今，在科学的意义上，人们对疲劳的认识还有待于继续深化。

疲劳是劳动的结果。劳动者在连续工作一段时间后，由于长时期紧张的脑力或体力活动导致整个身体的机能降低。从生物学的理论上看，劳动是能量消耗的过程，这个过程持续到一定程度，中枢神经系统将产生抑制作用。继中枢神经系统疲劳之后，是反射运动神经系统的疲劳。反映出动作的灵敏性降低，作业效率下降。

2. 疲劳的分类

疲劳的分类方法很多，工作性质不同，产生的疲劳现象也不同，较为合理的分类是体力疲劳和精神疲劳两种现象

（1）体力疲劳

劳动者在劳动过程中，随着工作负荷的不断累积，使劳动机能衰退，作业能力下降，且伴有疲倦感的自觉症状出现。如身体不适、头晕、头痛、注意力涣散、视觉不能追踪，工作效率降低，这种感觉累积的结果，是在生理与心理机能上产生恶化倾向。从脸色、姿势、语言及动作上可以察觉出来，感觉机能、运动机能、代谢机能均会发生不协调，造成体力不支，植物神经紊乱，不仅使作业效率下降，还会造成各种差错。在工厂里，许多事故的发生时间大都在疲劳期。疲劳的积累还会逐渐演化为器质性病变。

（2）精神疲劳

亦称脑力疲劳，即用脑过度，大脑神经活动处于抑制状态的现象。人的大脑蕴藏着巨大的工作潜力，是一个极为复杂、精密的机构。一般来说，脑重1400g，只占全身质量2%，却拥有心脏流出血液的20%。作业者从事紧张的脑力劳动时，血耗量骤增，倘若供血中止15s，即将神志昏迷，中止4min，大部分脑细胞受到破坏以致无法恢复。脑力劳动时，同样有明显肌肉紧张的表象。譬如读书时，眼肌收缩；进行心算时，语肌的活动量将随问题的繁复程度而增加。注意力越集中，肌肉越紧张，消耗能量也越大，最后脑神经活动处于抑制状态，平时能解决的问题，这时就会“束手无策”。脑力疲劳与体力疲劳是相互作用的，极度的体力疲劳，降低了直接参与工作的运动器官的效率，从而影响大脑活动的工作效率；而过度的脑力疲劳，会使精神不集中，思维混乱，身体倦怠，亦影响感知速度及操作的准确性。

（3）疲劳的种类

为了能够更深刻认识疲劳的机理，可对疲劳进一步分类：

局部疲劳（个别器官疲劳）：作业中使用的部位不同，参与作业的部位由于紧张、活动频率高，在相应的局部首先产生疲劳。这时一般不影响其他部位的功能，如计算机操作人员、打字员、教师等。打字员在长时间工作之后，手指伸屈能力减退，产生疲劳，然而对于视听、感观的影响并不明显。

现代社会的劳动，由于采用了日新月异的技术手段，降低了人体总能量的消耗。然而由于特定的工作类型，身体特定部位的局部疲劳并未减轻，更何况人在作业时动作部位即使是局部的，也会由于连带关系出现全身疲劳。疲劳的部位在很大程度上受所从事的职业及工作特点影响，见表10-4。

表 10-4 疲劳部位与职业的关系

部位	职业、作业及环境
头部	写作、谈话、讲课、听课等用脑程度强的工作；环境充斥 CO，CO_2，换气不佳
眼部	监视作业，计算机作业，显微镜作业，透视、校正、焊接；在低照明条件下作业
颈部	上下观察作业
耳部	听诊作业，铆接等噪声大的作业
肩部	搬运，肩及上肢作业
腕部	手连续动作作业；钳工、打字、手工研磨等手工作业
胸部	小臂连续性作业
腹部	吹气以及胸部支撑性作业
腰部	反复前屈、举重向上的作业
臀部	坐立不适、坐位时间长
背部	前屈及蹲下作业
手指部	打字、包装、写字、敲击、剪纸等长时间用手指的作业
膝部	蹲下过久的作业
大腿部	蹲下及重体力作业
下腿部	站立作业及下肢劳动
手掌部	锤工、石工等用力握紧作业
足部	站立作业，步行作业

全身性疲劳：一般是全身参与较繁重的体力劳动所致，也可能由于局部肌肉疲劳逐渐扩散而使其他肌肉疲劳连带产生的全身性反应。主观疲倦感为疲乏、关节酸痛。客观上产生操作迟钝、动作不协调、思维混乱、视觉不能追踪，错误增加，作业能力下降。

智力疲劳：智力疲劳是指长时间从事紧张的思维活动所引起的头昏脑涨、失眠或贪睡、全身乏力、没精打采、心情烦躁、倦于工作、百无聊赖等表象。一般，人在进行脑力作业时，需要的能量较平时约增 2%～3%，若再伴随紧张而又增加肌肉活动，能量将要增加 10%～20%。

技术疲劳：技术疲劳是需要脑力、体力劳动并重，尤其神经系统相当紧张的劳动而引起的疲劳。如驾驶飞机、驾驶汽车、操纵设备、收发电讯等。其疲劳的倾向性由作业时脑体参与的程度而定，如卡车司机的疲劳以全身乏力为主，而电讯员则以头昏脑涨为主。

心理性疲劳：单调的作业内容很容易引起心理性疲劳。例如监视仪表的工人，表面上坐在那里“悠闲自在”，实际上并不轻松，信号率越低越容易疲劳，使警觉性下降。这时体力上并不疲劳，而是大脑皮层的一个部位经常兴奋引起的抑制。

二、疲劳产生的机理及原因

1. 疲劳产生的机理

疲劳是劳动过程中人体器官或机体发生的自然衰竭状态，是人体能量消耗与恢复相互交替，中枢神经产生“自卫”性抑制的正常生理过程。然而对于疲劳现象的解释在学术界未能达成共识。目前主要有下述几种论点。

(1) 疲劳物质累积理论

在劳动过程中，劳动者体力与脑力的不断消耗，在体内逐渐积累起某种疲劳物质(有人称其为乳酸)，这种物质在肌肉和血液中大量累积，使人的体力衰竭，不能再进行有效的作业。奥博尼(D. J. Oborne)基于生物力学的理论对这一假说又做了进一步的分析，由于乳酸分解后会产生液体，滞留在肌肉组织中未被血液带走，使肌肉肿胀，进而压迫肌肉间血管，使得肌肉供血越发不足。倘若在紧张活动之后，能够及时休息，液体就会被带走。若休息不充分，继续活动又会促使液体增加。若在一段时间内持续使用某一块肌肉，肌肉间液体积累过多而使肌肉肿胀严重，结果是肌肉内纤维物质的形成，这将影响肌肉的正常收缩，甚至造成永久性损伤。

(2) 力源消耗理论

劳动者不论从事脑力劳动还是体力劳动，都需要不断消耗能量。轻微劳动，能量消耗较少，反之亦然。人体的能量供应是有限的，随着劳动过程的进行，体能被不断消耗，于是由于一种可以转化为能量的能源物质“肌糖原”储备耗竭或来不及加以补充，人体就产生了疲劳。

(3) 中枢系统变化理论

劳动过程中，人的中枢神经系统将会产生一种特殊的功能，即保护性抑制，使肌肉组织不致过度消耗而受损，保护神经细胞免于过分疲劳。如人体疲劳时，尽管想看书，却会不能自制地磕目而睡。在这种意义上，疲劳是对机体起保护作用的一种“信号”。

(4) 生化变化理论

在劳动中，由于作业及环境引起体内平衡紊乱状态而产生了疲劳。即肌肉活动和收缩时，减少了体内淀粉的含量，分解为乳酸，并放出热能($121kJ/g_{分子}$)供肌肉活动，当体内淀粉含量不足或供不应求时，就产生明显的疲劳现象。当身体休整后，肝脏重新又源源不断地提供动物淀粉，肌肉本身也有能力将一部分乳酸恢复为淀粉，另一部分送回肝脏重新合成，使得劳动状态继续进行下去。

(5) 局部血流阻断理论

静态作业(如持重、把握工具等)时，肌肉等长收缩来维持一定的体位，虽然能耗不多，但易发生局部疲劳。这是因为肌肉收缩的同时产生肌肉膨胀，且变得十分坚硬，内压很大，将会全部或部分阻滞通过收缩肌肉的血流，于是形成了局部血流阻断。人体经过休整、恢复，血液循环正常，疲劳消除。

事实上，疲劳产生的机理，可能是上述5种理论的综合影响所致。人的中枢神经系统主管人的注意力、思考、判断等功能，不论脑力劳动还是体力劳动，最先、最敏感地反映出来的是中枢神经的疲劳，继之反射运动神经系统也相应出现疲劳，表现为血液循环的阻滞、肌肉能量的耗竭、乳酸的产生、动力定型的破坏。

2. 疲劳产生的原因

劳动过程中，人体承受了肉体或精神上的负荷，受工作负荷的影响产生负担，负担随时间推移的不断积累就将引发疲劳，导致疲劳产生的因素是多方面的，概括起来主要有劳动条件、劳动者的素质和劳动动机水平三点。

(1) 劳动条件导致疲劳

① 劳动组织和劳动制度不合理导致疲劳。

一是因劳动组织和劳动制度的不合理导致劳动时间过长、劳动负荷过大、作业速度过快、工作体位不良，工作岗位不稳定，夜班连续作业等。以上情况由于消耗劳动者体内大量能量容易导致疲劳。能量消耗大的重体力劳动作业、作业种类多变化大且复杂、作业范围广、精密度要求高、注意力要求高集中、操作姿势特殊、一次性持续时间长、有危险的作业、环境恶劣的作业，这些作业导致劳动者的能量消耗快，就很容易疲劳。根据劳动定额学研究，每一种作业都有适合于一般作业人员的合理速度，在合理的作业速度下劳动，人可以维持较长时间而不感到疲劳，如果作业速度过快，劳动者就容易疲劳。作业的时间阶段不同，也影响疲劳的产生和感受疲劳的程度，比如夜班作业比白天作业容易疲劳，这和人体机能在夜间比在白天较低有关。

二是因劳动组织和劳动制度的不合理导致长时间静态作业引起疲劳。静态作业引起疲劳，其原因是劳动时保持相对固定的体位，依据人体局部的肌肉伸长、收缩来进行作业。静态作业虽然能耗水平不高，但由于人体的心血管往往难以维持收缩肌肉中被压血管的稳定血流而使局部肌肉缺氧，细胞代谢产生的乳酸堆积引起疼痛从而导致疲劳，如支持重物、把握工具、压紧加工物件等。

三是因劳动组织和劳动制度不合理导致长时间连续单调的作业引起疲劳。如依附于流水线作业的人员，周而复始地做着单一的工作，这种机器人式的作业，使人容易产生厌烦疲劳，这种疲劳并不是体力上的疲劳，而是大脑皮层的一个部位经常兴奋引起的抑制。现代科学已经证明了连续单调作业导致疲劳的事实存在，如从事连续单调作业的人员其工作效率往往在接近下班时反而上升了，这就是由于作业人员感到快要从单调的工作中解放出来而引起的兴奋所致。

② 机器设备、工具设计不合理，不适应人的生理和心理特点，使人操作繁杂、不准确，作业中有不安全感和不舒适感，增大人体生理消耗和心理压力，从而导致疲劳。

③ 不良的工作环境导致疲劳。不合适的照明条件、湿度、温度、噪声、粉尘等都会增加作业人员的精神与肉体负担，造成疲劳感。如光线的过强或过弱产生视觉疲劳；强烈的振动、噪声，抑制胃功能，减少腺液分泌；高温、高湿导致人体大量出汗，胃液分泌量减少，影响食物消化等，这些都增加了人体的体力消耗进而导致疲劳。

（2）劳动者的素质引起的疲劳

劳动者的素质包括身体素质和劳动者对工作的熟练程度及其对工作的适应性。劳动者身体素质好，心脏承受负荷的能力大，工作中不易产生疲劳，反之则容易产生疲劳；劳动者工作熟练，作业中能充分协调身体的各个部位，巧妙地完成所从事的工作，所作的无用功少，体力消耗少，精神压力小，不容易产生疲劳。反之，劳动者作业不熟练、睡眠不足、年龄过低或过高、疾病、生理的周期不适，则容易产生疲劳。

（3）劳动动机导致疲劳

现代科技已经证明，人的劳动动机强弱与疲劳有着直接的关系，其原因是每个人的总能量是一个相对稳定的常量，每个人每天都在不自觉地根据自己需要层次和动机对能量系统进行合理分配，把它们按需要的层次排列，按动机强弱的比例分别分配到工作、生活、娱乐和学习等各个不同方面。不同的人由于认识态度、需要动机等各方面的差异，他们把总能量分配给各方面的能量比例和能量值是不同的，同一个人在不同时间、地点和不同情景中，由于动机需要和态度等方面变更也会给总能量做出不同分配，一个人分配给工作任务的能量值，直接影响其工作效率和疲劳程度。

在现实生活中我们常会看到这样的场面：一个足球爱好者精疲力竭地下班后，此时恰好有一场足球赛，该足球爱好者又会生龙活虎地奔跑于足球场上。类似的场景还有许多，这些都直接证明了劳动的动机与能量分配直接相关，劳动动机与疲劳有直接的关系。

三、疲劳的检测方法

研究疲劳具有十分重要的意义，但目前有关疲劳的研究非常不够，人们尚无法清楚地解释疲劳的本质，对于疲劳还没有一种方法能够直接客观的测定和评价。只能通过对劳动者的生理、心理等指标的间接测定来判断疲劳程度。测定疲劳的内容及其有关的方法很多(但基本分为三大类，生化法、生理心理测试法、他觉观察及主诉症状调查法)，实际使用时应根据疲劳的种类及作业特点选择测定方法。同时，在选择测定方法时应注意测定结果要有客观的定量指标，避免凭测定人员主观判定。测定时不能导致被试附加疲劳、分散注意力、造成心理负担或不愉快的情绪等。疲劳测定的方法见表 10-5。

表 10-5　　疲劳测定的方法

%

测定内容	测定方法
呼吸机能	呼吸数、呼吸量、呼吸速度、呼吸变化曲线、呼气中 O_2 和 CO_2 的浓度、能量代谢等
循环机能	心率数、心电图、血压等
感觉机能	触二点辨别阈值、平衡机能、视力、听力、皮肤感等
神经机能	反应时间、闪光融合值、皮肤电反射、色名呼唤、脑电图、眼球运动、注意力检查等
运动机能	握力、背力、肌电图、膝腱反射阈值等
生化检测	血液成分、尿量及成分、发汗量、体温等
综合性机能	自觉疲劳症状、身体动摇度、手指震颤度、体重等
其他	单位时间工作量、作业频度与强度、作业周期、作业宽裕、动作轨迹、姿势、错误率、废品率、态度、表情、休息效果、问卷调查等

1. 几种常用的疲劳测定方法

(1)膝腱反射机能测定法

通过测定由疲劳造成的反射机能钝化程度来判断疲劳的方法。不仅适于体力疲劳测定，也适宜判断精神疲劳。让被试者坐在椅子上，用医用小硬橡胶锤，按照规定的冲击力敲出被试者膝部，测定时观察落锤(轴长 15cm，重 150g)落下使膝盖腱反射的最小落下角度(称为膝腱反射阈值)。当人体疲劳时，膝腱反射阈值(即落锤落下角度)增大，一般强度疲劳时，作业前后阈值差为 5°~10°；中度疲劳时为 10°~15°；重度疲劳时可达 15°~30°。

(2)触二点辨别阈值测定法

用两个短距离的针状物同时刺激作业者皮肤上两点，当刺激的两点接近某种距离时，被试者仅感到是一点，似乎只有一根针在刺激。这个敏感距离称作触二点辨别阈或两点阈。随着疲劳程度的增加，感觉机能钝化，皮肤的敏感距离也增大，根据两点阈限的变化可以判别疲劳程度。测定皮肤的敏感距离，常用一种叫作双脚规的触觉计，可以调节双脚间距，并从标识的刻度读出数据。身体的部位不同，两点阈值也不同。一般，测试的部位是右面颊上部，取水平方向。其他部位的两点阈值可参考实验数据，如表 10-6 所示。

表 10-6　身体不同部位的两点阈值　mm

部位	阈值	部位	阈值	部位	阈值
指尖	2.3	面颊	7.0	前臂	38.5
中指	2.5	鼻部	8.0	肩部	41.0
食指	3.0	手掌	11.5	背部	44.0
拇指	3.5	大足趾	12.0	上臂	44.5
无名指	4.0	前额	15.0	大腿	45.5
小指	4.5	脚底	22.5	小腿	47
上唇	5.5	手背	31.6	颈背	54.6
第三指背	6.8	腹部	34		
脊背中央	67.1	胸部	36		

(3) 皮肤划痕消退时间测定法

用类似于粗圆笔尖的尖锐物在皮肤上划痕，即刻显现一道白色痕迹，测量痕迹慢慢消退的时间，疲劳程度越大，消退得越慢。

(4) 皮肤电流反应测定法

测定时把电极任意安在人体皮肤的两处，以微弱电流通过皮肤，用电流计测定作业后皮肤电流的变化情况，可以判断人体的疲劳程度。人体疲劳时皮肤电传导性增高，皮肤电流增加。

(5) 心率值测定法

心率，即心脏每分钟跳动的次数。心率随人体的负担程度而变化，因此，可以根据心率变化来判测疲劳程度；采用遥控心率仪可以使测试与作业过程同步进行。正常的心率是安静时的心率。一般成年人平均每分钟心跳 60~70 次(男)和 70~80 次(女)，生理变动范围在 60~100 次/min 之间。吸气时心率加快，呼气时减慢，站立比静坐时快，坐时比卧时快。在作业过程中，一定的劳动量给予作业者机体的负荷和由于精神紧张产生的负担都会增加心率。甚至有时体力负荷与精神负荷是同时发生的，因此心率可以作为疲劳研究的量化尺度，反映劳动负荷的大小及人体疲劳程度。可以用下述三种指标判断疲劳程度：作业时的平均心率、作业刚结束时的心率、从作业结束时起到心率恢复为安静时止的恢复时间。

德国的勃朗克通过研究所提出，作业时，心率变化值最好在 30 次以内，增加率在 22%~27%以下。

(6) 色名呼出时间测定法

通过检查作业者识别颜色并能正确呼出色名的能力，来判断作业者疲劳程度。测试者准备几种颜色板，在其上随机排列 100 个红、黄、蓝、白、黑五种颜色，令被试按顺序辨认并快速呼出色名，记录呼出全部色名所需要时间和错误率，以时间长短和错误率的多少来判断疲劳程度。

在这项测试中，辨别、反应时间的长短受神经系统支配，当疲劳时精神和神经感觉处于抑制状态，感观对于刺激不太敏感，于是反应时间长、错误次数多。

(7) 勾消符号数目测定法

将五种符号共 200 个，随机排列，在规定的时间内只勾掉其中一种符号，要求正确无误。这是一个辨识、选择、判断的过程，敏锐快捷程度受制于体力、脑力状态。因此，从勾掉符号数目的多少可以判别疲劳程度。

(8) 反应时间测定法

反应时间，是指从呈现刺激到感知，直至做出反应动作的时间间隔。其长短受许多因素影响。如刺激信号的性质，被试的机体状态等。因此，反应时间的变化，可反映被试中枢系统机能的钝化和机体疲劳程度。当作业者疲劳时，大脑细胞的活动处于抑制状态，对刺激不十分敏感，反应时间就长。利用反应时测定装置可测定简单反应时和选择反应时。

(9)闪光融合值测定法

闪光融合值是用以表示人的大脑意识水平的间接测定指标。人对低频的闪光有闪烁感，当闪光频率增加到一定程度时，人就不再感到闪烁，这种现象称为融合。开始产生融合时的频率称为融合值。反之，光源从融合状态降低闪光频率，使人感到光源开始闪烁，这种现象称为闪光。开始产生闪光时的频率称为闪光值。融合值与闪光值的平均值称为闪光融合值，亦称为临界闪光融合值(critical flicker fusion)，简称 cff。量纲为 Hz，一般在 30~55Hz 之间。人的视觉系统的灵敏度，与人的大脑兴奋水平有关，疲劳后，兴奋水平降低，中枢系统机能钝化，视觉灵敏度降低。虽然 cff 值因人因时而异，不可能作出一个统一的判断准则，但人在疲劳或困倦时，cff 值下降，在紧张或不疲倦时则上升。一般采用闪光融合值的如下两项指标来表征疲劳程度。

$$日间变化率=\frac{休息日后第一天作业后值}{休息日后第一天作业前值}\times100\%-100\%$$

$$周间变化率=\frac{周末作业前值}{休息日后第一天作业前值}\times100\%-100\%$$

在正常作业条件下，cff 值应符合表 10-7 所列标准。

在较重的体力作业中，闪光融合值一天内最好降低 10%左右。若降低率超过了 20%，就会发生显著疲劳。在较轻的体力作业或脑力作业中，一天内最好只降低 5%左右。无论何种作业，周间降低率最好是 3%左右。

表 10-7 闪光融合值评价标准

%

作业种类	日间变化率		周间变化率	
	理想值	允许值	理想值	允许值
体力劳动	-10	-20	-3	-13
脑体结合	-7	-13	-3	-13
脑力劳动	-5	-10	-3	-13

2. *疲劳症状调查法*

目前对作业疲劳还不能直接准确地测定，除利用生理、心理等测定法间接判断疲劳外，还可以通过对作业者本人的主观感受(自觉症状)的调查统计，来判断作业疲劳程度。调查时应注意，调查的症状应真实、有代表性、尽可能调查全作业组人员、应当及时以避免因记不清楚而不能正确表述。日本产业卫生学会提出的疲劳自觉症状的具体调查内容如表 10-8 所示。疲劳症状分为身体、精神和神经感觉三项，每一项又分为 10 种。调查表可预先发给作业者，对作业前、作业中和作业后分别记述，最后计算分析 A、B、C 各项有自觉症状者所占的比例。

$$各项自觉症状出现率(\%)=\frac{\text{ABC 各项分别主述总数}}{10\times\text{被调查人数}}\times 100\%$$

在调查疲劳自觉症状的基础上，还应根据行业和作业的特点，结合其他指标的测定，综合对疲劳状况和疲劳程度进行分析判断。

表 10-8 疲劳自觉症状调查表

姓名：	年龄：	记录： 年 月 日	
作业内容：			
种类	身体症状(A)	精神症状(B)	神经感觉症状(C)
1	头重	头脑不清	眼睛疲倦
2	头痛	思想不集中	眼睛发干
3	全身不适	不爱说话	动作不灵活、失误
4	打哈欠	焦躁	站立不稳
5	腿软	精神涣散	味觉变化
6	身体某处不适	对事物冷淡	眩晕
7	出冷汗	常忘事	眼皮或肌肉发抖
8	口干	易出错	耳鸣、听力下降
9	呼吸困难	对事不放心	手脚打战
10	肩痛	困倦	动作不准确

四、疲劳的规律与安全

1. 疲劳的一般规律

① 疲劳可以通过休息恢复。青年人比老年人休息恢复得快，因为青年人机体供血、供氧机能强，在作业过程中较老年人产生的疲劳要轻。体力疲劳比精神疲劳恢复得快。心理上造成的疲劳常与心理状态同步存在和消失。

② 疲劳有累积效应。未消除的疲劳能延续到次日，当重度疲劳后，次日仍有疲劳症状，这是疲劳积累效应的表现。

③ 疲劳程度与生理周期有关。在生理周期中机能下降时发生疲劳较重，而在机能上升时发生疲劳较轻。

④ 人对疲劳有一定的适应能力。机体疲劳后，仍能保持原有的工作能力，连续进行作业，这是体力上和精神上对疲劳的适应性。工作中有意识地留有余地，可以减轻作业疲劳。

2. 疲劳与休息恢复的关系

① 疲劳的产生与消除是人体正常生理过程。作业产生疲劳和休息恢复体力，这两者多次交替重复，使人体的机能和适应能力日趋完善，作业能力及水平不断提高。

② 人在作业过程中体力消耗也在进行着恢复。人在作业时消耗的体力，不仅在休息时能得到恢复，在作业的同时也能逐步恢复。但这种恢复不彻底，补偿不了体力的整个消耗，对精神上的消耗同步恢复很困难。因此，在脑体劳动后，必须保证适当的、合理的休息。

③ 疲劳与恢复相互作用是适应生理、心理过程的动力平衡。作业消耗体力越多，疲劳越快，刺激恢复的作用就越强。实质上疲劳是人体中枢神经产生的保护性抑制，这种抑制作用刺激着机体恢复过程。

3. 疲劳的积累

人体疲劳是随工作过程的推进逐渐产生和发展的。按照疲劳的积累状况，工作过程一般分为四个阶段。

① 工作开始阶段。人体的工作能力没有完全被激发出来，处于克服人体惰性的状态。这时不会产生疲劳。

② 工作高效阶段。经过短暂的第一阶段后，人体逐渐适应工作条件，人体活动效率达到最佳状态并能持续较长时间。只要工作强度不太高，这一阶段不会产生明显疲劳。

③ 疲劳产生阶段。持续较长时间工作，伴随疲劳感增强，导致个体工作效率下降，出现了工作兴奋性降低等特征。进入这一阶段的时间依据劳动强度和环境条件而有很大差别。劳动强度大、环境差时，人体保持最佳工作时间就短。反之，维持在上一阶段的时间就会延长。

④ 疲劳积累阶段。疲劳产生后，应采取相应的措施减轻疲劳。否则由于疲劳的过度积累，会导致人体暂时丧失工作能力，工作被迫停止，严重时容易引起作业者的身心损伤。

疲劳的积累过程可用"容器"模型来说明，在作业过程中，作业者的疲劳受许多因素的影响。如工作强度、环境条件、工作节奏、身体素质及营养、睡眠等。"容器"模型把作业者的疲劳看成是容器内的液体，液面越高，表示疲劳越大。疲劳源不断地加大疲劳程度，犹如向容器内不断地倾倒液体一样。液面升高到一定程度，必须打开排放开关，降低液面。容器排放开关的功能如同人体在疲劳后的休息。容器大小类似于人体的活动极限，溢出液体意味着疲劳程度超出人体极限。只有不断地适时休息，即"排出液体"，人体疲劳的积累才不至于对身体构成危害。

4. 疲劳与安全生产的关系

人在疲劳时，其身体、生理机能会发生如下变化，作业中容易发生事故。

① 在主观方面，人会出现身体不适，头晕、头痛，控制意志能力降低，注意力涣散，信心不足，工作能力下降等，从而较易发生事故。

② 在身体与心理方面，疲劳导致感觉机能，运动代谢机能发生明显变化，脸色苍白，多虚汗，作业动作失调，语言含糊不清，无效动作增加等，从而较易发生事故。

③ 工作方面，疲劳导致继续工作能力下降，工作效率降低，工作质量下降，工作速度减慢，动作不准确，反应迟钝，从而引起事故。

④ 疲劳引起的困倦，导致作业时人为失误增加。根据事故致因理论，造成事故的原因是由于人的不安全行为和物的不安全状态两大因素时空交叉的结果。物的不安全状态具有一定的稳定性，而人的因素具有很大的随意性和偶然性，有资料统计，约70%以上的事故的主要原因是由于人的不安全行造成的。

⑤ 疲劳导致一种省能心态，在省能心态的支配下，人做事嫌麻烦，图省事，总想以较少的能量消耗取得较大的成效，在生产操作中有不到位的现象，从而容易导致事故的发生。

由此可见，消除疲劳，减少失误消除人的不安全行为，可有效避免事故的发生。

五、预防和降低疲劳的途径

1. 合理设计作业的用力方法

(1) 合理用力的一般原则

用力方法应当遵循解剖学、生理学和力学原理及动作经济原则，提高作业的准确性、及时性和经济性。

① 随意性原则。静态直立姿势作业，血液分布不均匀，四肢或躯干任何部分的重心从平衡位置移开，都将增加肌肉负荷。使肌肉收缩，血流受阻，产生局部肌肉疲劳，而局部肌肉疲劳，无疑会向全身蔓延。随意姿势，虽然也使任意部分身体重心移开平衡位置，但由于这种“随意”表现为姿势的不断变化，因此，随着活动肌肉(收缩)与不活动肌肉(舒张)的交替，可使通向肌肉的血流加速，以利于静脉血液回流从而解除疲劳。

② 平衡性原则。在作业中，采取平衡姿势，可以将力投入到完成某种动作的有用功上去，这样可以延缓疲劳的到来或者在某种程度上减少疲劳。比如托举重物，若弯腰拾起，身体随重物被提起方向做反向移动，将有部分能量内耗掉。若先下蹲，举起重物时，随重物上移，人体重心始终在同一纵轴上移动，能够与地面的支持力取得平衡。总之，运用人体自身的重量来平衡负荷是很省力的。

③ 经济性原则。用力中重视动作的自然、对称而有节奏。包括：

- 动作对称。可使身体用力后能够保持平衡与稳定。如双手操作时，同时并做，会合理地使用双手，减轻疲劳程度，提高作业效率。国外有专家指出，若左手稍加训练，效率可达到右手的80%。
- 节奏约束。会避免由于动作减速而浪费能量。
- 动作自然。这是实现平衡性和节奏性的保证。一般动作具有交替性或者对称性。左右两手一手伸、一手屈称作交替运动。双手同时伸或同时屈叫对称运动。交替运动使大脑两半球相互诱导，比单手运动出现疲劳晚。对称运动能使两手处于平衡，减轻体力与精神上的紧张感。不论交替运动还是对称运动都是动作自然的表现。

降低动作等级原则。作业时的动作应符合动作经济原则。要尽可能避免全身性动作，可用手指的作业，最好不用手臂去做，手臂可以完成的作业，就不要动用整个身体。在作业中尽量用较低的动作级别去完成，达到经济省力的目的。动作级别分类见表10-9。

表10-9　人体动作级别分类

级别	枢轴点	人体运动部位
1	指节	手指
2	手腕	手及手指
3	肘关节	前臂、手及手指
4	肩关节	上臂、前臂、手及手指
5	身躯	躯干、上臂、前臂、手及手指

(2) 正确的作业姿势和体位

任何一种作业都应选择适宜的姿势和体位，用以维持身体的平衡与稳定，避免把体力浪费在身体内耗和不合理的动作上。

搬起重物时，不弯腰比弯腰少消耗能量，可以利用蹲位。假若弯腰搬起6kg的重物，同样体力消耗的蹲位可以搬起10kg的重物。

提起重物时，手心向肩可以获得最大的力量。

搬运重物时，肩挑是最佳负荷方式，而单手夹持要比最佳方式多消耗能量40%。

向下用力的作业，立位优于坐位，立位可以利用头与躯干的重量及伸直的上肢协调动作获得较大的力量。

推运重物时，两腿间角度大于90°最为省力。

负荷方式不同，能量消耗也不同。若以肩挑作为比较的基点，能耗指数为1，其他负荷方式的能耗如表10-10所示。

表10-10 不同负荷方式下的能耗

负荷方式	肩挑	一肩扛	双手抱	二手分提	头顶	一手提
能量消耗	1.00	1.07	1.10	1.14	1.32	1.44

作业空间的设计要考虑作业者身躯的大小。如作业空间狭窄，往往妨碍身体自由、正常地活动，束缚身体平衡姿势与活动维度，使人容易产生疲劳。

用眼观察时，平视比仰视和俯视效果好，可以减缓疲劳。一般纵向最佳视野在水平视线向下30°的范围内，横向最佳视野在60°视角范围内。

根据作业特点选择坐位和立位。坐位不易疲劳，但活动范围小；立位容易疲劳，但活动范围大。一般作业中经常变动体位，用力较大、机台旁容膝空间较小、单调感强等适宜立位；而作业时间较长，要求精确、细致、手脚并用等适宜坐位。

2. 合理安排作业休息制度

疲劳对安全的威胁是显而易见的，许多事故都是在疲劳状态下发生的。由于人不可能长时间连续作业，经过一定时间就会有疲劳，疲劳意味着劳动者的生理、心理机能下降，作业效率就会下降，对安全生产产生种种不利影响，这时如不及时休息，就容易发生事故。因此为安全考虑，企业的管理部门要根据作业的性质安排适当的工作时间与休息时间，要给予作业人员一定的宽裕时间，工作时间内的工作量不宜太大。

大量研究表明，事故发生率较高的时候通常是在工作即将结束的前2个小时，一般事故高峰期是上午的11点和下午的4点，而这个时候正是工人疲劳积累到相当程度的时刻，休息是消除疲劳最主要途径之一。无论轻劳动还是重劳动，无论脑力劳动还是体力劳动，都应规定休息时间。休息的额度、休息方式、休息时间长短、工作轮班及休息日制度等应根据具体作业性质而定。如果劳动强度大，工作环境差，需要休息的时间长，休息的次数多；若体力劳动强度不大，而神经或运动器官持续紧张的作业，应实行多次短时间休息；一般轻体力劳动只需在上、下午各安排一次工间休息即可。

（1）休息时间。

要按作业能力的动态变化适时安排工间休息时间；不能在作业能力已经下降时才安排休息。休息开始时间，最好在进入疲劳期之前。因为当劳动时间按等差级数递增时，恢复体力的时间按等比级数增加。延长劳动时间不利于消除疲劳。要科学界定休息时间。

"超前"的休息，事实上是对疲劳产生的"预先控制"，防疲劳于未然。因此规定在上班后1.5~2h之间休息是合理的。短暂的休息时间，不仅不会影响作业者作业潜力的发挥，还会消除即将开始积累起来的轻度疲劳，使作业者产生适应性，将接下来的作业能力水平提到一个新高度。

在高温或强热辐射环境下的重体力劳动，需要多次的长时间休息，每次大约20~30min，劳动强度不大而精神紧张的作业，应多次休息而每次时间可短暂。精神集中的作业持续时间因人而异，一般，可以集中精神约2h左右，之后人的身体产生疲劳，精神便涣散，必须休息10~15min。

(2) 休息方式

工间休息方式应该是多种多样的，对于连续、紧张生产的工人，工间休息多以自我调节式的，但不宜播放音乐；对于重体力劳动的作业人员以静止休息为主，但也要配合做些适当的上下肢活动、背部活动，有利于消除疲劳；对于注意力集中和感觉器官紧张的工作应采取上下肢活动及背部活动的休息方式来消除疲劳，在不影响作业的情况下，播放轻松愉快的音乐和歌曲也是值得提倡的。

① 积极休息。亦称交替休息。生理学认为，积极休息比消极休息使工作效率恢复快60%~70%。如脑力劳动疲劳后，可以做些轻便的体力活动或劳动，可使过度紧张的神经得到调节。久坐后，站立起慢走，可解除坐位疲劳。室内工作久了，去室外活动，将会心旷神怡。又如长时间低头弯腰，颈部前屈，流入脑部的血液减少，便产生疲劳。伸腰活动改变血液循环的现状，可得到更多的养料和氧气，废物及时排除，腰部肌肉也能得到锻炼。上述种种交替作业或活动，其原理都是共同的，可使机体功能得以恢复，解除疲劳。

积极休息可以运用在企业现场的作业设计中，如作业单元不宜过细划分。要使各动作之间、各操作之间、各作业之间留有适当的间歇。可使双手或双脚交替活动。在劳动组织中进行作业更换。譬如脑体更换及脑力劳动难易程度的更换，使作业扩大化，工作内容丰富化，以免作业者对简单、紧张、周而复始的作业产生单调感。适时的工间休息、做工间体操也会缓解疲劳。工间操应按各种不同作业的特点来编排。另外，还要适当配合作业进行短暂休息，亦称间暂歇，如动作与动作、操作与操作、作业与作业间的暂时停顿，要注意工作中的节律。

② 消极休息。也叫安静休息。重体力劳动一般采取这种休息方式。如静坐、静卧或适宜的文娱活动，令人轻松愉悦。可以根据具体情况划分为，以恢复体力为主要目的者，可进行音乐调节；弯腰作业者，可做伸展活动；局部肌肉疲劳者，多做放松性活动；视、听力紧张的作业及脑力劳动，要加强全身性活动，转移大脑皮层的优势兴奋中心。

另外业余休息和业余活动应引起重视，因为这与安全生产密切相关。解决好职工的业余休息，企业首先应为倒班工人提供一个良好的休息睡眠条件，有条件的企业可以在厂区建立流动性的单身宿舍。业余活动应开展健康有益、丰富多彩的文化娱乐和体育活动，以消除疲劳、增进身心健康。

3. 改善工作内容克服单调感

单调作业是指内容单一、节奏较快、高度重复的作业。单调作业所产生的枯燥、乏味和不愉快的心理状态，称为单调感。

(1) 单调作业及其特点

单调作业种类很多，例如：各种流水线上的工作，如从事流水生产线上的检查作业和装配作业等；使用机器和工具进行简单、重复操作，如冲压、锻造等作业；自动化工厂控制室的检查、监视和控制作业等。

单调作业特点是，作业简单、变化少、刺激少，引不起兴趣；受制约多，缺乏自主性，容易丧失工作热情；对作业者技能、学识等要求不高，易造成作业者消极极情绪；只完成工作的一小部分，对整个工作的目的、意义体验不到；作业只有少量单项动作，周期短，频率高，易引起身体局部出现疲劳和心理厌烦。

(2) 单调作业引起疲劳的原因

单调作业虽然不需要消耗很大的体力，但千篇一律重复出现的刺激，使人的兴奋始终集中于局部区域，而其周围很快会产生抑制状态，并在大脑皮质中扩散，经过一段时间，就会出现疲劳现象。此外，随着技术不断进步，劳动分工越来越细，使作业在很小的范围内反复进行，这种高度单调的作业，压抑了作业者的工作兴趣，引起极度厌烦和消极情绪，产生心理疲劳。其主要表现为感觉体力不支、注意力不集中、思维迟缓、懒散、寂寞和欲睡等。

（3）单调感的特点

单调感直接影响工作效能。作业时产生的单调感，影响作业者的情绪和精神状态，提前产生疲劳感，造成工作效率降低，错误率增加，工作质量下降。单调感与生理疲劳不同。疲劳产生于繁重劳动和紧张工作后，有渐进性、阶段性，表现作业能力降低。而单调感在轻松的作业中也会发生，起伏波动，无渐进性、阶段性，作业能力时高时低、不稳定。

（4）避免单调的措施

① 培养多面手。变换工种；从事基本作业的工人兼辅助作业或维修作业；工人兼做基层管理工作。

② 工作延伸。按工作进程延续扩展工作内容，如参与研究、开发、制造等，激发工作热情和创造力。

③ 操作再设计。在操作设计上根据人的生理和心理特点进行重组，如合并动作、合并工序，使工作多样化、丰富化。

④ 显示作业的终极目标。设立作业的阶段目标，使作业者意识到单项操作是最终产品的基本组成。中间目标的到达，会给人以鼓舞，增强信心。

⑤ 动态信息报告。在工作地放置标识板，每隔相同时向工人报告作业信息，让工人知道自己的工作成果。

⑥ 推行消遣工作法。作业者在保证任务完成的前提下，可以自由支配时间，如弹性工作制等；这样会使时间浪费减少，充分利用节约的时间去休息、学习、研究，提高工作生活质量。

⑦ 改善工作环境。可利用照明、颜色、音乐等条件，调节工作环境，尽可能适宜于人。

4. *改进生产组织与劳动制度*

首先对岗位劳动强度进行测定，根据岗位劳动强度指标确定工作量，从而合理安排岗位人员数量。生产组织与劳动制度是产生疲劳的重要影响因素之一。包括经济作业速度、休息日制度、轮班制等。

（1）经济作业速度

经济作业速度是指进行某项作业能耗最小的作业速度。按这一速度操作，会经济合理又不易产生疲劳，持续作业时间长。

在作业中过快操作，会造成作业者的强负荷；过慢还会引起情绪焦躁、烦恼，使动作间断，注意力不集中。恰如其分的作业速度不易确定。可由速度相同的人组成作业班组；也可据不同作业者的速度潜力，设计操作组合。值得注意的是，最快、最短时间的动作方式可能是有利的，但将加速疲劳的到来，因此短暂的间歇时间是经济作业速度中的必要因素，可运用时间研究的方法，确定适当的宽放率。一般，在传送带上实行自主速率会优于规定速率，对人的心理有积极的影响作用。事实上经济作业速度因人的身体素质、人种以及熟练程度等因素而异。

（2）休息日制度

休息日制度直接影响劳动者的休息质量与疲劳的消除。在历史上，休息日制度经历了一定的变革。第一次世界大战以后，许多国家都实行每周工作 56h。第二次世界大战初期，英国将 56h/周延长至 69. 5h/周。由于人民的爱国热情，生产在初始阶段上升 10%，但不久又从原水平降低了 12%，随之缺勤、发病、事故也频频增加。第二次世界大战后，许多国家实行 40h/周的工时制度。目前，发达国家的休息日制度的发展趋势是多样化和灵活化，有些国家的周工作时间缩短到 40h 以下。我国现实行了每周五天工作制。面对富余出来的休息时间，中国人原有的工作生活轨迹悄然发生了变化，这必将有利于提高人们的工作生活质量。

（3）轮班制

轮班制分为单班制、两班制、三班制或四班制等。应当根据行业的特点、劳动性质及劳动者身心需要安排轮班方式。如纺织企业的“四班三运转”，煤炭企业的“四六轮班”，冶金、矿山企业的“四八交叉作业”。国外还实行“弹性工作制”“变动工作班制”“非全日工作制”“紧缩工作班制”等轮班制度。

对于日夜轮班制度的研究，必须同时考虑工作效率和劳动者的身心健康。轮班制改变了睡眠时间就很容易引起疲劳，一是白天睡眠极易受周围环境的干扰，造成不能熟睡和睡眠时间不足；二是改变睡眠习惯一时很难适应；三是轮班工作使操作工与家人共同生活少，容易产生心理上的抑制感；四是轮班制度导致时间节律的紊乱也会明显地影响人的情绪和精神状态，但在冶金、化工等连续生产的工业部门，其工艺流程不可能间断进行。研究表明，夜班工作效率比白班约降低 8%，夜班作业者的生理机能水平只有白班的 70%，表现为体温、血压、脉搏降低，反应机能亦降低，从而工作效率下降。统计资料表明，凌晨 3~4 点时工作错误率最高，凌晨 2~4 点时，电话交换台值班员的答话速度比在白班时慢 1 倍，这是因为人的生理内部环境不易逆转，夜班破坏了劳动者的生物节律。夜班作业者疲劳自觉症状多，人体的负担程度大，连续 3~4 天夜班作业，就可以发现有疲劳累积的现象，甚至连上几周夜班，也难以完全习惯。另一原因是夜班作业者在白天得不到充分的休息。这种疲劳，长此以往将会给作业者的身心健康带来不利影响。

为了使生物节律与休息时间相一致，可以通过环境的明暗、喧闹与安静的交替来实现。环境的变化如强制性的颠倒，人的生理机制会通过新的适应，改变原节律，但这种适应却要很长一段时间。体温节律的改变要 5 天；脑电波节律的改变要 5 天；呼吸功能节律的改变要 11 天；钾的排泄节律的改变要 25 天。因此，工作轮班制的确定必须考虑合理性、可行性，尽量减少对生物节律的干扰。对于现代化连续性的生产企业，应该最大限度地减轻夜间生产的作业量，以减轻人体的生理和心理消耗。无可奈何时，也要改善夜班作业的场所及其劳动、生活条件。

现在我国许多企业在劳动强度大、劳动条件差的生产岗位，都实行“四班三运转制”，效果不错，工人作业时精神和体力都处于良好状态，缺勤者少，工效高。这是因为每班只连续 2 天，8 天中分为 2 天早班、2 天中班、2 天夜班，又有 2 天休息。变化是延续而渐进的，减轻了机体不适应性疲劳。

5. 开展技术教育和培训，选拔高素质的熟练工人

疲劳与技术熟练程度密切相关，技术熟练的员工作业中无用动作少，技巧能力强，完成同样工作所消耗的能量比不熟练工人少许多，因此开展技术教育和培训，提高员工作业的熟练程度，这对于减少疲劳、保证安全起着重要作用。

在具体的教育和培训方式上，最好的办法是采用有工程技术人员、老工人、技师、安全

管理人员参加的专家小组，对作业内容进行解剖分析，制订出标准作业动作，员工按照制订出的标准作业动作进行操作。

6. 改善劳动环境，提高员工身体素质

在高温、高湿、高粉尘和噪声大的场所作业，比在劳动环境好的场所作业要疲劳得多，另外，身体素质好与不好的员工在同样的作业强度下对疲劳的感觉也不一样。因此，改善劳动环境，提高员工的身体素质对减轻作业疲劳是非常有益的。

7. 采取激励措施，提高劳动动机。

劳动者的精神面貌和工作动机对心理疲劳影响极为明显。劳动热情高，工作兴趣大，主观疲劳的感受就越小。劳动情绪低下、劳动兴趣不大、人际关系不和、家事不称心、担负责任重大、对疲劳的暗示、个人性格的不适应等，则容易感受主观疲劳。疲劳的动机理论认为，每个人所储存的机体能量并不像打开水龙头就会流出水来那么简单，而只有当人达到一定的动机水平时，那些分配给用于完成特定活动的能量才能得到释放，而当这一部分准备支付的能量消耗殆尽时，就会感到疲劳，尽管此时他还有剩余精力，没有把他的精力全用完。一个人的工作动机的水平制约和影响着他完成该项工作准备支付和实际支付的能量的多少。动机水平越高，准备支付的能量越多，越不易感到疲劳。换一个角度说，对于两个总能量相同的个体，如果各自的动机水平不同，尽管在劳动中实际感到的疲劳程度是一样的，但实际消耗的体能却是极为不同的。因此，强化工作动机，提高工作兴趣，可以减少疲劳感。

第五节　不良习惯与安全行为

一、不良习惯概述

不良习惯主要有两类，药瘾和行为瘾。

行为瘾是一些妨碍社会正常角色和社会职能的行为，已显现出对自身不利的后果，仍不可克制地高投入行为。行为瘾指的是某些强迫性重复行为，包括上网行为、赌博行为、过食行为、购物行为和某些性变态行为等。

药瘾是毒品和其他社会性物质如烟、酒、咖啡等物质引起的嗜好和成瘾。反复地(周期性地或连续地)用药所引起的人体对药品心理上或生理上，或兼而有之的一种依赖状态，表现出一种强迫性的或非强迫性的，要连续或定期地用药行为和其他反应。药瘾既有心理上的也有生理上的，因此依赖性又有心理依赖与生理依赖之分。二者可以独立存在，又可同时出现。一般说，当生理依赖出现戒断症状时，同时也会伴随出强烈的心理渴求用药的欲望。

毒品是一类能引起人们产生心理依赖、生理依赖或戒断症状的化学物质。人们为追求这类需求量迅速增加的物质，丧失其应有的社会角色和社会职能，甚至丧失人格与人性，因而将之称为毒品。目前在我国危害最大的毒品是鸦片类制剂海洛因和化学合成的生物胺，如摇头丸等。

此外，可卡因、致幻剂和大麻等毒品也很常见。海洛因、吗啡等鸦片制剂主要通过分布在中脑导水管周围灰质的阿片受体发挥其药效，其他一些毒品主要通过边缘-中脑多巴胺神经系统而发挥毒品药效。这些毒品能刺激相应脑结构神经元的突触后膜，产生异常多的受体及增高其活性，这种效应很快造成这些神经元树突形态的改变。

由于树突上受体蛋白大分子迅速增多，导致树突上棘突密度增大。这种结构上的改变是毒品成瘾难以戒断和易复吸的脑细胞结构性因素。此外，还存在着分子生物学变化机制。毒品引起树突形态改变，以其细胞质和细胞核内的分子生物学变化为基础，这个过程与所描述的长时记忆的分子生物学机制完全相同。简言之，毒品作为配体与受体结合，通过G—蛋白受体家族，诱发的细胞内信号传导系统，再通过蛋白激酶催化亚基进入细胞核，使那里的基因调节蛋白激活，引起基因表达，合成更多的受体蛋白。

值得指出几点：①各种毒品成瘾的基本生物学机制是相同的，不同之处仅在于药物进入脑内最初的靶神经细胞在脑内的部位不同。海洛因等鸦片类物质首先击中中脑导水管周围灰质内，那些树突上分布着阿片受体的神经元。可卡因和摇头丸等生物胺类毒品最初的靶神经元，是脑干内单胺类神经元，特别是多巴胺神经元。②当多次吸毒成瘾后，不论哪种毒品引起的分子生物学和细胞学变化(树突上棘突增多)都不停留在最初的靶部位，而是扩展到前脑基底部的脑结构伏隔核中，从而导致全脑强化系统的异常增强。③毒品引起的这些变化和学习记忆过程以及长时程增强的机制基本相同，不同之处在于脑回路分布的差异。

药物成瘾回路主要在中脑腹侧被盖——前脑伏隔核通路，而一般学习记忆在海马、杏仁核和相应大脑皮层之间形成的回路中实现。

近年随着对药瘾脑机制的认知，为理解行为瘾提供了科学基础。毒品成瘾的中脑腹侧被盖，前脑伏隔核回路与第二节所描述的自我刺激行为的脑强化系统完全吻合，说明一些重复行为一旦使多巴胺强化系统兴奋性增高，就会巩固这种行为模式所对应的神经回路，导致感觉神经元和运动神经元之间联系的强化。据推测，这一强化系统所发生的分子神经生物学和细胞学变化与药瘾相似，还与长时程增强和长时记忆形成的机制相似。

无论是药瘾还是行为瘾，除与环境条件还与遗传因素有关，据西方流行病学调查的结果表明，近半数毒品成瘾的人都有家族史。然而，至今尚未找到与毒品成瘾有关的基因组。

在禁毒工作中，能找到预测成瘾的易感性素质或生理心理学参数，是一项极有意义的工作。

二、酗酒与安全行为

饮酒危害的大小取决于喝酒的方式(进餐时饮酒、节假日饮酒、周末狂欢、进餐之外喝酒)及饮酒量。根据饮酒的危害将饮酒分为两类：会导致社会、家庭、法律、工作及健康问题的饮酒称为“高危饮酒”，与之相反，不会导致这些问题的饮酒称为“低危饮酒”。产生酒瘾的原因主要是病理心理因素和社会文化因素。对酒瘾可采用厌恶疗法，也可采用行为自我调节法。

1. 酗酒的危害

酗酒会带来一系列的社会和医学问题，对家庭和社会产生很大的危害。酗酒首先影响安全，即使饮用少量的酒精也会损害协调、判断力，从而导致家庭内或工作场所的事故及意外伤害的发生。

对家庭可导致家庭收入减少，夫妻感情不和，导致离婚。同时酒精也是自杀的主要原因，过量的饮酒对人的心理和生理会产生严重的损伤。

(1) 生理危害

酗酒首先会带来生理危害，导致口腔癌、食管癌、喉癌、肝硬化及肝癌，从而导致死亡。酗酒也可引起抑郁症、精神错乱、糖尿病、性无能等。酗酒对脆弱人群如饥饿者、年轻人、孕妇危害更大。具体危害有：

① 酒精会进入血液，随血液在全身流动，人的组织器官和各个系统都要受到酒精的毒害。短时间大量饮酒，可导致酒精中毒，中毒后首先影响大脑皮质，使神经有一个短暂的兴奋期，胡言乱语；继之大脑皮质处于麻醉状态，言行失常，昏昏沉沉不省人事。若进一步发展，生命中枢麻痹，则心跳呼吸停止以致死亡。

② 损害食管和胃黏膜，酒精对食管和胃的黏膜损害很大，会引起黏膜充血、肿胀和糜烂，导致食管炎、胃炎、溃疡病。酒精主要在肝内代谢，对肝脏的损害特别大，肝癌的发病与长期酗酒有直接关系。研究表明，平均每天饮白酒16g，有75%的人在15年内会出现严重的肝脏损害，还会诱发急性胆囊炎和急性胰腺炎。

③ 诱发脑卒中酒精影响脂肪代谢，升高血胆固醇和甘油三酯。大量饮酒会使心率增快，血压急剧上升，极易诱发脑卒中。长期饮酒还会使心脏发生脂肪变性，严重影响心脏的正常功能。

④ 酒精中毒性精神病，当血液中的酒精浓度达到0.1%时，会使人感情冲动；达到0.2%~0.3%时，会使人行为失常；长期酗酒，会导致酒精中毒性精神病。

⑤ 营养失调，长期酗酒还会造成身体中营养失调和引起多种维生素缺乏症。因为酒精中不含营养素，经常饮酒者会食欲下降，进食减少，势必造成多种营养素的缺乏，特别是维生素B1、维生素B2、维生素B12的缺乏，还影响叶酸的吸收。

⑥ 女性酗酒的危害性更大，会危害胎儿。研究发现，在对酒精产生依赖以后，女性的大脑萎缩进程要比男性快。酒精对精子和卵子也有毒副作用，不管父亲还是母亲酗酒，都会造成下一代发育畸形、智力低下等不良后果。孕妇饮酒，酒精能通过胎盘进入胎儿体内直接毒害胎儿，影响其正常生长发育。而丈夫经常酗酒的家庭中平均人工流产次数比其他家庭高很多。

（2）心理与社会危害

酗酒对社会也具有极大危害，因为酗酒是一种病态或异常行为，可构成严重的社会问题。酗酒者通常把酗酒行为作为一种因内心冲突、心理矛盾造成的强烈心理势能发泄出来的重要方式和途径。酗酒者常通过酗酒以期来消除烦恼，减轻空虚、胆怯、内疚、失败等心理感受。如果全社会对酗酒现象熟视无睹，不采取有效措施加以规劝，醉鬼们就可能危害社会治安，让我们遭遇到偷盗、杀人、家庭暴力行动后的离异等。这并非耸人听闻，我国每年因酗酒肇事立案的高达400万起；全国每年有10万人死于车祸，而三分之一以上的交通事故的发生与酗酒及酒后驾车有关。

2. 酒驾的法律规定及危害

酒驾一般分为饮酒驾驶和醉酒驾驶。饮酒驾驶：20mg/100mL ≤ 酒精含量<80mg/100mL；醉酒驾驶：酒精含量≥80mg/100mL。

（1）有关酒驾的法律规定

①《中华人民共和国道路交通安全法》第九十一条规定：

第九十一条 饮酒后驾驶机动车的，处暂扣6个月机动车驾驶证，并处1000元以上2000元以下罚款。因饮酒后驾驶机动车被处罚，再次饮酒后驾驶机动车的，处10日以下拘留，并处1000元以上2000元以下罚款，吊销机动车驾驶证。

醉酒驾驶机动车的，由公安机关交通管理部门约束至酒醒，吊销机动车驾驶证，依法追究刑事责任；5年内不得重新取得机动车驾驶证。

饮酒后驾驶营运机动车的，处15日拘留，并处5000元罚款，吊销机动车驾驶证，5年内不得重新取得机动车驾驶证。

醉酒驾驶营运机动车的，由公安机关交通管理部门约束至酒醒，吊销机动车驾驶证，依法追究刑事责任；10年内不得重新取得机动车驾驶证，重新取得机动车驾驶证后，不得驾驶营运机动车。

饮酒后或者醉酒驾驶机动车发生重大交通事故，终生不得重新取得机动车驾驶证。

②《中华人民共和国刑法修正案(八)》(2011年2月25日第十一届全国人民代表大会常务委员会第十九次会议通过)规定：

刑法第一百三十三条之一："在道路上驾驶机动车追逐竞驶，情节恶劣的，或者在道路上醉酒驾驶机动车的，处拘役，并处罚金。"

"有前款行为，同时构成其他犯罪的，依照处罚较重的规定定罪处罚。"

《中华人民共和国刑法》第四十二条对拘役期限的规定：拘役的期限，为一个月以上六个月以下。

③ 最高人民法院 最高人民检察院 公安部《关于办理醉酒驾驶机动车刑事案件适用法律若干问题的意见》：

为保障法律的正确、统一实施，依法惩处醉酒驾驶机动车犯罪，维护公共安全和人民群众生命财产安全，根据刑法、刑事诉讼法的有关规定，结合侦查、起诉、审判实践，制定本意见。

一、在道路上驾驶机动车，血液酒精含量达到80毫克/100毫升以上的，属于醉酒驾驶机动车，依照刑法第一百三十三条之一第一款的规定，以危险驾驶罪定罪处罚。

前款规定的"道路""机动车"，适用道路交通安全法的有关规定。

二、醉酒驾驶机动车，具有下列情形之一的，依照刑法第一百三十三条之一第一款的规定，从重处罚：

(一) 造成交通事故且负事故全部或者主要责任，或者造成交通事故后逃逸，尚未构成其他犯罪的；

(二) 血液酒精含量达到200毫克/100毫升以上的；

(三) 在高速公路、城市快速路上驾驶的；

(四) 驾驶载有乘客的营运机动车的；

(五) 有严重超员、超载或者超速驾驶，无驾驶资格驾驶机动车，使用伪造或者变造的机动车牌证等严重违反道路交通安全法的行为的；

(六) 逃避公安机关依法检查，或者拒绝、阻碍公安机关依法检查尚未构成其他犯罪的；

(七) 曾因酒后驾驶机动车受过行政处罚或者刑事追究的；

(八) 其他可以从重处罚的情形。

三、醉酒驾驶机动车，以暴力、威胁方法阻碍公安机关依法检查，又构成妨害公务罪等其他犯罪的，依照数罪并罚的规定处罚。

四、对醉酒驾驶机动车的被告人判处罚金，应当根据被告人的醉酒程度、是否造成实际损害、认罪悔罪态度等情况，确定与主刑相适应的罚金数额。

五、公安机关在查处醉酒驾驶机动车的犯罪嫌疑人时，对查获经过、呼气酒精含量检验和抽取血样过程应当制作记录；有条件的，应当拍照、录音或者录像；有证人的，应当收集证人证言。

六、血液酒精含量检验鉴定意见是认定犯罪嫌疑人是否醉酒的依据。犯罪嫌疑人经呼气酒精含量检验达到本意见第一条规定的醉酒标准，在抽取血样之前脱逃的，可以以呼气酒精含量检验结果作为认定其醉酒的依据。

犯罪嫌疑人在公安机关依法检查时，为逃避法律追究，在呼气酒精含量检验或者抽取血样前又饮酒，经检验其血液酒精含量达到本意见第一条规定的醉酒标准的，应当认定为醉酒。

七、办理醉酒驾驶机动车刑事案件，应当严格执行刑事诉讼法的有关规定，切实保障犯罪嫌疑人、被告人的诉讼权利，在法定诉讼期限内及时侦查、起诉、审判。

对醉酒驾驶机动车的犯罪嫌疑人、被告人，根据案件情况，可以拘留或者取保候审。对符合取保候审条件，但犯罪嫌疑人、被告人不能提出保证人，也不交纳保证金的，可以监视居住。对违反取保候审、监视居住规定的犯罪嫌疑人、被告人，情节严重的，可以予以逮捕。

（2）酒驾的危害

酒后驾车是指饮酒后8h之内，或者醉酒后24h之内驾驶车辆。统计表明，驾驶员酒后驾车，发生事故的可能性是平时的15倍，30%的道路交通事故是由酒后开车、醉酒驾车引起的。驾驶员死亡档案中有59%与酒后驾车有关。触目惊醒的数字告诉我们，酒后驾车严重的危害着交通安全，害人害己害社会。民警提醒广大司机朋友们，饮酒适度，不要贪杯。酒驾之后事故多发的原因：

① 饮酒后驾车，因酒精麻痹作用，行动笨拙，反应迟钝，操作能力降低，往往不能很好地操纵车辆。

② 饮酒后注意力分散，判断能力降低。酒后的人对光、声的反应的时间延长，从而无法正确判断安全间距与行车速度，不能准确接收和处理路面上的交通信息。

③ 饮酒后会使人的视野减小，视像不稳，色觉功能下降，导致不能发现和领会交通信号、交通标志标线，对处于视野边缘的危险隐患难以发现。

④ 喝酒的人，大都觉得少喝点，或者自我感觉“良好”就没事，其实不然。喝酒后，在酒精刺激下，感情易冲动，胆量增大，过高估计自己，具有冒险倾向，对周围人的劝告不予理睬，往往做出力不从心的事情。

⑤ 酒后易犯困、疲劳和打盹，甚至进入睡眠状态。

3. 如何治疗酒精依赖

首先要克服来自病人的“否认”，取得病人的合作。其次，要积极治疗原发病和并发症，如人格障碍、焦虑障碍、抑郁障碍、分裂症样症状等。还要注意加强病人营养，补充机体所需的蛋白质、维生素、矿物质、脂肪酸等物质。

（1）急性期治疗(戒断症状的处理)

① 一般治疗。长期大量饮酒患者往往躯体方面的损害，所以注意纠正水、电解质和酸碱平衡紊乱。酒依赖患者一般需要补充大剂量维生素，特别是B族维生素。

② 单纯戒断症状。由于酒精与安定类药物的药理作用相似，在临床上常用此类药物来缓解酒精的戒断症状。首次要足量，不要缓慢加药，这样不仅可抑制戒断症状，而且还能预防可能发生的震颤谵妄、戒断性癫痫发作。以地西泮为例，剂量一般为10mg/次，3次/日，首次剂量可更大些，口服即可，2~3日后逐渐减量，不必加用抗精神病药物。由于酒依赖者有依赖素质，所以应特别注意用药时间不宜太长，以免发生对苯氮二卓类的依赖。如果在戒断后期有焦虑、睡眠障碍，可试用三环类抗抑郁药物。

③ 震颤谵妄。在断酒后48h后出现，72~96h达到极期，其他脑、代谢、内分泌问题也可出现谵妄，应予鉴别。

一般注意事项：发生谵妄者，多有兴奋不安，需要有安静的环境，光线不宜太强。如有明显的意识障碍、行为紊乱、恐怖性幻觉、错觉，需要有人看护，以免发生意外。如有大汗淋漓、震颤，可能有体温调节问题，应注意保温。同时，由于机体处于应激状态、免疫功能受损，易致感染，应注意预防各种感染、特别是肺部感染。

镇静：安定类药物应为首选，地西泮一次10mg，2~3次/日，如果口服困难应选择注射途径。根据病人的兴奋、自主神经症状调整剂量，必要时可静脉滴注，一般持续一周，直到谵妄消失为止。

控制精神症状：可选用氟哌啶醇，5mg/次，1~3次/日，肌肉注射，根据病人的反应增减剂量。

其他：包括纠正水、电解质和酸碱平衡紊乱、补充大剂量维生素等。

④ 酒精性幻觉症、妄想症。大部分的戒断性幻觉、妄想症状持续时间不长，用抗精神病药物治疗有效，可选用氟哌啶醇或奋乃静口服或注射，也可以使用新型抗精神病药物，如利培酮、奎硫平等，剂量不宜太大，在幻觉、妄想控制后可考虑逐渐减药，不需像治疗精神分裂症那样长期维持用药。

⑤ 酒精性癫痫。不常见，可选用丙戊酸类或苯巴比妥类药物，原有癫痫史的病人，在戒断初期就应使用大剂量的安定类药物或预防性使用抗癫痫药物。

(2) 康复期治疗(防止或降低重新饮酒的治疗)

酒增敏药：戒酒硫(TETD)，能抑制肝细胞乙醛脱氢酶，TETD本身是一种无毒物质。但预先给予TETD，能使酒精代谢停留在乙醛阶段，出现显著的体征或症状，饮酒后约5~10min之后即出现面部发热，不久出现潮红，血管扩张，头、颈部感到强烈的搏动，出现搏动性头痛；呼吸困难、恶心、呕吐、出汗、口渴、低血压、直立性晕厥、极度的不适、软弱无力等，严重者可出现精神错乱和休克。在每天早上服用，最好在医疗监护下使用，一次用量250mg，可持续应用一月至数月。少数人在应用TETD治疗中即使饮少量的酒亦可出现严重不良反应，甚至有死亡的危险，因此，患有心血管疾病和年老体弱者应禁用或慎用。在应用期间，除必要的监护措施外，应特别警告病人不要在服药期间饮酒。

降低对酒渴求的药物：研究发现阿片受体阻滞剂纳屈酮能减少实验动物饮酒量，能减少酒依赖患者饮酒量和复发率，特别是当与心理治疗联合起来使用时。纳屈酮每天剂量为25~50mg。另外，GABA受体激动剂乙酰高牛磺酸钙(阿坎酸钙，acamprosate)也有一定的抗渴求作用，能减少戒酒后复发。

(3) 其他治疗

许多酒依赖患者同时也患有其他精神障碍，常见的有抑郁症、焦虑症、强迫症等，这些精神障碍可能是导致酒依赖的原因，也可能是酒依赖的结果。改善精神症状将有助于酒依赖的治疗。

三、烟瘾与安全行为

吸烟有危害，不仅仅危害人体健康，还会对社会产生不良的影响。烟叶里含有毒质烟碱，也叫尼古丁，1g的烟碱能毒死300只兔或500只老鼠，如果给人注射50mg烟碱，就会致死。

吸烟对呼吸道危害最大，很容易引起喉头炎、气管炎，肺气肿等咳嗽病。吸烟的时候烟从口入，经过喉咙、气管、支气管、进入血液里。吸烟会让男性丢失Y染色体，增加患癌风险。2017年10月27日，世界卫生组织国际癌症研究机构公布的致癌物清单初步整理参考，吸烟在一类致癌物清单中。

1. 吸烟者的行为特征

① 吸烟的数量不断增加。由一天几支到一包、两包、两包以上有甚者坐在那里抽烟，可以不熄火，一支接一支不间断地抽。

②一旦不吸烟就会产生消极反应。如打瞌睡、打呵欠、流眼泪、心情郁闷、坐立不安等。

③ 外向而冲动。具有好交往、合群、喜冒险、行事轻率、冲动、易发脾气、情绪控制力差等个性特征。

④ 嗜好多。调查显示，有71%的人同时还伴有其他嗜好，如饮浓茶、喝酒、喝咖啡、赌博等。

2. 烟瘾的诊断标准及产生原因

（1）烟瘾的诊断标准

对烟瘾的诊断标准是：一是持续吸用烟草至少1个月；二是至少有下列中的一项，郑重地企图停用和显著减少使用烟草量，但未能成功；停止吸烟而导致停吸反应；不顾严重的躯体疾病，自知使用烟草会使其加剧，但仍继续吸烟。

对烟草依赖的程度的评定尚无统一的模式，1978年Fegerstrom提出的烟草依赖度评定表如下。此表对依赖较高者有效，若评分大于6分则提示为高依赖度。

A 起床后几分钟内吸烟？（若30分钟内为1分）

B 在教会或图书馆等这样的禁烟场所，不吸烟是否非常困难？（答案“是”为1分）

C 一天中哪一支烟最满足？（若为早晨的第一支烟为1分）

D 一天中抽几支烟？（16~25为1分，26支以上为2分）

E 与其他时间相比，是否上午吸烟较多？（答案“是”为1分）

F 即使生病，几乎一整天都要卧床休息时，也要吸烟吗？（答案“是”为1分）

G 抽什么样的烟？（根据尼古丁含量低、中、高，分别记1、2、3分）

H 深吸的频度如何？（有时为1分，经常为2分）

（2）烟瘾的产生原因

主要是外界环境的影响：

好奇心理：对大多数吸烟的青少年来说，开始只是出于好奇，常听人说：“饭后一支烟，赛过活神仙”，便想亲自去体验其中的滋味。就算是曾经再讨厌吸烟的人，出于好奇吸入第一口后也会被彻底洗脑。

模仿心理：香烟具有多种象征作用，历史上许多伟人都喜欢吸烟，例如丘吉尔的雪茄、斯大林的大烟斗，这些伟人形象吸引许多青少年去模仿。此外，随着成人或同伴的影响，以及吸烟者那种潇洒自如、悠然自得的神态对青少年具有很大的诱惑力，吸引年轻人去模仿。

交际需要：吸烟已成为一种交际手段。敬烟往往是社交的序曲，能缩短人与人之间的心理距离。互相敬烟能沟通感情，产生心理上的接近，有利于问题的解决。许多人开始纯粹是因为社交上的应酬，办事前，首先要给对方敬上一支，随后再为自己点上一支；别人给你敬烟，不接受又显得不礼貌。随着这种“礼尚往来”的增多，慢慢地由抽一支烟半天不舒服到半天不抽烟就不舒服，终于加入吸烟者的行列。

消愁的习惯：有不少人在工作、学习、生活中受到挫折以后，便借抽烟来缓解自己的紧张情绪，消除烦恼。

认为用于提神：吸烟上瘾之后，人们发现烟具有一定的兴奋作用，而生理上的烟瘾使得抽烟成为一种习惯和享受，许多吸烟成瘾的人不吸烟就无精神，而一抽烟，就精神焕发，思路大开。

显示自己的成熟：在许多青少年眼里，抽烟是一种所谓“男子汉”的标志，是成熟的标志。为了证明自己不再是小孩，而选择了吸烟这种方式。还有很多人认为，女人吸烟源于追求男女平等和妇女解放。但面对烟草，男女终究无法“平等”，大多数研究表明，女性吸烟的危害尤甚于男性，所以女性要少抽烟。

3. 吸烟的危害

(1) 香烟点燃后的有害物质

吸烟危害健康已是众所周知的事实。不同的香烟点燃时所释放的化学物质有所不同，但主要数焦油和一氧化碳等化学物质，香烟点燃后产生对人体有害的物质大致分为6大类：

① 醛类、氮化物、烯烃类，对呼吸道有刺激作用。

② 尼古丁类，可刺激交感神经，让吸烟者形成依赖。

③ 胺类、氰化物和重金属，均属毒性物质。

④ 苯丙芘、砷、镉、甲基肼、氨基酚、其他放射性物质，均有致癌作用。

⑤ 酚类化合物和甲醛等，具有加速癌变的作用。

⑥ 一氧化碳，减低红细胞将氧输送到全身的能力。

还有一点，吸烟是有辐射的。香烟中本身已含有大量的致癌物质或有毒物质，已知的至少有250种，但现在最值得担心的是钋210，这是一种具有放射性的物质，如果每天抽1包半的香烟，一年下来，受到的辐射量相当于做了300次X光胸透片。

(2) 吸烟的主要危害

致癌作用：流行病学调查表明，吸烟是肺癌的重要致病因素之一。此外，吸烟与唇癌、舌癌、口腔癌、食道癌、胃癌、结肠癌、胰腺癌、肾癌和子宫颈癌的发生都有一定关系。临床研究和动物实验表明，烟雾中的致癌物质还能通过胎盘影响胎儿，致使其子代的癌症发病率显著增高。

对心、脑血管的影响：许多研究认为，吸烟是许多心、脑血管疾病的主要危险因素，吸烟者的冠心病、高血压病、脑血管病及周围血管病的发病率均明显升高。统计资料表明，冠心病和高血压病患者中75%有吸烟史。据报告，吸烟者发生中风的危险是不吸烟者的2~3.5倍；如果吸烟和高血压同时存在，中风的危险性就会升高近20倍。此外，吸烟者易患闭塞性动脉硬化症和闭塞性血栓性动脉炎，吸烟可引起慢性阻塞性肺病(简称COPD)，最终导致肺源性心脏病。

对呼吸道的影响：吸烟是慢性支气管炎、肺气肿和慢性气道阻塞的主要诱因之一。实验研究发现，长期吸烟可使支气管黏膜的纤毛受损、变短，影响纤毛的清除功能。此外，黏膜下腺体增生、肥大，黏液分泌增多，成分也有改变，容易阻塞细支气管，吸烟者常患有慢性咽炎和声带炎。

对消化道的影响：吸烟可引起胃酸分泌增加，一般比不吸烟者增加91.5%，并能抑制胰腺分泌碳酸氢钠，致使十二指肠酸负荷增加，诱发溃疡。此外，吸烟可降低食管下括约肌的张力，易造成返流性食管炎。

吸烟有害大脑健康：由英国伦敦国王学院进行的一项研究称，吸烟和高血压都会导致大脑腐烂速度加快。吸烟者需要改变他们的生活方式，以降低认知能力下降的风险。研究人员发现，吸烟也会加速大脑老化。

对生殖健康的危害： 吸烟对妇女的危害更甚于男性，吸烟妇女可引起月经紊乱、受孕困难、宫外孕、雌激素低下、骨质疏松及更年期提前。孕妇吸烟易引起自发性流产、胎儿发育迟缓和新生儿低体重。其他如早产、死产、胎盘早期剥离、前置胎盘等均可能与吸烟有关。妊娠期吸烟可增加胎儿出生前后的死亡率和先天性心脏病的发生率。吸烟妇女死于乳腺癌的比率比不吸烟妇女高25%。已经证明，尼古丁有降低性激素分泌和杀伤精子的作用，使精子数量减少，形态异常和活力下降，以致受孕机会减少。吸烟还可造成睾丸功能损伤、男子性功能减退和性功能障碍，导致男性不育症。吸烟越多，男性在性生活中出现性无力的危险也就越大。即使是那些一天吸烟量在20支以下的男性，其发生性无力的危险也较不吸烟的男性高24%。研究人员还指出，吸烟对男性性健康的影响不仅仅限于岁数大的男性，同时也殃及较为年轻的吸烟者。

其他危害： 吸烟可引起烟草性弱视，老年人吸烟可引起黄斑变性，这可能是由于动脉硬化和血小板聚集率增加，促使局部缺氧所致。美国一项研究发现，在强烈噪声中吸烟，会造成永久性听力衰退，甚至耳聋。多项研究表明，每天吸烟与牛皮癣发病危险的增加有极大关联性。

研究发现，女烟民每吸烟10年，骨矿物质密度就会降低2.3%~3.3%，骨质密度下降会导致骨折和骨质疏松大增。在绝经妇女中，这种危险更大。

美国约翰霍普金斯大学一项研究发现，一夜睡醒后，吸烟者依然困倦的几率是非吸烟者的4倍。研究人员分析指出，其原因是吸烟者夜间睡眠过程中，身体无法获得尼古丁，虽然看似呼呼大睡，实际上其睡眠会多次被打扰，睡眠质量下降。

另外，有些人吸烟会引起头晕、恶心、面色发黄等症状，严重者甚至站立不稳等。

4. 吸烟与火灾安全

吸烟不仅是威胁公民身体健康的一大公害，而且也是引起火灾事故的最大原因之一。为什么吸烟容易引起火灾？主要原因是点燃后的香烟具有较高的温度。据测试，点燃后的香烟温度在700℃左右，一支香烟持续燃烧的时间约为15min左右，时间较长。常见的可燃物的自燃点都很低，如纸张、棉、麻及其织物等，其燃点大都在200~300℃，而香烟点燃后的温度比起这些固体可燃物的燃点温度高出2~3倍。因此，未熄火的烟头足以引起固体可燃物和易燃液体、气体着火。那么，为什么吸烟容易引起火灾？主要原因是点燃后的香烟具有较高的温度，因此未熄灭的烟头足以引起固体可燃物和易燃液、气体着火。翻开全国重特大火灾统计资料，里而记载着许多因酒后吸烟、卧床吸烟、乱扔烟头、违章吸烟等不安全行为酿成的火灾和伤亡事故，一般情况下，烟头引起的火灾事故要经过一段时间的无火焰阴燃过程，当温度达到物质的燃点时，即可燃烧，最后蔓延成灾。在大风天或高氧环境中，其燃烧速度相当快，而且这种情况多数发生在无人注意或发现的地方，往往发现较晚，一旦发现已经蔓延成灾。

【案例：大兴安岭森林火灾】

1987年5月6日上午10时开始，因吸烟违章作业引燃了大兴安岭的森林大火，这是新中国成立以来损失最严重的森林火灾。经动员，投入5.88多万军民，采用人工降雨、化学和爆炸灭火等多种方法，仍持续燃烧25天才被彻底扑灭。据初步统计，过火面积101×10^4ha，其中有林面积70%，燃毁房屋$61.4\times10^4m^2$，其中居民住房$40\times10^4m^2$。燃毁储木场4处半，林场9处，存材$85.5\times10^4m^3$。燃毁各种设备2488台，粮食650×10^4kg，桥涵67座，铁路专用线9.2km，通信线路433km，输入变电线路284.2km。死亡193人，受伤226人。给国家和人民生命财产造成了巨大损失，有些损失是不能用金钱来计算的，恢复大兴安岭的生态环境，至少要花几十年的时间。

【案例：空中事故】

1982 年 12 月 24 日，中国民航兰州管理局一架伊尔 18–200 号班机，在广州白云机场降落前发现机舱后部冒烟，飞机紧急降落后起火，机上中外旅客和机组人员大部分撤离，一部分旅客和机组人员伤亡，后经有关方面做了各种技术检查，并对旅客和机组人员作多方面调查，最后查明火源就是旅客吸剩的一截烟头，在飞行途中，一位旅客吸烟后将烟灰盒碰落，当他拾烟灰盒时，没有发现一截没有熄灭的烟头由舱壁和地板交界处的缝隙滚落到地板下面，引起地板下面一些可燃物的阴燃，由于飞机是密封增压空调客舱，烟头引起阴燃物是在空调排气道的位置，因此，阴燃物产生的烟和气味均随空调排气一同被排出机外，使机内无人察觉，直到飞机减压降落时，才发现冒烟。由于经过长时间的阴燃增温(40min 以上)，已形成良好的燃烧条件。当机门打开，空气流通大量供氧时，阴燃爆发转为明火，在舱内迅速蔓延，两分钟即造成严重伤亡事故。

【案例：触目惊心的歌舞厅大火】

1994 年 11 月 27 日，辽宁省阜新市某歌舞厅发生特大火灾。死亡 233 人，16 人受伤，是中华人民共和国历史上伤亡最惨重的火灾之一。经调查，火灾直接原因是舞厅的工人用卷着的报纸燃火点烟，随手将未熄灭的报纸扔进所坐的沙发的破损洞内，引燃沙发导致舞厅起火。

【案例：宾馆被焚】

哈尔滨某饭店于 1985 年 10 月 19 日发生火灾，烧死 10 人，其中朝鲜公民 5 人，饭店职员 4 人，美国公民 1 人。经过 2 个多月的侦察，这次火灾是由于美国人安得里克在床上吸烟引起的。烧死的美国人就是他的贸易伙伴。

以下介绍几个易引发火灾的吸烟行为：

躺在床上或沙发上吸烟引发火灾：有些人喜欢躺在床上或沙发上吸烟，特别是在喝醉酒或过度疲劳情况下，烟未吸完，人已入睡，或者昏昏沉沉，燃着的烟头或烟灰掉在易燃物上，引起火灾。

工作时吸烟，烟灰引发火灾：有些人工作时吸烟，特别是在拿取货物、搬运东西、查找资料、翻阅报刊等情况下，叼着香烟，随意弹烟灰或将燃着的烟随意放在堆着纸张的桌上、窗台上、货架上等，也容易引燃周围可燃物。

禁烟区违规吸烟，引发重大火灾：生产、储存、使用、运输易燃易爆物品的场所是严禁吸烟的场所，工人违反规定在这些区域中吸烟，极易引发重特大火灾。

不管场合，随手乱丢烟头引发火灾：随手乱丢烟头，是吸烟引起火灾的最普遍的原因。把烟头扔在可燃物里、废纸篓中、柴草垛旁，有的扔出掉落在衣物或吹落在装运可燃物的车辆上等。烟头慢慢阴燃，一起起火灾就在“随随便便”中发生了。

据了解，90%的吸烟火灾都是人为造成的，而起火场所又大多集中在宾馆饭店、办公室、仓库、车间、卧室等场所。不当的吸烟行为是一种火灾隐患。因此，在日常消防监督检查中应对其加以重视，同时，我们还应加大宣传，让吸烟人士提高消防安全意识，改掉不良吸烟习惯，自觉遵守基地制定的限制吸烟的相关规定，从根本上遏制此类火灾事故的发生。

为了防止吸烟引发火灾，员工应做到以下几条：

严禁在禁火区及工作时间吸烟，以防止引起火灾爆炸事故；

一是禁止在有易燃品区域内吸烟；

二是不要躺在床上、沙发上吸烟；

三是吸烟时，如临时有其他事情，应将烟头熄灭后人再离开；

四是划过的火柴梗、吸剩的烟头一定要弄灭，不可将烟蒂、火柴梗等火种随意扔在废纸篓内或可燃杂物上，更不要随意乱弹烟灰；

五是认真遵守宾馆的吸烟制度，不在禁烟区吸烟；

六是最好彻底戒烟，不仅确保安全，且有利于健康长寿。

5. 如何戒烟

烟草依赖行为的矫正较多采用的是厌恶疗法，以能引起患者厌恶的刺激与吸烟的行为相匹配，如在取烟或点火时，给予手部电击，或反复快速吸烟，使其产生头昏、呕吐等不适，或进行厌恶想象等。实际使用时采用的是认知行为治疗程序。

由于吸烟对个体的身心健康及环境影响极大，应引起人们重视，戒烟的疗法很多，下面介绍几种主要的戒烟的方法。

认知疗法：帮助患者充分认识吸烟对自己及他人危害，树立戒烟的决心和信心，不要认为自己抽烟时间较长而戒不掉，一定要想道：我一定会戒掉。在日常生活中，也有许多烟瘾大的人，多次戒烟都未成功，后来得了不宜抽烟的疾病，下决心后还是戒了。

厌恶疗法：对嗜烟者的抽烟行为选用一些负性刺激法使之对其产生厌恶感。例如采用快速抽烟法，首先让患者以每秒一口的速度将烟吸入肺部，由于这种速度远远超出正常的吸烟速度，使尼古丁在短时间内被大量吸入，患者会产生强烈的生理反应，如头晕、恶心、心跳过速等。再要求患者好好体验这种不良感觉，然后让他呼吸一会儿新鲜空气，两者形成鲜明对比。随后又让患者快速抽烟，直到不想再抽、看到香烟就不舒服为止。这种疗法只要连续进行 2~3 次，一般都会戒掉。但此法不能用于患心脏病、高血压、糖尿病、支气管炎、肺气肿等人。

系统戒烟：要求戒烟者一下子将烟完全戒掉，是比较困难的，特别对烟瘾大的人说更不现实。因此，应采取逐步戒烟的方法。抽烟成瘾者往往是在下意识状态下抽烟的，所以在戒烟前，要制定一个戒烟计划，计算好每天吸烟的支数，每支烟吸多长时间，将下意识抽烟习惯转变为有意识的抽烟。在戒烟过程中，要逐步减少每天吸烟的支数，逐步延长吸烟的间隔时间，如两天减少一支烟，一天减少一支烟，半天减少一支烟，这样不断递减；一小时抽一支烟、两小时抽一支烟、半天抽一支烟，间隔时间不断递增，最后达到戒烟目的。

控制环境：许多人吸烟往往同一定的生活、环境、情绪状态联系在一起，因此应设法避免这些因素的影响。例如，在写作或思考问题时喜欢抽烟的人，那么可有意识地在身边少放烟，或放点瓜子、糖果之类的东西来替代。美国时任总统里根就是用口香糖成功戒烟的。对于外来的抽烟刺激，应尽量避免。当别人敬烟时，对初次见面者可说不会抽，对熟人朋友说喉咙不舒服或直言已戒。只要态度诚恳坚决，别人一般不会强行敬烟。

家庭治疗：妻子和孩子可做戒烟者的监督人，帮助吸烟者彻底戒掉。如妻子可把丈夫原来每天吸烟的钱积攒下来，买件有意义的物品送给他作为奖励。如违约给予一定惩罚。

四、药物依赖与安全行为

1. 药物依赖的定义

药物依赖也称药瘾、药物滥用等。内定义为强烈渴求并反复应用药物，以取得快感，或避免不快感为特点的一种精神和躯体的病理状态。

药物依赖是一组认知、行为和生理症状群，使用者尽管明白使用成瘾物质会带来问题，但还在继续使用。药物滥用和依赖是社会、心理和生物因素相互作用的结果，药物的存在和药理特性是滥用、依赖的必要条件，但是否成为“瘾君子”，还与个体人格特征、生物易感性有关，而社会文化因素在药物滥用、依赖中起到了诱因作用。

药物依赖对药物有强烈的渴求，病人为了谋求服药后的精神效应以及避免断药而产生的痛苦，强制性地长期慢性或周期性地服用。耐药性(tolerance)是指重复使用某种药物，其应用逐渐减低，如欲得到与用药初期的同等效应，必须加大剂量。交叉耐药性，是指某种药物形成的耐药性，在开始用其他药物时出现耐药性而言。吗啡及其他镇静剂、酒精和许多镇痛安眠药之间，可看到这种现象。药物依赖性有精神依赖(psychological dependence)和躯体依赖(physical de-pendence)之分。精神依赖是指病人对药物的渴求，以期获得服瘾药后的特殊快感。精神依赖的产生与药物种类和个性特点有关。容易引起精神依赖的药物有：吗啡、海洛因、可待因及巴比妥类药物、酒精、苯丙胺、大麻、盐酸萘甲唑啉滴鼻液、盐酸曲马朵、麻果等。WHO 把常见的成瘾药物分为八大类：吗啡类、巴比妥类、酒精类、可卡因类、大麻型、苯丙胺型、Khai 型、致幻剂型。

2. 药物依赖的特征

可能产生依赖性的药物很多，主要包括镇静催眠药、镇痛药、麻醉药、兴奋药及拟精神病性药物等。各种药物依赖具有以下共同特征。

精神依赖性：病人不顾药物的作用和后果，在精神上依赖于药物，要求持续用药。

躯体依赖性：病人在断药时产生躯体症状(即戒断症状)，其表现恰与药物的药理作用相反；为此而强制性地要求用药。

药物的耐受性：药物在应用过程中的效应逐渐下降，若要取得满意而足够的药理效应，必须增加剂量。药量越用越大，可高达常用量的数倍或数十倍。

对个人及社会的不良影响：长期用药可导致营养不良、代谢障碍、慢性中毒和机体抵抗力的削弱以及人格改变，如失去进取心、缺乏责任感、道德败坏，甚至出现违法乱纪行为。

3. 药物依赖的产生原因

造成药物依赖的原因，主要有社会因素、个体因素和医源性因素。

染上药瘾的患者，常有个性或素质上的缺陷，病态人格、孤独人格及依赖性人格易产生药物依赖，一旦成瘾，便不能自拔。

医生滥开处方，长期连续服药，药品管理欠妥，也易促成药物依赖的发生。肿瘤患者反复使用吗啡止痛，为镇静、催眠长期使用巴比妥、安宁及安定等可引起医源性成瘾。

药物依赖的产生与药物本身药理特点有关。多数产生依赖性的药物具有中枢神经的药理作用，有产生情绪欣快的效应，解除紧张焦虑的作用，也有能改变人们的意识、感知和思维，产生某些奇突的或飘飘欲仙的体验。为了追求以上这些目的而经常用药，便形成药物依赖。由于这些药物多数具有神经递质的阻断或兴奋作用，大量或长期服用后，可产生化学性去神经或超敏感作用，如继续使用原剂量的药物，便不足以产生相等作用；停用药物，则由于递质的阻断或兴奋作用的突然消除，而产生戒断症状。

4. 药物依赖的临床表现

目前我国所见的药物依赖以镇静催眠药较多，也偶见镇痛药物依赖。

镇静催眠药依赖：我国早期使用的这类药物包括巴比妥类和非巴比妥类催眠药，其中以安眠酮、导眠能、安宁、速可眠等最易产生依赖性，现已基本上被淘汰，很少处方。目前广泛应用的各种苯二氮卓类药物，仍有潜在的药物依赖危险，应引起临床医师的警惕。交叉耐受性较常见，有不少患者可同时存在多种药物依赖。镇静催眠药依赖的戒断症状大致相似。精神症状包括焦虑、不宁、抑郁、失眠、注意涣散、乏力倦怠等，重者可产生幻觉妄想或谵安状态。躯体方面可出现食欲不振、胃部不适、恶心呕吐、腹痛腹泻、肌肉疼痛、发热、震颤、癫痫发作。这类症状在停药后1~3天内发生，7~14天后逐渐消退。少数特别严重者可发生心律失常、心血管性虚脱及类似脑病的神经系统症状和体征。

镇痛药物依赖：本类药物包括吗啡、鸦片、海洛因、杜冷丁、可待因、美沙酮(methadone)、镇痛新(pentocine)等。本组药物的精神及躯体依赖性和耐受性均极易产生，常用剂量连续使用两周即可成瘾，其中以海洛因的依赖作用最强，美沙酮的依赖作用最弱。戒断症状在停药4~16h出现，第二、三天达高峰，可持续一周左右，少数可迁延数月。主要表现为失眠或嗜睡、食欲不振、焦虑、抑郁、打呵欠、流泪流涕、出汗、战栗、恶心、呕吐、腹痛腹泻、肌肉抽动和皮肤感觉异常。严重者可产生意识障碍、兴奋躁动、癫痫发作、循环或心力衰竭等。常用镇痛药APC依赖亦有报告。

5. 药物依赖的诊断和治疗

通过询问药物服用情况以及对患者进行血液或尿液药物检测，药物依赖的诊断不难做出。不同的药物依赖的治疗有所不同，基本相同的是药物依赖的治疗都可以分为两步，首先是脱毒治疗，这一步主要治疗药物的戒断症状。第二步是康复和预防复发治疗，其目的是彻底戒除药物依赖。戒断可采取剂量递减法。镇静催眠药依赖也可用既不易成瘾、又具催眠镇静作用的氯丙嗪作替代药物；镇痛药依赖在国外应用美沙酮替代疗法，此法虽为病人易于接受，但美沙酮本身可致依赖性。为了预防药物依赖的形成，医生处方时应注意药物成瘾的可能性。在临床上更不应该把镇静药物当作安慰剂使用。胰岛素低血糖治疗，可有助于减少或减轻戒断症状。药物戒断后，仍应对患者进行教育，肯定成绩，树立信心，坚持停药，防止再染。

第六节　职业压力下的心理问题与安全行为

在我们工作的地方，如商店、办公室和工厂等都可能存在危险，而且许多公司总是在试图隐瞒事故，因此使得工作中的安全问题显得更加扑朔迷离。

在工作过程中，员工接触的职业性有害因素主要有六个方面：

一是生产性毒物。主要来源是原料、中间产品、产品和副产品等。可通过呼吸道、皮肤、消化道进入人体。

二是生产性粉尘。粉尘的来源非常广泛，分为无机粉尘、有机粉尘、混合粉尘。其危害主要是呼吸系统。常见的粉尘由矽尘、煤尘、石棉尘。

三是物理性有害因素。主要有高温作业、低温作业、异常气压、噪声、振动、非电离辐射、电离辐射等。

四是生物性有害因素。主要有致病微生物、寄生虫、一些动物和植物。致病微生物主要有炭疽杆菌、布氏杆菌、森林脑炎病毒、真菌等；寄生虫主要有钩虫、蜱类、螨类等；动植物主要有松毛虫、桑毛虫及某些蛾类幼虫、一些花粉及对皮肤有害的植物等。

五是心理因素。主要有单调作业、夜班作业、物理因素作业、生产性毒物作业、粉尘作业、脑力作业等。

六是不同行业的生产性有害因素。比如：矿山、冶金、机械制造、建筑业、化学工业、纺织工业、农业劳动、高新技术产业等。

本节主要是介绍职业压力下的心理问题与安全行为。

一、职业枯竭

1961 年，美国作家格林出版了一本名为《一个枯竭的案例》(A Burnout Case)的小说，书中描写了一名优秀的建筑师，功成名就后逃往非洲原始丛林的故事。原来，这位建筑师在事业上取得巨大成功的同时，却在精神上经历了巨大的痛苦和折磨，最终他感到自己的心理和精神被工作耗尽，不得不彻底放弃。这种因工作而感到极度疲劳，甚至最终丧失了人生理想和热情的现象，在现实生活中并不新鲜。这本书的作用之一是使“枯竭”(burnout) 一词从此进入了美国大众的语汇，用以描述一种歪曲的人职关系。

据调查，现代人产生工作枯竭的时间越来越短，有的甚至工作 8 个月就开始对工作厌倦，而工作一年以上的白领人士有高于 40%的人想跳槽。产生职业枯竭的工作者会出现失眠、焦虑、烦躁等生理上的疾病、心理上的不适以及行为上的障碍，若不及时处理将会给自己带来不可预期的伤害。虽然职业枯竭的问题在我国一直到 20 世纪末才受到关注，但是据一项有近 4000 名职场人士参加的网上调查结果显示，世界范畴内普遍存在的职业枯竭(又称“工作倦怠”)现象正在侵袭中国。该调查显示，有 39.22%的受调查者出现了中度职业枯竭，有 13%的受调查者出现了严重的职业枯竭，而且女性明显高于男性。其中教师、医护人员、警察、新闻从业人员等，成为职业枯竭的高发人群。有专家预测，职业枯竭将成为 21 世纪的“流行病”。

我国每年有约 200 万人自杀未遂，而每 1 人有自杀行为，就会对周围至少 5 人产生巨大的心理影响。这些人需要具有专业知识的医生来缓解、疏导其内心的痛苦，从而使他们在今后的生活中保持健康的心态。

1974 年，美国精神分析学家 Freuden　Berger 首次将它使用在心理健康领域，由此产生了“职业枯竭”(job burn out)这一概念。

到了 20 世纪 90 年代，对于职业枯竭的研究范围从服务性质的行业逐渐扩展到教育业、技术业和培训业(如教师、电脑工程师、军人、管理人员等)，并迅速从美国向欧洲乃至亚洲国家辐射。

今天，“职业枯竭”已经成为一个专门的心理学术语，也有时被称为心理衰竭，用来描述职业人在工作重压之下身心俱疲的感受，一种身心能量被工作耗尽的感觉。

专门从事职业枯竭研究的人员提出，“可以把职业枯竭看作是个体无法应付外界超出个人能量和资源的过度要求时，所产生的生理、情绪情感、行为等方面的身心耗竭状态”。

富士康科技集团创立于 1974 年，是专业从事电脑、通讯、消费电子、数位内容、汽车零组件、通路等 6C 产业的高新科技企业。自 2010 年 1 月 23 日富士康员工第一跳起至 2010 年 11 月 5 日，富士康已发生 14 起跳楼事件，引起社会各界乃至全球的关注。

职业枯竭主要表现在以下三个方面：

情绪衰竭：是枯竭的个体压力维度，表现为个体情绪和情感处于极度疲劳状态，情感资源干涸，工作热情完全丧失。

去人性化：是枯竭的人际关系维度，表现为个体以一种消极的、否定的、麻木不仁的态度和情感去对待自己身边的人，对他人再无同情心可言，甚至把人当作一件无生命的物体看待。

个人成就感降低：是枯竭的自我评价维度，表现为个体对自己工作的意义和价值的评价下降，自我效能感丧失，时常感觉到无法胜任，从而在工作中体会不到成就感，不再付出努力。

二、职业压力的来源

造成职业压力的来源是多方面的，主要是工作方面、个体方面和社会方面。

1. 工作方面的压力来源

(1) 工作责任与体制机制不协调

随着现代社会发展，对单位的管理水平要求越来越高，承担的安全责任愈来愈大，面临的挑战越来越多，

一是工作强度与工作责任日趋加重，工作的超负荷(有时又表现为负荷不足)，如工作影响私生活，下班后经常把工作状态带入生活；领导经常安排职责以外的任务；工作生活难以分开等。

二是企业组织变革的常态化，如工作岗位与职责频繁变动；领导的工作安排缺乏计划性，经常朝令夕改，让员工无所适从等。

三是体制中的高度集权化、形式化和专业化，被迫执行领导的不切实际的决定；不得不说假话；履行职责的权力过小；担心工作不能令领导满意；担心得不到重用；领导干预过多等。

四是机制中角色模糊和角色冲突，如同事及上下级的紧张关系、职责不明；上下级或同事间的沟通不畅，工作任务分配不合理。有时候要为工作出去应酬，面对应酬还必须喝酒等。

(2) 人际关系复杂

由于社会文化的特殊性，在我国，人际关系的处理成为工作生活中相当重要的一部分。工作中的人际关系不和谐，缺少信任和沟通，不良的竞争导致的人际冲突等；表面上朋友很多，真正的知己，能说知心话的人却很少。

(3) 工作要求与能力不合

部门对工作的要求不合理，强度大，员工个人技能不足，对工作过高要求等；工作条件差，环境中存在有毒有害物质等；一些员工不能理解好自己的角色，越位操作或不能完成自己的任务等都是引起压力的来源。

2. 个人方面的压力来源

(1) 个人特性与职业要求不匹配

工业化社会要求分工和效率，讲究团队协作，这使得个人的工作成为群体工作的一部分。在企业工作需要高度的服从性，循规蹈矩的工作程序，使一些个性突出、动机水平高的个体，特别是年轻人会有比较强的无奈感和压抑感，抱怨“不该做的必须做，该做的做不了”，尤其令他们感到疑惑的是，自己各种能力都不错，为什么一直不能被提拔重用，由此产生精神抑郁普遍可见。

(2) 价值冲突感强烈

年轻人都有强烈的职业成就期待，如期待专业对口，期待升职，期待获得上级认可，可这些与现实冲撞时，容易让年轻的员工心理失衡。分配不公、人格冲突、现有体制的弊端等现象对价值观念的冲击，给年轻员工带来心理失衡及压力。一些员工既具有强烈的发展欲望和成就事业的意愿，又不得不在现实的重压之力下而失去激情，只是将自己的职业看作养身立命的手段。

3. 社会方面的压力来源

现代生活节奏快，城市资源紧张，房价不断走高，教育、医疗及基本生活费用也不断攀升，导致人们不停地追求经济收入，希望能够在职业上得到进一步的发展。但另一方面社会上就业竞争压力大，职业薪酬难以达到自己的预期。人们追逐着房子、车子，在享受着经济

发展带给人的物质享受，却不得不把越来越多的时间花在工作上面。体育锻炼和文娱活动减少，也没有过多的人际交流与社会交往，人情关系简化淡漠，家庭关系也变得脆弱，离婚率高，孩子家庭教育缺失。很多人的紧张和焦虑感日益增加，因此物质水平提高，并不能弥补多数人幸福感降低。

职业压力的诱因非常多，有些是社会经济整体环境造成的，还有工作性质和工作环境造成的，也有来自于员工自身的问题。有些原因我们并不能去改变，如经济的高速发展和行业间的竞争，或者工作环境和条件短时期内不能改善；但如果单位的领导可以注意到改善工作环境和改善企业文化，加上员工自身学习应对策略并提高自己的能力，职业压力就可以改变，甚至可以化职业压力为单位发展的动力，找到有效应对职业压力的措施。不但对个人是关爱，对单位工作质量和效率提高，以及增加产出都有根本性的影响。

三、职业压力产生的问题

在面对工作任务和问题中的压力时，有的人能够理性面对，科学地处理，也有的人却无所适从，不知如何协调和应对。富士康公司的跳楼事件，把当今社会职业压力对人的心理健康影响，以及如何应对职业压力引起的心理问题提到议事日程上来。

职业压力在心理学上是指当职业要求迫使人们作出偏离常态机能的改变时所引起的压力。职业压力在个体身上造成的后果首先心理方面的问题。

（1）心理问题

职业压力首先是对心理认知过程产生影响，人会对自己、工作和人际关系出现很多扭曲的看法，不能理性地看待自己和工作环境的关系。在人出现这些方面的问题后，就很难再去有能力去经营自己的情感和家庭生活，工作中也会变得效率低下和频繁错误。

其次职业压力会引起很多情绪问题，人变得抑郁、恐惧不安、出现神经生物性障碍，如焦虑、抑郁、不满、厌倦、疲惫、情感障碍、精神障碍、愤懑、压抑以及注意力无法集中等。

同时职业压力使得个体情感发生变化，个人的幸福感和安全感降低。职业压力在个体身上造成的后果也有生理的和行为方面的。

（2）生理问题

从生理方面上看，压力导致的焦虑致使个体的免疫力降低，并引起心血管疾病、胃肠失调、呼吸系统问题、癌症、关节炎、头痛、身体损伤、皮肤机能失调、过度疲劳以及死亡。

（3）行为问题

从行为方面上看，人的行为也出现很多变化，如自暴自弃、酒精上瘾、药物滥用、网络依赖、人际关系丧失、怠工等。主要表现为厌倦型、工作狂型、暴力型等。

厌倦行为的表现：个性丧失、成就感下降、情绪衰竭。具体表现为对工作没有兴趣、不想上班、对工作有恐惧、无精打采、抑郁、怕见到领导和同事。

工作狂的表现：由于焦虑和不安全感或者由于真正喜欢工作而沉溺于工作。注意区分健康的工作狂和不健康的工作狂。

暴力行为的表现：谋杀、身体伤害、性骚扰及性侵犯、威胁、侮辱等。

因此，无论是个人还是单位，都需要重视这些现象和问题。

四、应对职业压力的方法

因人本身的气质、人格类型的不同，人应对职业压力的方法也不同，悲观主义者更容易在职业压力面前采取消极的应对措施。

压力实际上并不能逃避掉，从个体和单位两个方向积极地面对和应对才是上策。

1. 个体自身对职业压力的应对

从个体上来说，认真规划自己的发展方向很重要，在这之前，个体要对自己的能力和性格特点有一个理性的认识，沟通能力和掌握信息的量也很重要，综合这些方面可以帮助自己在单位中找到自己合适的位置，并找准自己的优势来发展。在遇到问题和困境时候，要积极和自己的上司沟通。合理适度地表达情绪，理解规则，是建立各种人际关系和人际沟通的关键所在。如果可以在一个团体的对话里，对近来工作去做贴近、理解与珍惜，经过积累，自己可以缓解压力，并取得一定的成绩。

2. 单位对职业压力的应对

单位如何想要从内部提升员工心理素质和能力，就需要良好的设计和具体的实施。单位可以考虑在系统内部实施 EAP（Employee Assistance Program），即员工帮助计划，也有叫作员工心理援助计划。

(1) 员工帮助计划的含义、分类及特点

员工帮助计划又称员工心理援助项目、全员心理管理技术（以下简称 EAP）。它是由企业为员工设置的一套系统的、长期的福利与支持项目。通过专业人员对组织的诊断、建议和对员工及其直系亲属提供专业指导、培训和咨询，旨在帮助解决员工及其家庭成员的各种心理和行为问题，提高员工在企业中的工作绩效。EAP 可以分成三个部分：

第一是针对造成问题的外部压力源本身去处理，即减少或消除不适当的管理和环境因素；

第二是处理压力所造成的反应，即情绪、行为及生理等方面症状的缓解和疏导；

第三是改变个体自身的弱点，即改变不合理的信念、行为模式和生活方式等。

经过几十年发展，EAP 服务的内容包含有：工作压力、心理健康、危机事件、职业生涯困扰、婚姻家庭问题、健康生活方式、法律纠纷、理财问题、减肥和饮食紊乱等，全方位帮助员工解决个人问题。EAP 是企业用于管理和解决员工个人问题，从而提高员工与企业绩效的有效机制。

根据实施时间长短 EAP 可分为长期 EAP 和短期 EAP。

EAP 作为一个系统项目，应该是长期实施，持续几个月、几年甚至无终止时间。但有时企业只在某种特定状况下才实施员工帮助，比如并购过程中由于业务再造、角色变换、企业文化冲突等导致压力和情绪问题；裁员期间的沟通压力、心理恐慌和被裁员工的应激状态；又如空难等灾难性事件，部分员工的不幸会导致企业内悲伤和恐惧情绪的蔓延……这种时间相对较短的员工帮助能帮助企业顺利渡过一些特殊阶段。

根据服务提供者 EAP 可分为内部 EAP 和外部 EAP。

内部 EAP 是建立在企业内部，配置专门机构或人员，为员工提供服务。比较大型和成熟的企业会建立内部 EAP，而且由企业内部机构和人员实施，更贴近和了解企业及员工的情况，因而能更及时有效地发现和解决问题。

外部 EAP 由外部专业 EAP 服务机构操作。企业需要与服务机构签订合同，并安排 1~2 名 EAP 专员负责联络和配合。

一般而言，内部 EAP 比外部 EAP 更节省成本，但员工由于心理敏感和保密需求，对 EAP 的信任程度上可能不如外部 EAP。专业 EAP 服务机构往往有广泛的服务网络，能够在全国甚至全世界提供服务，这是内部 EAP 难以企及。所以在实践中，内部和外部的 EAP 往往结合使用。

此外，在没有实施经验以及专业机构指导、帮助下，企业想马上建立内部 EAP 会很困难，所以绝大多数企业都是先实施外部 EAP，最后建立内部的、长期的 EAP。

EAP 的特点：

① 保密性：专业的 EAP 咨询机构恪守职业道德的要求，不得向任何人泄露资料，领导和员工都不必担心自己的隐私被泄露。

② EAP 服务对企业和员工双向负责——为来访者的隐私保密，但是同时协调参与劳资双方的矛盾，有重大情况(如危及他人生命财产安全)和企业方及时沟通。

③ EAP 服务为来访者建立心理档案，向企业提供整体心理素质反馈报告。

④ EAP 服务方式多样时间高度灵活，有 24h 心理热线，有面对面咨询，有分层次分主题的小规模心理培训、有大规模心理讲座。

(2) 员工帮助计划的服务内容

员工帮助计划提供以下七类服务

① 管理员工问题、改进工作环境、提供咨询、帮助员工改进业绩、提供培训和帮助、将反馈信息传递给组织领导者，及对员工和其家属进行有关 EAP 服务的教育。

② 对员工问题进行保密以及提供及时的察觉和评估服务，以保证员工的个人问题不会对他们的业绩表现有负面影响。

③ 对那些拥有个人问题以致影响到业绩表现的员工，运用建设性的对质、激励和短期的干涉方法，使其认识到个人问题和表现之间的关系。

④ 为这些员工提供医学咨询、治疗、帮助、转介和跟踪等服务。

⑤ 提供组织咨询，帮助他们与服务商建立和保持有效的工作关系。

⑥ 在组织中进行咨询，使得政策的覆盖面涉及有关不良现象或行为，并进行医学治疗。

⑦ 确认员工帮助计划在组织和个人表现中的有效性。

(3)员工帮助计划的服务方式

在服务方式上，EAP 有着自己的一整套机制：除了提供心理咨询之外，它还可以通过心理健康调查、培训、讲座、电话咨询、网络咨询或其他认可的标准，在系统、统一的基础上，给予员工帮助、建议和其他信息。知名猎头公司定期对员工进行帮助。

(4) 员工帮助计划的运作模式

EAP 很难有统一的标准模式，因为不同企业对 EAP 有不同的需求和偏好；企业内部不同部门对 EAP 的理解和要求不一致；作为一种跨学科项目，心理学家、社会工作者和医生很难达成统一模式；再加上 EAP 在各个国家和地区的发展都出现了不同形式，很难形成统一的 EAP 模式。但是这也为 EAP 的运作提供了足够的灵活性，专业咨询机构可以根据企业的需求灵活地调整 EAP 方向和重点，灵活地选择服务方式，以及与企业需求相匹配。

(5) 员工帮助计划的实施操作

企业在应用 EAP 时创造了一种被称为“爱抚管理”的模式。一些企业设置了放松室、发泄室、茶室等，来缓解员工的紧张情绪；或者制订员工健康修改计划和增进健康的方案，帮助员工克服身心疾病，提高健康程度；还有的是设置一系列课程进行例行健康检查，进行心理卫生的自律训练、性格分析和心理检查等。

完整的 EAP 包括：压力评估、组织改变、宣传推广、教育培训、压力咨询等几项内容。具体地说，可以分成三个部分：第一是针对造成问题的外部压力源本身去处理，即减少或消除不适当的管理和环境因素；第二是处理压力所造成的反应，即情绪、行为及生理等方面症状的缓解和疏导；第三是改变个体自身的弱点，即改变不合理的信念、行为模式和生活方式等。

解决这些问题的核心目的在于使员工在纷繁复杂的个人问题中得到解脱，管理和减轻员工的压力，维护其心理健康。具体做法有：

第一，进行专业的员工职业心理健康问题评估。由专业人员采用专业的心理健康评估方法评估员工心理生活质量现状，及其导致问题产生的原因。

第二，搞好职业心理健康宣传。利用海报、自助卡、健康知识讲座等多种形式树立员工对心理健康的正确认识，鼓励遇到心理困扰问题时积极寻求帮助。

第三，对工作环境的设计与改善。一方面，改善工作硬环境——物理环境；另一方面，通过组织结构变革、领导力培训、团队建设、工作轮换、员工生涯规划等手段改善工作的软环境，在企业内部建立支持性的工作环境，丰富员工的工作内容，指明员工的发展方向，消除问题的诱因。

第四，开展员工和管理者培训。通过压力管理、挫折应对、保持积极情绪、咨询式的管理者等一系列培训，帮助员工掌握提高心理素质的基本方法，增强对心理问题的抵抗力。管理者掌握员工心理管理的技术，能在员工出现心理困扰问题时，很快找到适当的解决方法。

第五，组织多种形式的员工心理咨询。对于受心理问题困扰的员工，提供咨询热线、网上咨询、团体辅导、个人面询等丰富的形式，充分解决员工心理困扰问题。

对 EAP 的反馈检验分为两个方面：硬性指标和软性指标。硬性指标包括：生产率、销售额、产品质量、总产值、缺勤率、管理时间、员工赔偿、招聘及培训费用等。软性指标包括：人际冲突、沟通关系、员工士气、工作满意度、员工忠诚度、组织气氛等。

（6）实施员工帮助计划的效果

处理那些会对工作业绩产生影响的工作、个人问题及挑战；

提高生产力和工作效率；

减少工作事故；

降低缺勤率和员工周转率；

提升员工间的合作关系；

管理意外事件的风险；

吸引及留住员工；

减少员工抱怨；

帮助解决成瘾问题；

提高员工士气和积极性；

为业绩分析和改进提供管理工具；

证明对员工的关心态度；

帮助直线经理确认和解决员工的问题。

我国很早就有关注员工身心健康意识，尤其是在近年来，开始强调用行为科学的方法关注员工管理问题和思想政治工作科学化等。随着中国心理咨询业的发展并走入各个行业，员工的心理健康和卫生问题也逐渐受到重视。如果单位内部积极关注员工的心理健康，实行有效的支持方法，在心理和方法上对员工进行有效培训，员工就会把这些压力变成动力，积极完善自我，并在工作上得以充分发挥自己的能力，把工作做好，得到员工和单位内外双赢的局面，这对个人和单位乃至全国经济的发展和政治稳定都会起到积极的作用。

第十一章

事故创伤后应激障碍及治疗

创伤后应激障碍(Post-traumatic stress disorder，PTSD)是指个体经历突发的灾难、重大威胁性生活事件后，使个体延迟出现和长期持续存在的精神障碍。目前关于 PTSD 的病理生理机制尚不明确，研究主要涉及神经内分泌如单胺递质等的变化。

随着当今世界国际格局日益复杂，恐怖组织活动猖獗，自然环境越来越恶劣，个体所处的生活环境也面临着更大的挑战。生活条件的复杂性往往使人体暴露在各种应激环境下，而 PTSD 正是由于机体不能正确应对外界给予的急性刺激而导致的持续性心理障碍。其中，创伤性事件因其不可预见性和直接作用于个体的特性受到广泛关注。个体在经历创伤或重大应激事件时，相对于肉体的短时痛楚而言，人们往往忽视了创伤性事件对个体心理造成的长期负面影响。有研究表明，在美国 2280 万经历过战争的军人中约有 14%~35%出现类似 PTSD 的症状，而在汶川地震后，对灾后群众进行 DMS-IV PTSD 诊断检查及相关量表的测查，结果显示在完成调查的 289 人中，PTSD 阳性筛查率为 11.4%，抑郁症阳性率为 23.4%，且有 8.7%的人有自杀倾向。这些数据说明经历创伤或极端应激环境后的幸存者存在极大的心理障碍隐患，若不积极地采取相应手段进行心理干预和药物治疗，将严重影响患者生活质量与社会价值。因此，关于 PTSD 的具体发病机制、遗传易感性和有效的治疗方法亟待解决。

在我国，最开始对 PTSD 的研究多与心理障碍、军事应激有关，随着对 PTSD 的了解以及对 PTSD 社会负面作用的认识，研究的对象由军人逐渐扩大到普通群众，研究的重点也从 PTSD 心理测评转移到 PTSD 具体发病机制及治疗手段，然而由于精神障碍类疾病筛查的不确定性和一般大众对 PTSD 的忽视，关于 PTSD 发生的具体分子机制和病理筛查指标尚不明确。因此，寻找有效治疗 PTSD 的特异性靶点，不仅可以丰富 PTSD 的研究基础，也可以为临床治疗筛选前药。

第一节　创伤后应激障碍概述

心理创伤引起学者和有关人士的关注，是从越南战争回国后退伍的老兵开始，虽然他们的生活已经恢复了平静，可是他们的体验好像每天总是在战场上一样，不断地会闪现战争的画面，死去的战友，杀戮的场面，枪声喊声等。睡眠紊乱，情绪非常不稳定，对生活没有快乐感，每天生活在过去的回忆中，而且是片段性，零碎的。后来对这些退伍的老兵进行心理干预，并提出一个诊断名词：创伤后应激障碍(PTSD)。对心理创伤研究的范围和深度得到更大更快的发展。

就像阿姆斯沃思和霍拉迪在他们系统地回顾了关于儿童与青少年心理创伤后应激障碍(PTSD)患者的文献后指出的那样，现行PTSD的概念和诊断标准尚存在一定的局限性。因此，治疗者应该认识和理解那些为数众多的，虽然不符合美国精神疾病诊断标准——第四版(DSM-IV)诊断标准，但可能对诊断儿童与青少年PTSD具有指导价值的临床症状。

一、创伤后应激障碍概念与特点

(1) I型心理创伤概念

泰尔(1989)将发生在成年期的一次性创伤称为I型创伤；它包括急性应激障碍(ASD)、创伤后应激障碍(PTSD)和适应障碍等。

这个概念以时段性来分类创伤，这个概念的时段性可以考虑适用在童年时期，凡是一次发生的创伤事件，不管是幼年还是成年，可以拟定诊断为I型心理创伤，在童年时期形成的创伤可能并不发展成为II型心理创伤。是否在童年形成的创伤(有症状表现或被诊断过)会延续成II型心理创伤还需要进一步研究。

(2) II型心理创伤概念

依创伤的严重程度不同，环境中存在的与引发创伤相关的元素，会导致大约1/4(交通事故)甚至半数(性暴力)受害人长期陷入受到创伤引发的负性情感侵袭之中。用外科术语讲，(心理的)创伤不会自然愈合，常常会遗留很多并发症。II型心理创伤定义描述，可以拟定包括范围：慢性创伤后应激障碍(CPTSD)、适应障碍、躯体化障碍和严重的应激障碍未定型(DESNOS)等。

在临床研究中，人们也逐渐发现同样的创伤患者，但由于创伤事件的性质，尤其是经历创伤的年龄不同，随后的症状有很大区别。随着创伤影像学和治疗学的发展，也印证了这一点。因此，多采用泰尔分类法(Terr，1989)：将发生在成年期的一次性创伤称为I型创伤；而将略微复杂一点的(持续时间较长的、反复发生的、开始童年期)称为II型创伤，即复合型创伤。

在II型心理创伤中，创伤事件只是一个“扳机点”。研究表明，两者在症状学、影像学、治疗和预后上都有很大差别。比如在急性期后，II型创伤出现分离症状的频率高，且更多地表现为以内疚、羞愧为主的症状群，常与抑郁紧密相关，可导致缺乏自信和自责，表现出麻木退缩或行为轻率，持续的羞愧也可导致易激惹、愤怒发作和暴力行为。在影像学上，II型创伤具备广泛的功能及病理形态方面的改变。治疗上，比如在创伤的稳定化上两者有根本性区别。预后上，一般I型心理创伤好于II型心理创伤。

随着时间的推延，创伤状态会渗透进那些没有自行消化创伤经历受害人的主观解释、行为模式、认知模式等方方面面。这种创伤状态可以逐渐形成一种皮亚杰总结的“创伤模式”(Fischer & Riedesser，1998)。

从心理学角度看，这一创伤模式是一种脱节的模式，很多时候是陷入抗争/逃避的矛盾之中。它既有被其他(认知)结构同化的倾向，也完全有可能被卷进一种慢性的疾病的过程。在精神创伤发生时，它也可以延伸到所谓(创伤过程)之中，比如一位性暴力侵害的受害人有强迫性清洗自己的身体或者其他物件的现象，就是因为性暴力很容易让人联想起(玷污)一词，在精神分析中，这是症状原发性获益的来源，也可以用“神经症性的防御机制”来加以理解。

费弗尔等(Fischer & Riedesser，1998)指出，“创伤模式”包括：①精神创伤发生以后有组织的感知觉和行为；②实质为一种抗争/逃避脱节的行为结构；③可以引起大量的感知觉和认知上的歪曲；④有扩散(泛化)到其他精神范畴中的倾向(比如泛化的焦虑)。

与这一创伤模式相对，受害人会从主观上发展出一种“创伤代偿模式”与之抗衡。其行为方式既可以发生积极的变化，也可以朝消极的、有问题的方向转化。提出这一模式的主要用途在于分析创伤后的种种异常状态，并寻找平衡和应对的资源。

另外还有情绪忽视和情绪虐待也是儿童形成创伤的主要方面，它们常常会存在相当长的时间。这类特殊的儿童虐待养育方式会给儿童带来不良的后果，如出现依恋障碍和非器质性成长障碍。我们可以理解成与文化相关的创伤，比如文化中存在的某些信念会影响一个以后体验生活的方式，特别在家庭中父母的教育对儿童心理影响很大。

在我的临床经验中，有的人在成年早期经历过恋爱或者其他事件，也会形成影响久远的心理创伤。

(3) 创伤后应激障碍特点

I 型心理创伤的概念，要包括以下几个特点：

一是形成创伤的时间是短暂的，或者是一次性。

二是可以发生在儿童和成人不同的阶段。

三是并且形成创伤后持续时间不长，一般在三个月以内。

四是有的自然愈合，有的经过治疗获益，有的可以转化成 II 型心理创伤。

II 型心理创伤的概念，要包括以下几个特点：

一是心理创伤形成时间长久，对个体身心影响广泛。

二是可以发生在儿童和成人不同的阶段。

三是 一般不会自然愈合。

四是 症状表现复杂多样。

五是 I 型心理创伤演变成 II 型心理创伤。

二、创伤后应激障碍产生的原因

PTSD 作为心理疾患，无论是哪种疗法，都要基于病因而进行甄选。临床观察发现，许多人经历了同样的创伤性经历并未发展成 PTSD，而有些人仅遭受了并不严重的创伤也足以导致它的发生。这说明，PTSD 的发生是一个极其复杂的过程，其病因归纳起来有三点。

创伤性事件：包括人为灾难、自然灾难、暴力或犯罪或恐怖主义事件。

生物学因素：遗传学的研究认为，有其他焦虑障碍家族史的人发生 PTSD 的可能性明显增加；而神经生物学的研究则证实 PTSD 患者两个重要的大脑结构(即海马和杏仁核)发生改变，这些研究提示 PTSD 患者特征性闯入性回忆和其他认知功能问题有神经解剖基础(Gurvits，et al，1996；Yehuda，2002；王丽颖等，2004)。

心理社会因素：心理分析观点认为，患者在是否把创伤性经历整合到自己原先的信念中，内心存在着冲突；学习理论认为，PTSD 的产生是害怕的一种条件反射；认知理论强调创伤对个体预存信念系统的影响，从而导致各种各样的创伤后反应；而 PSTD 的社会认知理论，偏重创伤对个体生活的影响，强调个体将创伤经验整合于预存模型需要作出艰巨的重新调整，强调创伤后事件及其严重后果的广泛影响。

第二节　创伤后应激障碍治疗

对于PTSD的治疗，有药物治疗和心理治疗之分，而心理治疗目前被认为是最有效的疗法。

一、心理创伤治疗概述

PTSD急性期，尤其是在病人焦虑和痛苦严重时，药物治疗往往是必要的。即使在慢性期，药物也在治疗中有一定作用。短时间作用的苯二氮䓬类药物对急性焦虑有效。选择性5-羟色胺再摄取抑制剂(Selective Serotonin Reuptake Inhibitors，SSRIs)能够提高大脑血清素(5-羟色胺)的水平，让人们感到更加愉悦。有两种SSRIs通常被用于PTSD的治疗中，包括盐酸舍曲林(sertraline)和盐酸帕罗西汀(paroxetine)。药物治疗也可能会带来一些副作用，如恶心、性冷淡、疲惫感等。三环类抗抑郁剂或单胺氧化酶抑制剂已经有效地用于治疗慢性创伤后应激障碍。

心理治疗：心理治疗的初期目的在于减轻焦虑症状，缓和其情绪和痛苦。支持性心理治疗对症状不严重者可以有效，治疗师要鼓励患者倾诉其痛苦体验，设身处地地理解患者的情感，持共情的倾听态度，可以有效地缓解症状。向患者说明这类障碍的本质，尤其是各种常见症状的来龙去脉，并向患者保证他们的症状不会导致发疯，且能够康复，这些都有助于治疗的进程。在治疗中，患者所讲述的创伤经历可能是令人恐怖的，或者是社会所不能接受的，因此提示创伤对受害者来说是一件困难的事。然而，在深入系统的心理治疗中，创伤性经历必须逐渐加以澄清。这就需要在治疗中建立一种良好、可靠的治疗关系，要求治疗师有良好的倾听和反应技巧，对患者有和蔼、投入、积极和真诚的态度，高度尊重其个性。而且，当事件讲出来后，患者会体验到强烈的无助感和痛苦感，有可能在一段时间内情绪变得更糟。治疗师在治疗之初向患者讲清楚这一点是有必要的，而放松和稳定化技术可有效化解这一问题。

目前，最常用的心理治疗方法是行为疗法和认知疗法。

在行为疗法中，主要采用以暴露于患者所害怕的事件或情境为主的技术，系统脱敏法是首选的方法之一。行为疗法中决断训练技术可有效地治疗患者不合适的愤怒表现。

认知疗法主要帮助患者处理被创伤破坏的想法和信念，它常与行为疗法联合使用。新近的眼动脱敏和再加工(Eye Movement Desensitization and Reprocessing，EMDR)技术用于治疗PTSD，取得了较好的效果。

由于PTSD常常是在同一事件之下发生的，因此常可采取小组或团体治疗的形式。实践表明，患者在一起可以互相分担各自的痛苦经历，感受相互支持的力量，减轻耻辱感，增强恢复的信心。在治疗过程中，社会支持系统可起到积极的作用。人们的理解、信任和真诚关怀，可以起巨大的治疗作用。如果患者得到一分职业或工作，能增加他们的自尊心和自信心。相反，失业和家庭破裂往往使患者的处境更加艰难，并使情况复杂化。

二、认知行为疗法

认知行为疗法是当今PTSD治疗领域应用范围最为广泛的心理治疗方法。其中包括认知加工治疗（Cognitive Processing Therapy，CPT）和延时暴露疗法（Prolonged Exposure Therapy，PET）。

（1）认知加工治疗（Cognitive Processing Therapy，CPT）

认知加工治疗是什么？在创伤发生后，人们可能会被那些残忍而不堪的记忆萦绕着。他们也许无法理解真正发生了什么，只是有一种被束缚的感觉持续侵袭着自己的头脑。认知加工治疗就是针对这些令人痛苦的想法，帮助人们理解发生的创伤，而非一味地逃避与挣扎。一些治疗技术的运用，也是在帮助人们看清楚创伤本身，以及它如何影响到我们看待自己、看待他人和看待世界的方式。是的，我们的想法很大程度上影响着我们的感受和行为。

认知加工治疗通常需要12周的疗程，治疗目标在于增进人们对于PTSD本身的了解，减少创伤性记忆带来的痛苦和煎熬，减少情绪上的麻木和回避，降低紧张感和烦躁感，减少抑郁、焦虑和愧疚感，并且提高生活质量和生活能力。认知加工治疗的主要步骤是什么？

步骤1：了解自己的PTSD症状。治疗的开始是让人们了解PTSD的症状和治疗的相关知识，例如治疗方案和步骤。人们能够在此过程中了解到接下来会发生些什么，自己将会获得什么。

步骤2：觉察自己的感受和想法。这种治疗方法非常注重人们对于自己想法和感受的觉察，尤其是关于创伤，例如：自己想到了什么，创伤本身又如何影响现在的自己。觉察的方式很多样，写下来或者跟治疗师讲出来都可以，对于自己真实感受的觉察能够帮助为创伤所困的人们，从一种全新的角度看待创伤本身，而非为其所困。在觉察过程中，治疗师会帮助遭受PTSD的患者找到那个“卡点”，而这个“卡点”才是让自己陷入创伤的泥潭，阻止自己恢复和正常功能的原因。

步骤3：挑战自己的想法。觉察之后人们还需要学习如何挑战自己的想法，尤其是一些不理智的、盲目夸大或是消极逃避的想法。例如，很多人会把所有糟糕的事情都归咎于自己，认为“我的战友是因我而死的”，这些糟糕的念头其实是一直困扰人们的关键因素。所以，在治疗中，治疗师并不会挑战那些关于创伤的事实，而是挑战人们关于创伤的想法，通过一步步的推理让人们发现这些想法其实是不合理的。当人们认识到另外一种解释方式的存在时，放松和解脱就会慢慢发生。人们会逐渐发现是因为那些不合理的信念让自己陷入困顿，而随着信念的重建，痛苦也在逐渐减轻。

步骤4：理解信念的改变。重构信念之后，人们会更清醒地认识创伤本身。人们会看到在创伤发生后，自己的生活发生了怎样的变化，那些关于安全、信任、控制、自尊、关系的信念都在发生着潜移默化地改变。治疗中，人们会真切地了解到创伤前后的不同，并在这种不同中找到应有的平衡，从而平稳地过渡到新的生活。

（2）延时暴露疗法（Prolonged Exposure Therapy，PET）

延时暴露疗法是什么？暴露疗法是一种有效降低创伤后痛苦感受的治疗方法，能够帮助人们直接面对与创伤相关的想法、感受和场景。当然，这些想法和情绪通常是人们本能回避的部分，反复的暴露能够帮助人们降低情绪的激活程度，并且获得直面的力量。

延时暴露疗法的组成部分有哪些？延时暴露疗法被广泛应用于PTSD的治疗，主要包括四个方面：

教育：延时暴露疗法的第一步依然是关于PTSD症状的教育，人们可以对自己的症状有更多的了解，并且对治疗过程有所预期。

呼吸：呼吸训练能够帮助人们放松。当人们感到焦虑或害怕时，他们的呼吸通常会发生变化。学习如何控制自己的呼吸，能够帮助人们在短时间内更好地管理自己的痛苦感受。

真实世界练习：对于真实场景的暴露被称为“生动再现”。人们会练习直接面对与创伤有关的场景，这些场景可能往往遭到拒绝，但是这一次的暴露绝对是安全毫无威胁性的。例如，经历过公路爆炸的老兵可能会逃避开车，经历过性侵的受难者可能会避免与他人的接触。在真实的暴露中，人们会在一种安全的情景下缓解自身的负性情绪，当痛苦感逐渐降低后，人们会重新获得对生活的掌控感。

谈论创伤：跟治疗师反复谈论有关创伤的记忆叫作想象暴露。在谈论的同时，人们也在逐渐控制自己的想法和情绪，会慢慢发现自己并不需要畏惧那些记忆。这在一开始可能非常艰难，但是这样的讨论能够帮助人们看清楚在创伤事件中到底发生了什么，对其产生的负性情绪也会随之减少。

虚拟现实技术的引入，使得暴露疗法更加不受特殊情境的约束，这种新式治疗方法被称为“虚拟现实暴露疗法(Virtual Reality Exposure Therapy)”。这种方法主要是用虚拟现实技术重现创伤发生的真实情境，让视觉记忆里的场景重新上演。经历过创伤的人们能够有机会再一次经历相似的情境，并重新撰写自己的记忆脚本。这样反复的练习能够帮助人们减轻焦虑和恐惧，认识到那些负性情绪和想法都是过往的事件引发的，而自己可以重新构建经历并且用不那么痛苦的方式面对。

三、眼动脱敏与再加工法

眼动脱敏与再加工(Eye Movement Desensitization and Reprocessing，EMDR)被认为是治疗PTSD的一种有效方法。这种方法起源于心理学家Francine Shapiro的一个偶然发现，当她的眼球进行随意运动时，负性情绪和心烦意乱的思绪就会得到缓解。她认为创伤之所以会带来负性情绪就是因为我们在用相同的记忆网络来加工这些创伤事件，所以需要用EMDR的方式对这种加工方式进行重构，用眼动让记忆的建构重新洗牌，从而使创伤事件失去了其强大的创伤性。在此基础上，她将眼动治疗运用于PTSD患者的治疗上，发现能够减轻他们的噩梦、创伤性闪回、闯入性负性思维和回避行为。这种方法的原理在于，人类具备一种内在的适应性信息处理系统，作为人类思维和情绪自我调节功能的一个部分而存在的。经历创伤性事件时，那些能激发强烈情绪反应的创伤性事件和经历创伤时反复出现的情景，使当事人内在的适应性信息处理系统的功能发生“凝结”和“阻滞”。

随后，那些创伤性体验的内心象征或迹象不断地触发，与人们首次经历创伤时一样强烈的视觉、听觉、味觉、思维、身体感觉(生理)或情绪上的重复体验，导致了PTSD症状的出现。这些创伤性记忆没有得到适应性处理，会对人们看待世界和他人的方式产生负性影响。人们的行为会变得局限，以便避免反复出现的痛苦体验现象。而当人们的眼睛跟着治疗师的手指有规律地运动时，类似于睡眠时快速眼动阶段的眼动轨迹，人们在回忆创伤性事件的同时，与之相关的情绪、思维、感觉和行为都会发生迅速的适应性变化。当事件与相关的内心反应发生整合时，人们可以将痛苦情绪提升到意识层面，并想办法将其妥善处理。于是，与创伤有关的某个画面或感受就不会以碎片化的方式入侵人们的头脑，带来痛苦和焦虑。

EMDR的治疗过程分为8个步骤：

心理诊断访谈：与来访者建立真诚和互相信任的治疗关系，了解来访者个人信息和心理痛苦资料，以及创伤性事件带给来访者的痛苦和意义。

治疗师和来访者的准备：主要包括确定治疗师与来访者的位置和示范眼动过程。

评估：这一步来访者要选择他想处理的一个特定记忆，并且选定与事件有关的、最使来访者感觉痛苦的视觉图像，并对这些刺激进行评级。

眼动脱敏：主要是针对诱发来访者创伤性痛苦的刺激，让来访者集中注意于视觉映象和甄别出的负性信念、情绪以及伴随的躯体感觉，同时在治疗者的手指带动下做眼球运动（10~20 次）。此后完全放松，让患者闭目休息，排除头脑中的各种杂念，并进行再次评级，直到痛苦降到最低级。

经验意义和认知的重建：与来访者就主要痛苦体验和诱发痛苦体验的刺激进行讨论和协商，促使来访者对事件、创伤、创伤性反应的表现和意义，以及创伤所带来的负性信念和价值、适应性应对方式进行领悟，促使来访者对消极信念的重新建构，以及发展出适应的应对方式。

躯体感觉检查：治疗者要求来访者在想象视觉印象和正性认知的同时，让患者闭目“检查”全身各部位的感受，注意是否还有其他身体紧张或不适的感觉。

疗效的再体验和评估：治疗者和来访者一起就双方在整个治疗过程中的内容、体验、收获和遗留的问题进行协商和讨论。

治疗结束：告诉患者治疗将结束，解答患者的疑问，并要求患者做治疗后记录。然后共同制订下一步的目标和治疗计划并结束本次治疗。

四、心理动力学疗法

心理动力学疗法（Psychodynamic Psychotherapy）对于 PTSD 的治疗主要针对人们的无意识想法。一些创伤性的感受和想法常常会因为过于痛苦而让我们不敢直面，但是，这些我们选择逃避不愿直面的想法和情绪，也同样会对我们产生影响。例如，你可能会开始逃避与他人建立关系，因为这些关系会勾起某些创伤性记忆。症状的改善和缓解需要我们跟那些被压制在潜意识中的感受建立联结，并努力与这些感受做工作。

为了达成这些目的，精神动力学治疗师会帮助来访者意识到他们的防御机制，以及如何运用防御机制来避免创伤性的痛苦感受，并且跟自己曾经回避的感受建立联结并让这些感受得以释放。例如，一些人们会在潜意识里否认创伤事件带给自己生活的破坏力，这种防御机制看似能够减轻痛苦，但实则会使痛苦的感受在自己毫无防备时侵入自己的意识。而治疗师的工作就在于帮助来访者看清楚自己的防御机制，并认清这些防御的应用是因为自己没有能力应对痛苦，只能选择用否认（disavowal）来自我保护。

在另外一些情况下，来访者也可能持续表现出愤怒，并且盲目指责自己的家人，尽管他们并没有做错什么。其实这可能源于来访者内心的沮丧与对于创伤事件的自责。由于这些愤怒和愧疚很难应对，所以只有对他人发泄出来，这种防御机制叫作替代或是转移（displacement）。

无论是哪一种情况，咨询师都会帮助来访者认识到自己的防御机制以及发生这些行为的原因，从而打破这些不健康的防御机制，一起去解决潜在的问题，用合适的方式面对内心隐藏着的痛苦与不适。当然，精神动力学疗法的最终目的是帮助人们达成人格的整合和健康发展，不仅仅是缓解症状本身。

第三节　事故后的创伤后应激障碍治疗

我们以工作场所的事故导致的PTSD为例。20世纪90年代，美国人Babara・Feuer就开发了下面这个沿用至今的模型见图11-1，这个模型是从企业的角度考虑的。

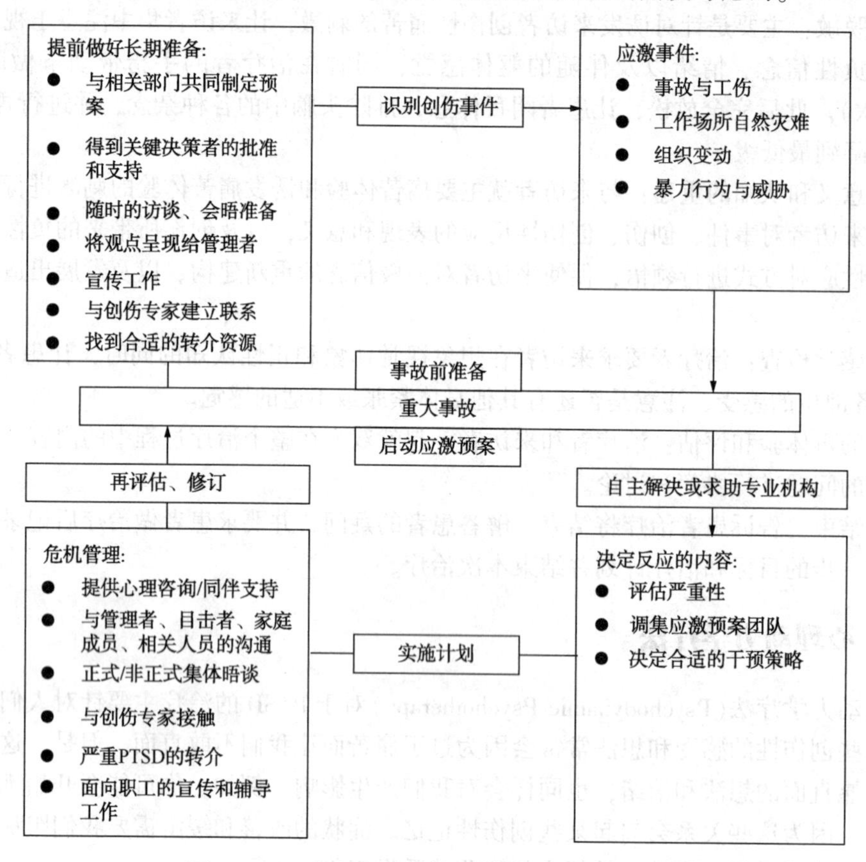

图11-1　工作场所的事故导致的PTSD处理模型

导致PTSD的应激事件种类包括但不局限于如下几个：

安全事故与其导致的工伤。最为常见也最为严重的应激事件。严重的身体伤残会很大程度上诱发甚至恶化PTSD症状，企业有必要第一时间为遭遇事故的职工提供心理干预。

在作业环境中的自然灾害与其导致的工伤。这种应激事件导致的PTSD程度一般，创伤反映通常伴生于因作业环境中自然灾害导致的生理伤残。

工作场所的暴力行为。工作场所暴力的受害者包括在肢体上真正意义上遭到暴力的职工，也包含被“暴力威胁”的职工，比如被旅客威胁要投诉甚至殴打的客运服务人员。

重大的组织与个人的人事变动。个人所在班组、单位甚至更高级组织被重新整编、撤并或进行大规模人事调动时，也有可能诱发相关的PTSD症状。

不同创伤阶段的压力种类见图11-2，其中：

S1：压力1，过去经历将影响到危机发生中及发生后的表现

S2：压力2，由于创伤事件引起的；

S3：压力3，由于创伤事件以及持续的社区(职场)或社会(家人或朋友)系统紊乱引起的；

S4：压力4，由于社区(职场)或社会(家人或朋友)系统紊乱导致的结果。

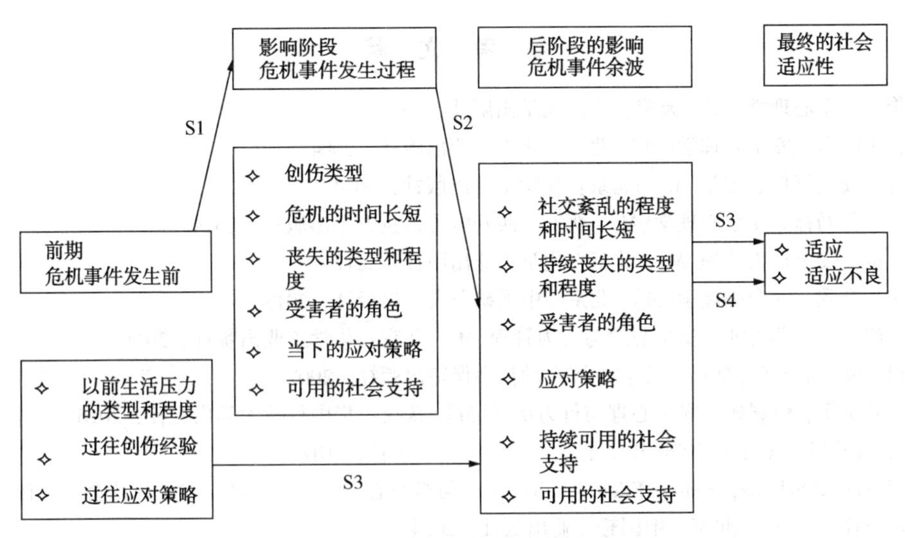

图 11-2　不同创伤阶段的压力种类

干预对象：事实上，事故创伤的心理干预对象并不局限于事故的当事人与亲历者。事故亲历者没有出现 PTSD 症状，但是其家属、事故责任人、事故的目击者产生了有一定 PTSD 症状的情况很常见。一次应对重大事故创伤的心理干预一般采取三级干预策略，即区分重点干预对象与非重点干预对象来进行在干预强度上有所区别的心理干预。

一级干预对象（重点干预）：事故的具体亲历者/受害者；事故的直接责任人。一级干预手段包括：针对性的一对一咨询辅导；思想教育工作；某些情况下还要采取一定保密隐私工作；非常严重的 PTSD 需转介专业的长程心理咨询进行治疗；一定时间段的跟踪心理测评。

二级干预对象（非重点干预）：事故现场的目击者；事故亲历者/受害者的主要救助者；事故亲历者/受害者与责任人各自的主管领导。二级干预手段包括：简单的心理健康状况测评；专项主题座谈；针对性的团体辅导或团体治疗。

三级干预对象（在事故非常重大或波及面很广时考虑干预）：事故发生单位或部门的一般职工群体；职工家属。三级干预手段包括：多种形式的宣传工作；心理健康类的讲座或专题汇报。

参 考 文 献

[1] 陈士俊，安全心理学[M]. 天津：天津大学出版社，1999.
[2] 邵辉，王凯全．安全心理学[M]. 北京：化学工业出版社，2004.
[3] 毛海峰，安全管理心理学[M]. 北京：化学工业出版社，2004.
[4] 郑林科，张乃禄．安全心理学[M]. 西安．西安电子科技大学出版社，2014.
[5] 罗云．员工安全行为管理[M]. 北京：化学工业出版社，2012.
[6] 苗德俊，常欣．安全心理学[M]. 北京．中国矿业大学出版社，2013.
[7] 邵辉，赵庆贤，葛秀坤．安全心理与行为管理[M]. 北京：化学工业出版社，2011.
[8] 栗继祖．安全心理学[M]. 北京：中国劳动社会保障出版社，2007.
[9] 伍培，刘义军，伍姗姗．安全心理与行为培养[M]. 武汉：华中科技大学出版社，2016.
[10] 邵辉，邵小晗．安全心理学[M]. 北京：化学工业出版社，2018.
[11] [美]Duane P Schultz，Sydney Ellen Schultz. 工业与组织心理学——心理学与现代社会的工作[M]．第八版．时勘，等译．北京：中国轻工业出版社，2004.
[12] 黄希庭，张志杰．心理学研究方法[M]. 北京：高等教育出版社，2007.
[13] 杨治良，实验心理学[M]. 杭州：浙江教育出版社，1998.
[14] 叶奕乾，何存道，梁宁建．普通心理学[M]. 修订二版．上海：华东师范大学出版社，2010.
[15] 彭聃龄．普通心理学[M]. 修订版．北京：北京师范大学出版社 ，2012.
[16] 王卫红．心理学通论[M]. 重庆：西南师范大学出版社，2005.
[17] 姚树桥，杨彦春．医学心理学[M]. 北京：人民卫生出版社，2013.
[18] 吴均林，林大熙，姜乾金，等．医学心理学教程[M]. 高等教育出版社，2001.
[19] 杨鑫辉．新编心理学史[M]. 广州：暨南大学出版社，2004.
[20] 王卫红．心理学通论[M]. 重庆：西南师范大学出版社，2005.
[21] 全国十三所高等院校《社会心理学》编写组．社会心理学[M]. 天津：南开大学出版社，1990.
[22] [美]戴维・迈尔斯．社会心理学[M]. 第8版．侯玉波，张智勇，乐国安，译．北京：人民邮电出版社，2006.
[23] [美]理查德・格里格，[美]菲利普・津巴多．心理学与生活[M]. 王垒，王甦，译．北京：人民邮电出版社，2003.
[24] [美]尼尔・R. 卡尔森．生理心理学：走进行为神经科学的世界[M]. 苏彦捷，译．北京：中国轻工业出版社，2017.
[25] 沈政，林蔗芝．生理心理学[M]. 第三版．北京：北京大学出版社，2016.
[26] 李新旺．生理心理学[M]. 北京：科学出版社，2018.
[27] 隋南．生理心理学[M]. 北京：中国人民大学出版社，2018.
[28] [美]施塔，[美]卡拉特. 情绪心理学[M]. 北京：中国轻工业出版社，2015.
[29] 金泰廙，孙贵范．职业卫生与职业医学[M]. 第五版．北京：人民卫生出版社，2003.
[30] A. 卡尔．儿童和青少年临床心理学[M]. 张建新，等译．上海：华东师范大学出版社，2005.
[31] 施琪嘉．创伤心理学[M]. 北京：中国医药科技出版社，2006.
[32] [美]Gerald Corey. 心理咨询与治疗的理论及实践[M]. 第八版．谭晨，译．北京：中国轻工业出版社，2010.
[33] [美]Judith S. Beck. 认知疗法：基础与应用[M]. 翟书涛，等译．北京：中国轻工业出版社，2001.
[34] [日]森田正马．神经衰弱与强迫观念的根治法[M]. 北京：人民卫生出版社，2008.
[35] [日]森田正马，神经质的本质与治疗[M]. 北京：人民卫生出版社，1992.
[36] [日]太原浩一，大原健士郎．森田疗法与新森田疗法[M]. 北京：人民卫生出版社，2002.
[37] [美]B. E. Giliand，R. K. Janes．危机干预策略[M]. 肖水源 等译．北京：中国轻工业出版社，2000.

[38] 冯丽云．营销心理学[M]．第二版．北京：经济管理出版社，2004.
[39] 戈明亮．安全文化结构模型的探讨[J]．科技创新导报，2018，(36)：223-224.
[40] 戈明亮．基于建构主义的《安全文化基础》多元化教学模式探讨[J]．科技创新导报，2016，(11)：124-125.
[41] 黄新文，戈明亮．基于 PDCA 的安全培训质量控制[J]．安全，2013，(9)：45-47.
[42] Fang D P; Wu C L; Wu H J. Impact of the Supervisor on Worker Safety Behavior in Construction Projects[J]. Manage. Eng., 2015, 31(6).
[43] Chib S, Kanetkar M. Safety Culture: The Buzzword to Ensure Occupational Safety and Health[J]. Procedia Economics and Finance, 2014, 11: 130-136.
[44] DeJoy D M. Behavior change versus culture change: Divergent approaches to managing workplace safety [J]. Safety Science, 2005, 43: 105-109.
[45] Casey TristanW, Riseborough K M, Krauss A D. Do you see what I see? Effects of national culture on employees' safety-related perceptions and behavior[J]. Accident Analysis and Prevention, 2015, 78: 173-184.
[46] Seo D C. An explicative model of unsafe work behavior[J]. Safety Science, 2005, 43: 187-211.
[47] 袁朋伟，宋守信，董晓庆．员工不安全行为的尖点突变研究[J]．安全与环境学报，2015，15(3)：165-169.
[48] 赵培，郭晓宏．企业员工个体安全行为的人类动力学实证研究[J]．安全与环境学报，2015，15(4)：175-179.
[49] 税永波，田水承，李华．企业安全生产组织行为的长效机制探讨[J]．安全与环境学报，2015，15(4)：163-165.
[50] Reimana T, Rollenhagen C. Does the concept of safety culture help or hinder systems thinking in safety [J]. Accident Analysis and Prevention, 2014, 68: 5-15.
[51] Bahari S F, Clarke S. Cross-validation of an employee safety climate model in Malaysia[J]. Journal of Safety Research, 2013, 45: 1-6.
[52] Fang D P, Wu H J. Development of a Safety Culture Interaction (SCI) model for construction projects[J]. Safety Science, 2013, 57: 138-149.
[53] Vinodkumar M N, Bhasi M. Safety climate factors and its relationship with accidents and personal attributes in the chemical industry[J]. Safety Science, 2009, 47: 659-667.
[54] Cooper M D. Towards a model of safety culture[J]. Safety Science, 2000, 36: 111-136.
[55] Dov Z. Safety climate and beyond: A multi-level multi-climate framework[J]. Safety Science, 2008, 46: 376-387.
[56] Frazier C B, Ludwig T D, Whitaker B, Roberts D S. A hierarchical factor analysis of a safety culture survey [J]. Journal of Safety Research, 2013, 45: 15-28.
[57] 毛海峰，郭晓宏．企业安全文化建设体系及其多维结构研究[J]．中国安全科学学报，2013，23(12)：3-8.
[58] 董小刚，于凌云．建筑企业安全文化、安全动机与安全服从行为的关系研究[J]．中国安全生产科学学报，2014，24(11)：30-35.
[59] 马跃，傅贵，臧亚丽．企业安全文化结构及其与安全业绩关系研究[J]．中国安全生产科学学学报，2015，25(5)：145-150.
[60] 黄吉欣，方东平，何伟荣．对建筑业安全文化的再思考[J]．中国安全科学学报，2006，16(8)：78-81.
[61] Choudhry R M, Fang D P, Mohamed S. The nature of safety culture: A survey of the state-of-the-art[J]. Safety Science, 2007, 45: 993-1012.
[62] Vinodkumar M N, Bhasi M. Safety management practices and safety behaviour: Assessing the mediating role of safety knowledge and motivation[J]. Accident Analysis and Prevention, 2010, 42: 2082-2093.
[63] Neal A, Griffin M A, Hart P M. The impact of organizational climate on safety climate and individual

behavior[J]. Safety Science, 2000, 34: 99-109.
[64] Neal A, Griffin M A. A study of the lagged relationships among safety climate, safety motivation, safety behavior, and accidents at the individual and group levels[J]. Journal of Applied Psychology 2006, 91: 946-953.
[65] Wang C H, Liu Y J. Omnidirectional safety culture analysis and discussion for railway industry[J]. Safety Science, 2012, 50: 1196-1204.
[66] Tholén S L, Pousette A, Törner M. Causal relations between psychosocial conditions, safety climate and safety behavior-A multi-level investigation[J]. Safety Science, 2013, 55: 62-69.
[67] Cooper M D, Phillips R A. Exploratory analysis of the safety climate and safety behavior relationship . [J]. Journal of Safety Research, 2004, 35: 497-512.
[68] Johnson S E. The predictive validity of safety climate[J]. Journal of Safety Research, 2007, 38: 511-521.
[69] Robson L. S. et al. A systematic review of the effective-ness of occupational health and safety training [J]. Scand J Work Environ Health, 2012, 38(3): 193-208.
[70] 宗艳军. 汽车驾驶员注意品质与行车安全性关系的研究[J]. 决策探索(中), 2018(11): 9.
[71] 李彦佼. 执行注意与知觉注意对视觉工作记忆表征的影响[D]. 山东师范大学, 2020.
[72] 胡赛赛. 客体相似性对真实客体注意效应的影响: 知觉和语义相似性的分离[D]. 陕西师范大学, 2019.
[73] 李海, 王志新. 驾驶人暴怒情绪对行车安全的影响研究[J]. 汽车实用技术, 2019(16): 271-274.
[74] Susan Sangha, Maria M. Diehl, Hadley C. Bergstrom, Michael R. Drew, Know safety, No fear [J]. Neuroscience & Biobehavioral Reviews, 2020, 108: 218-230.
[75] 刁薇, 胥遥山, 李永娟. 恐惧诉求对职业驾驶员安全驾驶态度和行为意向的影响[J]. 中国安全科学学报, 2010, 20(11): 36-41.
[76] 袁晓芳, 周垚, 孙林辉. 煤矿安全警示宣传图恐惧诉求效果研究[J]. 安全与环境学报, 2020, 20(01): 155-162.
[77] 包姗妮, 何金彩. 情绪和脑区损伤对颜色识别能力及偏好的影响[C]. 浙江省医学会心身医学会议, 2006.